Blockchain-Technologie für Unternehmensprozesse

Katarina Adam

Blockchain-Technologie für Unternehmensprozesse

Sinnvolle Anwendung der neuen Technologie in Unternehmen

Katarina Adam
Hochschule für Technik und Wirtschaft
Berlin, Deutschland

ISBN 978-3-662-60718-3   ISBN 978-3-662-60719-0 (eBook)
https://doi.org/10.1007/978-3-662-60719-0

Die Deutsche Nationalbibliothek verzeichnet diese Publikation in der Deutschen Nationalbibliografie; detaillierte bibliografische Daten sind im Internet über http://dnb.d-nb.de abrufbar.

Springer Gabler
© Springer-Verlag GmbH Deutschland, ein Teil von Springer Nature 2020

Springer Gabler ist ein Imprint der eingetragenen Gesellschaft Springer-Verlag GmbH, DE und ist ein Teil von Springer Nature.
Die Anschrift der Gesellschaft ist: Heidelberger Platz 3, 14197 Berlin, Germany

Für meine Tochter Marleen

Inhaltsverzeichnis

Abkürzungsverzeichnis

ABS	Asset-Backed Securities
ARPA	Advanced Research Projects Agency
BaFin	Bundesanstalt für Finanzdienstleistungsaufsicht
B2B	Business to Business
B2C	Business to Customer
BSI	Bundesamt für Sicherheits- und Informationstechnik
DDoS	Distributed Denial of Service
DLT	Distributed Ledger Technology (wird gern äquivalent zum Begriff Blockchain genutzt)
DNS	Domain Name System
EVM	Ethereum Virtual Machine
ggfs.	gegebenenfalls
GUI	Graphical User Interface
ff.	fortfolgende
ICO	Initial Coin Offering
IEO	Initial Exchange Offering
IFO	Initial Futures Offering
IPO	Initial Public Offering
IoT	Internet of Things
KAGB	Kapitalanlagegesetzbuch
KMU	klein- und mittelständische Unternehmen
KWG	Kreditwesengesetz
MAR	Marktmissbrauchsverordnung (Market Abuse Regulation)
MIFID II	Richtlinie über Märkte für Finanzinstrumente (Market in Financial Instruments Directive II)
PoA	Proof of Authority
PoB	Proof of Burn
PoET	Proof of Elapsed Time
PoI	Proof of Importance
PoR	Proof of Reputation

PoS	Proof of Stake
PoW	Proof of Work
P2P	Peer-to-Peer (vgl. Glossar unter Netzwerk)
SEC	Security and Exchange Commission
VAG	Versicherungsaufsichtsgesetz
VDI	Verband Deutscher Ingenieure
VermAnlG	Vermögensanlagengesetz
WpHG	Wertpapierhandelsgesetz
WpPG	Wertpapierprospektgesetz
ZAG	Zahlungsdiensteaufsichtsgesetz
ZKP	Zero Knowledge Proof

Einführung

Zusammenfassung

Dieses Buch dient dazu, Missverstände in Bezug auf diese Technologie aufzuklären, bestehende Ansätze zu erläutern und den/die Leser*in zu ermächtigen, für sich und den entsprechenden eigenen Anwendungsfall zu entscheiden, ob sich die Implementierung einer Blockchain-basierten Lösung lohnt. Dazu werden Begrifflichkeiten erläutert und im richtigen Kontext verortet.

Adressat dieses Buches sind klein- und mittelständische Unternehmen (KMU), die in Wertschöpfungsnetzwerken z. B. als Zulieferer agieren. Daneben soll es Interessierten, die sich eingehender mit den Anwendungsmöglichkeiten auseinandersetzen wollen oder müssen, helfen, sich strukturiert in die Materie einzudenken und einzuarbeiten.

Neben der Vermittlung des notwendigen Wissens um diese Technologie wird der Leser aufgefordert, sich mit seinen eigenen Prozessen auseinanderzusetzen. Nur wenn man seine eigenen Prozessstrukturen kennt, kann man Anforderungen ggf. an Dritte formulieren, diese Anforderungen technisch umzusetzen.

In den letzten Jahren gab es kaum ein Medium, das sich nicht mit dem Thema „Blockchain" beschäftigt hat. Diese aufstrebende Technologie hat die Welt der Nerds und Early-Adapter verlassen und ist nun auf dem Weg, die Welt zu erobern. Hauptsächlich wird dies durch die auf die Blockchain-Technologie aufbauenden digitalen Währungen (Kryptowährungen)[1] wie z. B. Bitcoin, Etherium oder neuerdings auch durch Libra von Facebook und weitere erreicht.

---

[1] Kryptowährungen werden so genannt, weil Verschlüsselung und weitere kryptografische Elemente eine bedeutsame Rolle spielen, um zu vermeiden, dass das Geld mehrfach ausgegeben werden kann.

© Springer-Verlag GmbH Deutschland, ein Teil von Springer Nature 2020
K. Adam, *Blockchain-Technologie für Unternehmensprozesse*,
https://doi.org/10.1007/978-3-662-60719-0_1

Die Enthusiasten behaupten daher auch, dass diese Technologie sich weiter auf alle anderen Industriezweige ausdehnen und die Welt quasi im Sturm erobern wird. Kritiker dagegen sehen diese Technologie lediglich als Nischentechnologie an, da sie den Beweis der Massentauglichkeit noch nicht erbracht hat. Um selbst eine Einschätzung und Bewertung vornehmen zu können, werden in diesem Kapitel die grundlegenden Konzepte der Technologie erläutert. Dazu wird beschrieben, welche verschiedenen Blockchain-Arten sich zu welchem Zweck (bisher) etabliert haben und welche technischen Konzepte hinter diesen Arten stehen.

„Geschichten von Revolutionen sind Geschichten des Unerwarteten, quasi des Unmöglichen, das dann doch geschieht", schreiben Patil und Moore in ihrem Buch „Entwertung".[2] Die Blockchain-Technologie wird gern als revolutionäre und disruptive Erweiterung des Internets beschrieben. Revolutionär deshalb, weil sie die klassischen Intermediäre, die wir heute in vielen Prozessen dazwischengeschaltet haben, überflüssig erscheinen lässt. Disruptives Potenzial ergibt sich aus dem Wegfall der Intermediäre, da nun ganz andere Geschäftsprozesse notwendig sind. Prozesse werden direkt (sogenannte Peer-to-Peer-Prozesse) und ohne Umwege über irgendwelche dazwischengeschalteten Positionen durchgeführt. Daher ist zu erwarten, dass diese Prozesse sich schlanker, effektiver, effizienter gestalten lassen und somit herkömmliche Ansätze überflüssig machen. Allein diese Aussicht muss jeden aufrütteln, weil das Bisherige überflüssig zu werden droht. Es ist wichtig, zu erkennen, welche Prozesse lohnenswert sind, um auf einer Blockchain dargestellt zu werden. Andere Prozesse hingegen müssen nicht neu gedacht werden, da sie, so wie sie aufgebaut und angelegt sind, den größtmöglichen Sinn stiften. Jedoch ermöglichen Blockchain-Lösungen, über den Tellerrand hinaus zu denken, sich also dem Unmöglichen zu nähern. Sie werden beim Lesen dieses Buches einige unerwartete Rückschlüsse ziehen können – ich hoffe, Sie haben beim Lesen und Entdecken neuer Möglichkeiten ebenso viel Freude, wie ich sie jeden Tag empfinde, wenn ich mich mit der Technologie und ihren Facetten beschäftige.

Eine wichtige Anmerkung zur Verwendung des Begriffs „Technologie" sei hier erwähnt:

Umgangssprachlich wird der Begriff „Technologie" sowohl als die „Lehre von der Technik" als auch „die vom Menschen erzeugten Gegenstände/Artefakte" synonym verwendet. Der Unterschied soll folgendermaßen beleuchtet werden:

▶ Der Verband Deutscher Ingenieure (VDI) spricht in seiner Richtlinie Nr. 3780 davon, dass unter Technik folgendes zu verstehen ist:

„Technik im Sinne dieser Richtlinie umfasst

- die Menge der nutzenorientierten, künstlichen, gegenständlichen Gebilde (Artefakte oder Sachsystem);
- die Menge menschlicher Handlungen und Einrichtungen, in denen Sachsysteme entstehen, und
- die Menge menschlicher Handlungen, in denen Sachsysteme verwendet werden.

---

[2] Patil, Raj; Moore, Jason W. (2018): Entwertung, S. 272.

Technikbewertung bezieht sich mithin nicht nur auf die gegenständlichen Sachsysteme, sondern auch auf die Bedingungen und die Folgen ihrer Entstehung und Verwendung."[3]

Technik ist demnach entweder ein Gerät, ein Verfahren oder eine Fertigkeit und wird auch gern in Verbindung mit einem Handwerk verstanden.

Technologie ist hingegen die Lehre oder die Wissenschaft und setzt sich aus den beiden griechischen Wörtern „techne" für Technik und „logos" für Logik und/oder Vernunft zusammen und befasst sich mit den möglichen Methoden zur Erreichung eines definierten Ziels.[4] Neben der Anwendungsebene, die die technische Darstellung umfasst, gehören zur Technologie auch die übergeordnete Ebene der relevanten Umweltfaktoren und ihre Wechselwirkung auf die artifiziellen Sachsysteme.[5] Hierzu gehören wirtschaftliche, rechtliche, gesellschaftliche und soziale Faktoren, aus denen sich gemäß Hoffmann die „entscheidende Erweiterung des Technikbegriffes hin zur Technologie" ableiten lässt.[6] Hoffmann verweist auf den Zielfindungsprozess, um mit vielschichtigen Problemstellungen aus unterschiedlichsten Quellen eine Lösung finden zu können, die über die reine anwendungsorientierte Technikebene hinausgeht.

Unterstützt wird dieses Verständnis zur Differenzierung zwischen Technik und Technologie durch den anwendungsorientierten Systemansatz von Bullinger, der darunter „[…] die Menge aller bekannten möglichen Methoden zur Erreichung eines Ziels in einem abgegrenzten Anwendungsbereich […] versteht" (vgl. Abb. 1.1).[7]

Die Differenzierung der genutzten Begriffe ist insofern von Bedeutung, als mit diesen unterschiedlichen Begriffen auch unterschiedliche Ebenen angesteuert werden. So gilt es, den übergeordneten Rahmen der Blockchain-Technologie zu verstehen, um daran anschließend die Technik, das Anwenden zu beleuchten. Diese Differenzierung findet im angloamerikanischen Raum mit der Nutzung des Wortes „Technology" nicht statt und kann beim simplen Übersetzen zu Missverständnissen führen.

Darum ist es wichtig, sich vorab zu verdeutlichen, welche Ebene angesprochen werden soll. Mehrheitlich wird es in diesem Buch um die Technik gehen, also um die Frage, wie und in welchem Kontext diese Technik für eine Geschäftsidee sinnvoll einsetzbar ist.

Werden diese Details und auch die sich eröffnende Komplexität nachvollzogen, dann wird der Technologie der Schleier des Hypes und/oder des Expertenwissens genommen. Je mehr Personen/Entscheider den Blick hinter die Kulissen wagen, je weniger lassen sie sich verführen und blenden von sagenhaften (und unrealistischen) Versprechen, die am Ende nur zu einer Enttäuschung führen. Aktionismus dieser Art war in den letzten zwei bis drei Jahren gut am Markt zu beobachten.

---

[3] VDI-Richtlinie 3780, S. 66.

[4] Duden: das Herkunftswörterbuch.

[5] Ropohl (1999), S. 117 ff: Sachsysteme werden als nutzenorientierte, künstliche gegenständliche Gebilde definiert und können als Oberbegriff für technische Hervorbringungen verstanden werden.

[6] Hoffmann (2011), S. 12.

[7] Bullinger (1994), S. 34.

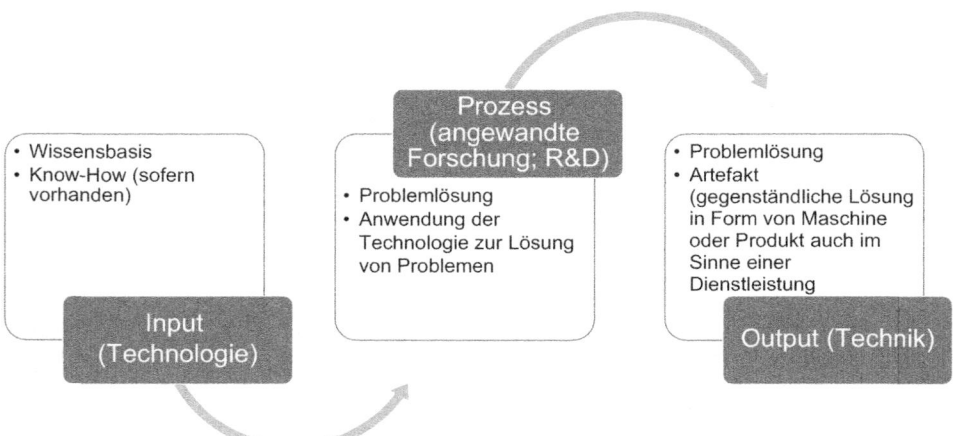

Abb. 1.1 Technologie und Technik als anwendungsorientierter Ansatz nach Bullinger (eigene und ergänzte Darstellung)

Mein Anliegen mit diesem Buch ist, diese Technologie und Technik zu „entmystifizieren" und sie aus der Ecke des reinen Expertenwissens für die betriebswirtschaftlich denkenden Personen eines Unternehmens verständlich zu beschreiben. Es ist eine Gratwanderung zwischen den notwendigen Begrifflichkeiten mit technischen Details gepaart mit dem Übertrag in die betriebswirtschaftlichen Modelle und Denkweisen. Aus meiner Sicht ist dies notwendig, denn insbesondere in KMU ist das vorhandene Research-Budget zu gering und die bestehende IT-Abteilung zu sehr in die Tagesarbeit eingebunden. Hier muss die Geschäftsleitung voran gehen und das notwendige Wissen aufbauen, um strategische Entscheidungen treffen zu können. Die Entscheidung kann sich auch gegen den Einsatz dieser Technik und Technologie aussprechen – nur: Bevor diese Entscheidung getroffen wird, muss man wissen, was man ablehnt.

Lassen Sie uns daher starten!

1.1   Was ist „die" Blockchain-Technologie?

Zunächst, es gibt nicht „die" Blockchain, wohl aber die Lehre über die Blockchain. Damit ist der erweiterte Ansatz aus der Metaperspektive gemeint und gestattet die Betrachtung in Hinblick auf die Wechselwirkungen zwischen Umweltfaktoren (wirtschaftliche, rechtliche, gesellschaftliche und soziale Faktoren) und artifiziellen Sachsystemen (die verschiedenen Blockchain-Techniken, die Fragen nach „on-chain" und „off-chain"-Speicherungen[8] etc.).

---

[8] Unter „off-chain" versteht man Speichervorgänge, die nicht in der Blockchain, sondern in einer anderen Datenbank gespeichert werden.

Wenn auf eine Blockchain verwiesen wird, geschieht dies typischerweise im Rahmen von Kryptowährungen wie Bitcoin. Allerdings sind die Blockchain-Technologie und ihr Einsatzgebiet so viel größer, als dass sie „nur" als Rückgrat der digitalen Währungen zum Einsatz zu kommen. Die Tech-Community und darüber hinaus viele weitere Teilnehmer sind sehr damit beschäftigt, andere innovative Wege zur Anwendung dieser Technologie zu finden. Prominentes Beispiel ist die Bankenindustrie.

Ganz pragmatisch kann man sich dieser Frage nähern, indem man sich die verschiedenen Arten und die damit einhergehenden Gestaltungsmöglichkeiten betrachtet (vgl. auch Abschn. 1.5), um die Wechselbeziehungen beschreiben zu können.

Die Blockchain-Technologie, und erweitert die sogenannte „Distributed Ledger Technology" (DLT), basiert auf dezentralen Datenspeicher- und Verwaltungsfunktionalitäten.

▶ Eine Blockchain ist eine verteilte Datenbank, die eine Kette von digitalen Datenblöcken additiv speichert. Eine Blockchain kann auch als Distributed Ledger (verteilte Verzeichnisse) bezeichnet werden, jedoch muss nicht jedes verteilte Verzeichnis, das eine dezentrale Datenstruktur aufweist, eine Blockchain sein. Verteilte Verzeichnisse müssen jedoch nicht wie in einer Blockchain aneinandergekettet aufgebaut sein.

Liegt die verteilte Datenstruktur jedoch in Form einer Aneinanderkettung vor, bei der Transaktionen zu Blöcken zusammengefasst und mit sogenannten Hashes verkettet sind, dann handelt es sich um eine Blockchain.

Das Bundesamt für Sicherheit und Informationstechnik (BSI) hat diese Vielschichtigkeit in einer Grafik dargestellt (vgl. Abb. 1.2):[9]

Im Kern basiert die Technik auf einer Netzwerkstruktur sowie Konsensmechanismen innerhalb der Netzwerkstruktur (vgl. Kap. 2), Kryptografie (vgl. Abschn. 3.1), der Datenstruktur auf der Blockchain allgemein. In der Interaktion mit der den Kern umgebenden Infrastruktur stellen sich im Rahmen der Netzwerkstruktur die Fragen nach dem Netzwerkzugang an sich (vgl. Abschn. 1.5). Das ist eine so grundlegende Entscheidung, weil hiermit festgelegt wird, wer sich am Netzwerk beteiligen darf.

In diesem Zusammenhang der Teilnahme und Teilhabe müssen Antworten gefunden werden, über welche Schnittstellen die Teilnehmer eingebunden werden können. Zusätzlich muss bedacht werden, welchem Teilnehmer welche Rolle zugesprochen wird. Aus der Rolle heraus sind die Rechte und Pflichten abzuleiten. Unterstützt wird diese Anforderung durch kryptografische (Zusatz-)Funktionen.

Diese Abbildung verweist auf die (notwendige) Interaktion mit einer den Kern umgebenden Infrastruktur und macht gleichzeitig die Dimensionen sichtbar. Daher kann man in diesem Zusammenhang von der Blockchain-Technologie sprechen und zugleich auch eine Vorstellung über das große Potenzial dieser Technologie erhalten.

Um dieses Potenzial zu entfalten, müssen beide Ebenen (Kern und Infrastruktur) flexibel auf die an sie gestellten Anforderungen reagieren können. Die Blockchain-Technologie

---

[9] Berghoff et al. (2019), S. 11.

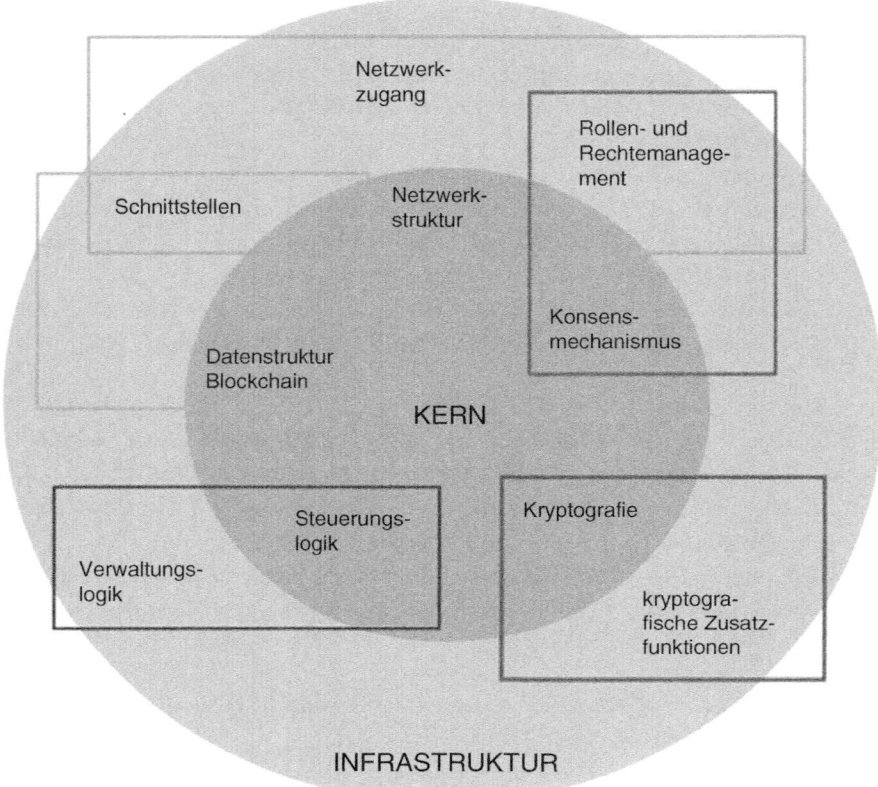

Abb. 1.2 Blockchain-Schichtenmodell (Aus BSI 2019, Blockchain sicher gestalten; mit freundlicher Genehmigung von @BSI, All Rights Reserved)

als Ganzes muss sich weiterentwickeln. Ein kurzer Überblick zeigt auf, welche Phasen diese Technologie innerhalb der letzten Dekade seit Markteinführung durchlaufen hat.
So spricht man von der

- Blockchain-Technologie 1.0, wenn die Nutzung der Technik für reine Finanztransaktionen im Vordergrund stehen, so wie es von der Bitcoin-Anwendung geläufig ist.
- Blockchain-Technologie 2.0 befasst sich mit mehr als „nur" der Transaktion von Zahlungen. Mit der Erweiterung können Vermögensgestände (zumindest theoretisch) über sogenannte Smart Contracts (mehr dazu unter Abschn. 3.2) ohne jedweden Intermediär wie z. B. einen Notar zwischen zwei Teilnehmern transferiert werden.
- Blockchain-Technologie 3.0 befasst sich nicht nur mit den bisherigen Lösungskonzepten von den Vorgängern, sondern ist bestrebt, die Einschränkungen, die unter Blockchain 1.0 und 2.0 sichtbar sind, zu überwinden. Dazu gehört neben einer den Anforderungen der Wirtschaft angemessen Transaktionsrate auch die Fragen nach Energiekonsum, Blockgrößen und Skalierbarkeit.

Der Ausbau von dezentralen Datenspeichern in einer Netzwerkumgebung, in der das Netzwerk die Entscheidungen trifft, ist die grundlegende Basis dieser Technologie. Die Verwaltungsfunktionalitäten wirken nach innen, hinein in die Technik, sowie nach außen in die Infrastruktur. Diese Technologie ist am Werden, nicht am Sein. Dabei versteht sich diese Technologie als „open source", d. h. bestehende Urheberrechte gehören der Allgemeinheit, dem Netzwerk. Und damit arbeitet auch dieses Netzwerk (z. B. über GitHub) an der Weiterentwicklung dieser Technologie. Unbestritten ist jedoch auch, dass diese Technologie wirtschaftlich geprägte Geschäftsmodelle inspiriert und ermöglicht, um mit der Netzwerkstruktur innovative Produkte und Services zu entwickeln.

Zusätzlich, um die Terminologie mit einer weiteren Facette zu beleuchten, sei hier der Hinweis erlaubt, dass mit der fortschreitenden Digitalisierung (einhergehend mit der fortschreitenden Globalisierung) die sogenannte Plattformökonomie voranschreitet. Plattformen sind Netzwerke, siehe z. B. Amazon. Amazon bietet schon lange nicht mehr nur Bücher an, vielmehr kann der Kunde von A bis Z alles auf dieser Plattform kaufen. Unter Hinzuziehung externer Anbieter erhöht Amazon systematisch die Angebotspalette. Mittlerweile wird Amazon als Suchmaschine eingesetzt, d. h. Kunden, die etwas suchen, gehen bevorzugt über das Amazon-Portal ihrer Recherche nach.

Marketing-Experten erklären hierzu, dass wir alle zwar glauben zu wissen, wie viel Einfluss Amazon und andere digitale Unternehmen auf unseren Alltag haben, wir aber deren Macht noch immer systematisch unterschätzen.[10]

Und aus diesem Grunde ist die Bestimmung einer neuen Netzwerkorchestrierung notwendig. Blockchain-Technologie kann im übergeordneten Kontext dazu beitragen, dass die Marktmacht einzelner zugunsten eines verteilten Netzwerkes besser zu nutzen ist, und diese Technologie wird zur Erhöhung von Transparenz beitragen.

1.2   Was ist die Blockchain-Technik?

„Die" Blockchain-Technik beschreibt zunächst eine Datenbank, die jedoch verteilt auf den jeweils beteiligten Knotenpunkten bzw. Rechnern liegt und nicht zentral auf einem Rechner. Innerhalb dieser Datenbank werden Blöcke, gefüllt mit Daten, sicher aneinandergekettet. Diese Aneinanderkettung erfolgt strikt additiv, d. h. es wird immer ein Block an den vorherigen gehängt. Es ist nicht möglich, einen Block, eine Transaktion nachträglich in die bestehende Kette von Datenblöcken „hineinzuquetschen". Die Daten bzw. Transaktionen in so einem Block können Überweisungen, Bestellungen, Auftragserteilung, Bestätigungen der Echtheit oder sonstige Zertifikate und Ansprüche sein.

Ganz vereinfacht ausgedrückt kann man sich einen Block als Excel-Tabelle vorstellen, um die Idee nachvollziehen zu können. Im Fall von Kryptowährungen wie z. B. Bitcoin hat diese Excel-Tabelle drei systemnotwendige Spalten: „Nutzer A", „Nutzer B" sowie

---

[10] https://www.searchenginewatch.com/2019/08/01/amazon-google-market-share/,   Steve   Kraus: „Many people guess Amazon's market share at around 40–50 % – but that's how they perform in their worst categories, like clothing and furniture"; zugegriffen am 28.08.2019.

„Betrag". Überweist nun Nutzer A dem Nutzer B eine bestimmte Summe an Kryptowährung, geschieht dies direkt, von Rechner zu Rechner.

In der Excel-Tabelle wird dieser Vorgang anonymisiert eingetragen, d. h. weder Nutzer A als Absender noch Nutzer B als Empfänger sind mit ihren Namen sichtbar. Zum eigentlichen Transfer einer digitalen Geldeinheit braucht man eine (in diesem Beispielfall) Bitcoin-Adresse als Public Key sowie einen Private Key. Die Bitcoin-Adresse kann durch einen Wallet-Anbieter generiert oder zufallsbasiert selbst erzeugt werden.[11] Öffentliche Schlüssel werden aus den privaten Schlüsseln mittels der elliptischen Kurve berechnet (vgl. Abschn. 3.1). Die Bitcoin-Adresse als Public Key wird gern mit einer E-Mail-Adresse verglichen, die jeder kennen darf. Das Postfach selbst kann aber nur derjenige öffnen, der das Passwort kennt. Bezogen auf dieses Beispiel entspricht das Passwort dem Private Key. Nutzer A verwendet somit den Private Key, um eine Transaktion über einen Betrag X an einen Empfänger zu signieren und ins Netzwerk zu senden. Das Netzwerk prüft, ob A über den zu sendenden Betrag verfügt, und bestätigt dann die Korrektheit der Transaktion, sofern das entsprechende Guthaben besitzt.

Wer eine neue E-Mail-Adresse erzeugt, muss sich immer auch ein Passwort überlegen. Ohne die Angabe des Passwortes wird keine neue E-Mail-Adresse generiert. Das Erzeugen der öffentlichen E-Mail-Adresse ist einfach, jedoch ist es mit heute existierender Rechen-Power nicht möglich, von dieser öffentlichen Adresse auf das private Passwort zurückzurechnen. Diese Eigenschaften macht sich auch die Blockchain-Technik zunutze.

Die Tabelle wird blockweise aktualisiert und liegt auf sämtlichen Rechnern des Netzwerkes. Das bedeutet, dass alle anderen Teilnehmer des Netzwerkes automatisch Buch über die getätigten Transaktionen führen und gleichzeitig bestätigen, dass diese Transaktionen tatsächlich stattgefunden haben. Die Saldostände sind öffentlich einsehbar.

Eigentümer von digitalen Währungen besitzen diese „nur" in Form von Aufzeichnungen über Zu- und Abgänge. Es existieren weder physische noch digitale Einheiten von digitalen Währungen.

Derzeit werden viele Transaktionen papierbasiert oder teildigitalisiert abgewickelt. Unsere gesamte Wirtschaft ist noch immer auf Papierform an- und ausgelegt. So halten wir unsere Verträge ebenso auf Papier fest, wie wir per papierenem Stimmzettel wählen oder unsere Bankkonten verwalten. Ohne einen papierenen Beleg mangelt es an Vertrauen. Dies beruht z. T. auch darauf, dass Digitales einfach kopiert und vermehrt werden kann. Digitale Medien sind dynamisch im Gegensatz zu unserer bekannten statischen Papierwelt.

Nick Szabo stellt bereits 1997 fest, dass „digitale Medien Berechnungen durchführen, Maschinen direkt bedienen und einige Arten von Überlegungen viel effizienter durchführen können als Menschen" (vgl. Szabo 1997 in Formalizing and Securing Relationships on Public Networks). Unser heutiges Vertrauen in die statische, weil papierbezogene Welt basiert darauf, dass die uns umgebenden Verträge und Gesetze von den Behörden/Institu-

---

[11] Bitadress.org zur zufallsbasierten Erstellung einer Bitcoin-Adresse und dem Erhalt des Private und Public Key, zugegriffen am 30.08.2019.

tionen interpretiert und durchgesetzt werden können. Doch dieser „Papierwahnsinn" kostet viel Geld, ist fehleranfällig und sehr langsam.

Soll der Sprung in die Digitalisierung funktionieren, muss Vertrauen vorhanden sein, dass die digitale Welt für mindestens ebenso gute Absicherungen des Eigentums, der Vertragseinhaltung und -treue etc. bieten kann, wie wir es aus der analogen Welt kennen. Damit das gelingt, bedarf es der Nachvollziehbarkeit verbunden mit dem Wissen, dass keine so gesicherten Daten manipuliert werden können. Dieser Anspruch öffnet der Blockchain-Technologie die Türen, denn diese Technologie hat das Potenzial, die Lücke von der realen Welt in die digitale Welt zu schließen. Daten, die über eine Blockchain gespeichert werden, sind auf einer Vielzahl dezentral vernetzter Rechner gespeichert, die allesamt über dieselben komplexen Datenketten/Informationen verfügen. Der Versuch, einen einzigen Datenblock zu verändern oder gar zu löschen, wird aufgrund dieser Datenkettenstruktur fehlschlagen. Die Knotenpunkte/Rechner verfügen alle über dieselben Informationen und können sich daher auch gegenseitig kontrollieren. Ein veränderter Eintrag in einem Block führt zu einer falschen Kette. Da die anderen beteiligten Knotenpunkte diese Änderung nicht nachvollziehen können, den Wert somit nicht bestätigen können, bleibt diese neue Kette bedeutungslos – keine weitere Transaktion wird hier drangehängt, denn es fehlt die Validierung. Das System basiert auf der hinreichenden Bestätigung aller Beteiligten.

Blockchains können ihren Einsatz sowohl im Inter- als auch im Intranet finden. Ihre Faszination leitet sich aus der Vielseitigkeit ihrer Einsatzmöglichkeiten ab. Auch wenn Kritiker – zu recht – einwenden, dass der Massendurchbruch bisher noch nicht erfolgt ist, ist das Potenzial unbestritten. Den richtigen Anwendungsfall im eigenen Unternehmen zu bestimmen ist die Herausforderung.

Die Blockchain-Industrie kann schon jetzt modulartige Lösungen anbieten, die auf ihre Tauglichkeit zu bewerten dem Nutzer als Kunden obliegt. Am Ende aber muss jede Lösung einen Mehrwert aufweisen. Dazu ist ein erweitertes Wissen notwendig, um im richtigen Zusammenhang Entscheidungen treffen zu können.

1.2.1 Einsatz der Blockchain-Technik

Üblicherweise wird mit dem Einsatz dieser Technik die digitale Währung assoziiert. Wie aber bereits erläutert, ist Blockchain so viel mehr. Jedoch sind viele Projekte, die während des Höhepunkts des Hypes vorgestellt wurden, entweder völlig vom Markt verschwunden oder bestehen heute unter ganz anderen Voraussetzungen weiter fort. Was auch in der kommerziellen Softwareentwicklung sichtbar ist, nämlich dass Produkte ersonnen werden, die keinen Markt haben, ist auch für die Blockchain-Welt nicht anders. Die Blockchain als Technik einzusetzen, nur um eine Blockchain-basierte Lösung präsentieren zu können, ist nicht nachhaltig. Die Anforderungen, die eine immer komplexer und arbeitsteiliger werdende Welt bedingen, müssen dennoch erfasst und eingeordnet werden. Erschwerend kommt hinzu, dass die Technik über viele Facetten verfügt, die einen modularen Einsatz ermöglicht.

Dave Snowdon und Mary E. Boone entwickeln ein Framework (Snowden und Boone 2007), da sie feststellen, dass Führungskräfte trotz guter Ausbildung nicht immer in der Lage sind, die gewünschten Ergebnisse in Situationen zu liefern, die fast simultan eine Vielzahl an Entscheidungen fordern. Vielleicht ist bei der Frage, ob die Blockchain-Technologie in Ihrem Unternehmen Anwendung finden soll, nicht die zeitliche Komponente die entscheidende. Jedoch müssen sowohl die technischen, unternehmensorganisatorischen als auch die betriebswirtschaftlichen Aspekte bei der Fragestellung verstanden werden, und dies ist komplex. Daher lohnt sich die Betrachtung des Cynefin Framework nach Snowdon und Boone. Nach der kurzen Beschreibung der Domäneneigenschaften in diesem Modell wird dieses auf die Blockchain-Welt angewendet (vgl. Abb. 1.3).

Snowden und Boone haben fünf Domänen herauskristallisiert, die jeweils mit anderen Eigenschaften bestückt sind: einfach („simple"), chaotisch („chaotic"), kompliziert („complicated"), komplex („complex") und Disorder im Sinne von „Nicht-Wissen, Regellosigkeit".

Überträgt man diese Eigenschaften auf die Blockchain-Technologie und ihre Anwendungsmöglichkeiten, ergibt sich folgendes Bild:

1.2.2 Einfach (Best Practise)

Bei einfachen Problemen sind Ursache-Wirkung-Beziehungen offensichtlich und klar. Es gibt im Unternehmen existierende Lösungen, die quasi als Vorlage herangezogen werden können. Überführt man diesen Ansatz in die Blockchain-Umgebung, dann wird als Ergeb-

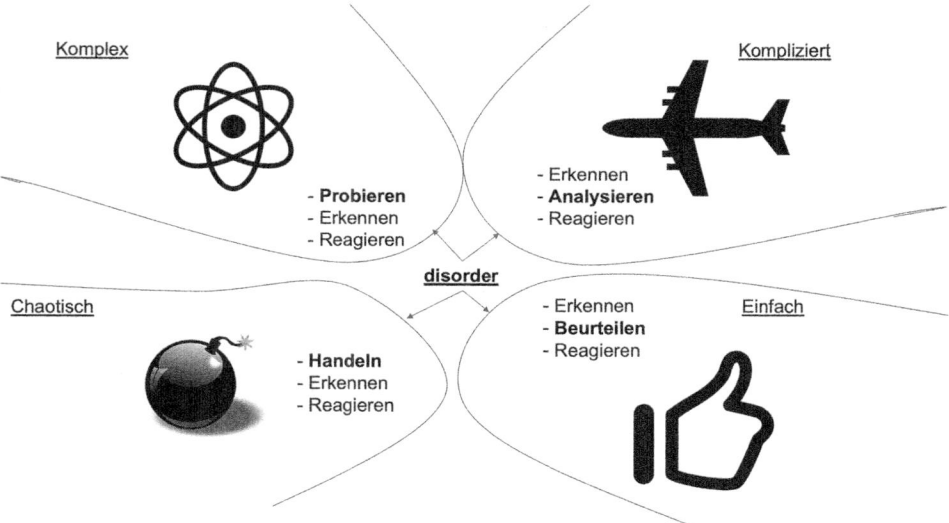

Abb. 1.3 Cynefin Framework

nis/Erkenntnis herauskommen, dass sich in diesem Fall die Implementierung einer solchen Lösung nicht lohnt, da sie selbst zu komplex und der Vorteil für die Größe des Problems zu gering ist. Es lohnt sich nicht, für derartige Prozesse und die dahinterstehenden Probleme über eine Blockchain-Lösung nachzudenken.

1.2.2.1 Chaotisch (Primat des schnellen Handelns)

Chaotische Probleme und Prozesse erfordern umgehendes Handeln. Sie sind hierbei gezwungen, an mehreren Krisenherden gleichzeitig zu agieren. Bei solchen Problemen und Prozessen liegt die Priorität darin, weitere Schäden zu vermeiden und das Unternehmen aus dem Krisenmodus zu führen. Da hilft kein demokratischer Führungsstil, sondern eher der autoritäre, um Entscheidungen nicht nur zu treffen, sondern auch durchzusetzen. Dies trifft nicht auf den Einsatz einer Blockchain-Lösung zu. Diese greifen sehr tief in bestehende Prozesse und sollten keineswegs als schnelle Lösung zur Behebung akuter Notfälle eingesetzt werden. (In Kap. 4 werden die Prozessschritte aufgezeigt, die durchlaufen werden müssen, um zu einer nachhaltigen Anwendung zu kommen).

1.2.2.2 Kompliziert (Expertendomäne)

Prozesse sind so kompliziert, dass sie Expertenwissen benötigen. Mithilfe dieser Experten lassen sich diese Prozesse und Probleme üblicherweise gut steuern. Über eine entsprechende Analyse können die Fehlerquellen gefunden und eliminiert werden. Das ist aufwendig, aber steuerbar. Als Beispiel wird gern der Bau des Airbus 380 zitiert, bei dem anfänglich Kabelstränge zu kurz waren. Es ist hochkompliziert, ein solches Flugzeug zusammenzubauen, aber mit Expertenwissen und der Analyse von Ursache und Wirkung lassen sich Probleme beheben – so auch bei Airbus.

In diesem Quadranten passt es erstmalig, über Blockchain-basierte Lösungen nachzudenken. Zwar kann eine Blockchain-Lösung auch keine zu kurzen Kabelstränge wie im obigen Beispiel beschrieben verhindern, jedoch kann sie über die inhärente Transparenz zu einer schnelleren Fehlerbehebung ebenso beitragen wie zu einer Anspruchsregelung von Gewährleistungen. Einmal klug aufgesetzte und über eine Blockchain abgebildete Prozesse sind somit steuerbar und tragen zur Effizienzsteigerung bei, da sogenannte Intermediäre nicht oder nicht mehr in dem Umfang benötigt werden, wie es vor der Implementierung der Fall war.

1.2.2.3 Komplex (Innovationsfähigkeit)

Im Unterschied zu komplizierten Situationen ist eine komplexe Situation geprägt von Unvorhersehbarkeiten. Sachverhalte müssen ge- und überprüft und per Iteration angepasst werden. Der Outcome ist nicht vorab zu bestimmen. Kreativität und Innovationsfreude sind wichtig, ebenso wie der Mut zum Lernen (andere mögen es auch scheitern nennen – jedoch lässt sich selbst aus einem gescheiterten Projekt sehr viel lernen).

Das ist typisches Blockchain-Terrain, weil die Technologie sehr vielschichtig genutzt werden kann. Es bedarf einer „Sandbox", um zu testen. Sogar Routineprozesse können wieder spannend für die Überprüfung werden, wenn es gilt, diese Prozesse adäquat zu automatisieren, um Mitarbeiter von papierbasierten Routinearbeiten zu entlasten. Diese Prozesse müssen jedoch mit derselben Verlässlichkeit und besser durchführbei sein, wenn sie ersetzt werden sollen. Schließlich landen dann diese geprüften Prozesse in dem Quadranten „Kompliziert".

1.2.2.4 Disorder (im Sinne von „Nicht-Wissen" bzw. „Regellosigkeit")

Diese „Störung" bezieht sich darauf, dass Entscheider nicht wissen, auf welchen Quadraten sie eine Situation beziehen (sollten). Passiert dies, dann wird nach eigener Präferenz entschieden. Die Autoren des Modells empfehlen in diesem Fall das „Zerlegen" des Prozesses/Problems in einzelne Segmente, um diese über die vier gegebenen Quadranten zu reflektieren. Das ist auch bei der Erwägung, Blockchain-Technik für die Unternehmensprozesse einzusetzen, empfehlenswert.

Das Cynefin Model verdeutlicht die komplexen Strukturen, in denen sich Unternehmen immer mehr befinden. Die Haltbarkeitszeit von Annahmen, nach denen ein Unternehmen sich und seine Strategien auf- und ausbauen kann, reduziert sich drastisch und bedingt neue Arbeits- und Denkweisen. Kein Wunder daher, wenn ein weiteres Buzz-Word, auch gern im Zusammenhang mit Blockchain-Technik, fällt:

1.2.3 Agiles Arbeiten bzw. Scrum

Die Veränderung unserer Umwelt spiegelt sich auch in unserer Arbeitswelt wider. Der Wandel in der Unternehmens- und Arbeitskultur kann durch agile Arbeitsmethoden unterstützt werden. Verantwortung, gegenseitiger Respekt und eigenständiges Arbeiten kennzeichnen diesen Wandel, der nicht von oben diktiert werden darf. Der Wandel zum agilen Unternehmen wird durch viele Schritte erreicht. Interdisziplinäre Teamarbeit wird gefördert.

Bei der Frage, ob sich die Implementierung einer Blockchain-basierten Lösung für das eigene Unternehmen lohnt, werden interdisziplinäre kleine Teams eingesetzt (werden müssen), die sich selbst zu organisieren haben. Das zu erwartende Outcome muss eine ganzheitliche Produktentwicklung als Ziel haben. Die Konsequenz daraus ist, dass diese selbstorganisierten Teams mit Entscheidungsvollmacht ausgestattet sein müssen, um verwertbare Resultate liefern zu können. Scrum, ursprünglich ein Begriff aus dem Rugby, wird in dem Artikel von Takeuchi und Nonaka (1986) im Harvard Business Review eingehend beleuchtet. Die Autoren befinden bereits 1986, dass der traditionelle sequenzielle Produktentwicklungsansatz den Anforderungen an Geschwindigkeit und Flexibilität nicht mehr gerecht wird. „Unter dem Rugby-Ansatz entsteht der Produktentwicklungsprozess aus dem ständigen Zusammenspiel eines handverlesenen, multidisziplinären Teams, dessen Mitglieder von Anfang bis Ende zusammenarbeiten" (Takeuchi und Nonaka 1986). Dieser integrierte Ansatz, der „try and error" ausdrücklich erlaubt, ermöglicht das agile Arbeiten auf den unterschiedlichen Ebenen und Funktionen in einer immer komplexer werdenden Welt.

Auch Programmierer sind darauf trainiert, ein Problem in der hinreichenden Tiefe zuerst zu analysieren und eine entspreche Lösung zu erstellen, ehe das eigentliche Programmieren beginnt. Entwickler müssen (ebenfalls) lernen, dass eine komplett durchdachte Lösung zu Beginn nicht immer zwingend notwendig ist. In Etappen Unterziele zu erreichen, die angepasst werden können an neue Begebenheiten, ist für das Finden von Lösungen in immer komplexer werdenden Prozessen zielführender als ein sogenanntes rein sequenzielles Bearbeiten der Problemstellung.[12]

In Scrum sind verschiedene Begriffe vorgegeben, die nachfolgend kurz erläutert werden (vgl. Abb. 1.4).[13]

In Scrum ist der Produkt-Owner für den ökonomischen Erfolg des Produktes verantwortlich. Er beginnt die Produktentwicklung mit einer klaren Produktvision. Passend zur Produktvision erstellt und priorisiert er die Anforderungen im sogenannten Produkt-Backlog. Er bindet alle relevanten Parteien früh in die Definition der Produktvision und des Produkt-Backlog ein. Der Produkt-Owner bleibt aber immer Herr über das Produkt-Backlog. Zu Beginn jedes Entwicklungszyklus, bei Scrum Sprint genannt, findet das Sprint Planning statt. Beim Sprint Planning vereinbaren der Produkt-Owner und das Entwicklungsteam, welche Anforderungen aus dem Produkt-Backlog im Sprint erledigt werden sollen bzw. müssen. Diese Anforderungen werden in das Sprint Backlog übertragen. Wichtig ist, dass sich Produkt-Owner und Entwicklungsteam auf das Sprint Backlog eini-

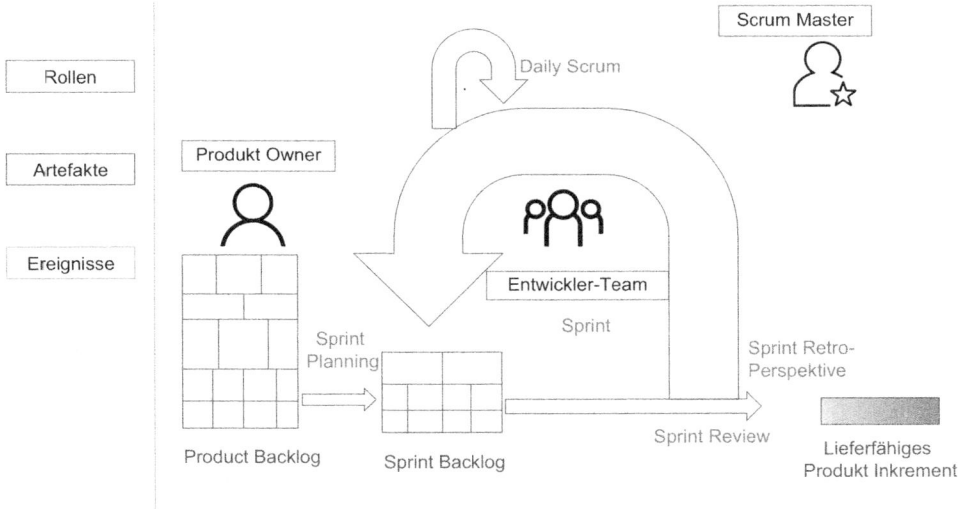

Abb. 1.4   Scrum-Ablauf

[12] Cohn (2010), S. 8.

[13] Rubin (2014), S. 48 ff.

gen. Das bedeutet, dass das Entwicklungsteam selbst abschätzt, wie viel es im nächsten Sprint erledigen kann. Ein Sprint hat eine feste, immer gleiche Länge. Die Entwicklung erfolgt in direkt aufeinanderfolgenden Sprints. Die immer gleiche Länge führt zu einer guten Vergleichbarkeit des Sprints, sodass insbesondere aus der Geschwindigkeit der bisherigen ziemlich genau die Geschwindigkeit der nächsten Sprints prognostiziert werden kann.

Viele Teams arbeiten mit zwei oder drei Wochen als fester Sprintlänge. Aber auch eine oder vier Wochen sind nicht unüblich. Das selbstorganisierte Team arbeitet während des Sprints störungsfrei die Sprint Backlogs ab. Das bedeutet auch, dass während des Sprints keine neuen oder geänderten Anforderungen an das Team gestellt werden. Dies ist erst nach Ende des Sprints im Sprint Planning des nächsten Sprints möglich.

Das Daily Scrum sorgt für den täglichen Statusabgleich und die Einsatzplanung für den Tag. Das Daily Scrum findet jeden Werktag zur selben Uhrzeit statt und dauert maximal 15 Minuten. Daher wird es meist im Stehen durchgeführt. Reihum beantwortet jedes Teammitglied drei Fragen:

1. Was habe ich seit dem letzten Daily Scrum geschafft?
2. Was behindert mich bei meiner Arbeit?
3. Was werde ich bis zum nächsten Daily Scrum erledigt haben?

Das Daily Scrum beinhaltet keine Diskussionen. Diese können meist in kleineren Gruppen in Anschluss stattfinden.

Der Scrum-Master sorgt dafür, das Scrum im Team funktioniert. Er kümmert sich darum, dass der Scrum-Prozess eingehalten wird, hilft bei der Beseitigung von Hindernissen, schützt das Team gegen Störungen von außen und hilft dem Team bei der Selbstorganisation.

Er löst dabei nicht direkt die Probleme des Teams, sondern hilft dem Team, Probleme selbst zu lösen. Der Scrum-Master ist eine Führungskraft in einem modernen Verständnis. Er ist gegenüber dem Team nicht weisungsbefugt und folgt dem Grundsatz „Führen durch dienen".

Am Ende jedes Sprints findet das Sprint Review statt. Hier präsentiert das Team dem Produkt-Owner, was es im Sprint geschafft hat. Dafür ist es wichtig, dass die Anforderung im Sprint Planning so heruntergebrochen werden, dass es nach jedem kurzen Sprint etwas vorzuführen und zu sehen gibt.

Häufig fallen den Projektbeteiligten im Sprint Review neue Anforderungen ein, die der Produkt-Owner dann direkt ins Produkt-Backlog einstellt.

Während es im Sprint Review um das Betrachten des Ergebnisses geht, betrachten Scrum-Teams in Retrospektiven ihren Prozess. Sie fragen sich, was besonders gut gelaufen ist und wie diese Eigenschaften konserviert werden können. Sie fragen sich aber auch, was weniger gut gelaufen ist und wie diese Aspekte verbessert werden können.

Dies ist ein in agile Software-Entwicklungsprozesse eingebauter kontinuierlicher Verbesserungsprozess, der darauf basiert, dass wir ständig weiter lernen.

Nun kann der nächste Sprint beginnen.

Scrum hilft, iterativ die Änderungen, die bei komplexen Produktentwicklungen entstehen, zu managen. Eine potenzielle Blockchain-Implementation in ein bestehendes Unternehmensumfeld mit vorhandener IT ist höchst komplex. Scrum wird nicht direkt Antworten liefern, vielmehr wird das Team ermutigt, Fragen zu stellen. Dadurch können Fehlfunktionen schneller entdeckt und behoben werden.

▶   Bitte lassen Sie auch die Fragen zu, die „weh" tun, denn diese konfrontieren Sie
         mit Schwachstellen. Auch wenn das menschliche Wesen, insbesondere bei
         komplexen Vorgängen, lieber vereinfacht, um Entscheidungen treffen zu kön-
         nen. Zusätzlich haben wir in uns eine Affinität zum „Bewahren". Das bedeutet
         aber, dass, wenn wir Entscheidungen treffen müssen, wir uns tendenziell gegen
         Veränderungen „verwahren". Kritische Fragen helfen, dieses Muster zu durch-
         brechen, auch wenn es weh tut!

Mitunter wird suggeriert, dass Scrum einfach sei, weil das Framework quasi auf den berühmten Bierdeckel passt. Allein anzunehmen, das durch agiles Arbeiten die Schnelligkeit und Qualität von Prozessen und Produkten steigt, ist ein Irrtum. Es ist vielschichtiger. Traditionelle, sequenzielle Bearbeitung von Projekten verliert nicht an Bedeutung, nur weil heutzutage alles agil sein muss. Vielmehr ist es bedeutsam, zu erkennen, wann Techniken wie Scrum die Projekte sinnvoll nach vorne bringen.

Da Blockchain-Technologie bzw. „Distributed Ledger Technology" ebenfalls sehr komplex ist, die Abläufe immer wieder iteriert werden müssen, um aufkommende Änderungen rechtzeitig zu berücksichtigen, ist der Einsatz von Scrum empfehlenswert.

1.3   Charakteristik der Blockchain

Das Konzept der Blockchain-Technologie wird 2008 in dem White Paper von Satoshi Nakamoto erläutert, ohne dass er explizit diesen Begriff verwendet. 1982 beschreibt der Kryptologe David Chaum, wie er die Verbindung zwischen digitalen Nachrichten trennen kann, was allgemein als das Fundament gilt, um anonyme Zahlungen zu verwirklichen.[14] Die Analogie von Bargeld zu digitalem Geld besteht in der Anonymität: Auch beim Bargeld ist nicht nachzuvollziehen, wie der Besitzer eines Geldscheins heißt (im Gegensatz zur Kreditkartenzahlung, mit der eine Bank sehr gut nachvollziehen kann, wie und wo ein Kunde sein Geld ausgibt). Chaum hat mit eCash Mitte der 1990er-Jahre digitales Geld für Kleinstüberweisungen als einen der ersten Vorläufer von Bitcoin ins Leben gerufen.[15]

---

[14] Chaum (1982).

[15] Das von Chaum gegründetete Unternehmen digicash ging jedoch Anfang der Jahrtausendwende in die Insolvenz.

Ein wenig zeitversetzt veröffentlichen 1991 Haber und Stornetta erste Ansätze für die sichere Verkettung von Datenblöcken. Die Autoren beschreiben eine Technik, mit der sie digitale Dokumente mit einem Zeitstempel versehen und die Echtheit des Dokuments verifizieren, um die Urheberschaft des Dokuments zu belegen.[16]

Nick Szabo beschreibt schon 1994 Smart Contracts, jedoch bleibt zu diesem Zeitpunkt seine Theorie, wie intelligente Verträge funktionieren könnten, unerfüllt, da es keine Technologie zur Unterstützung programmierbarer Vereinbarungen und Transaktionen zwischen Parteien gibt.[17] 1998 führt Szabo mit Bit Gold ein Szenario ein, bei dem er die einzelnen Währungseinheiten mit einem dem Bitcoin fast identischen Arbeitsalgorithmus erstellt.[18]

Adam Back beschreibt 1997 mit HashCash, wie Rechenleistung zur Wertschöpfung genutzt werden kann. Dazu nutzt er den Proof-of-Work-Ansatz, um Spam-E-Mails zu reduzieren, indem er von dem Absender einer E-Mail verlangt, eine gewisse Rechnerleistung als Gebühr zur Verfügung zu stellen. Beim Versenden einer Mail fällt diese Gebühr in Form von Rechnerleistung nicht weiter auf. Bei Massen- und Spam-Mails kann dieser Mechanismus jedoch unerwünschte Zeitverzögerung mit sich bringen.[19] Auch wenn sich dieses Konzept für E-Mails nie so recht durchgesetzt hat, beim Bitcoin ist dieser Proof-of-Work wichtige Voraussetzung des sogenannten Mining.[20]

1998 entwickelt Wei Dai sein Projekt b-money, das darauf abzielt, ein „anonymes, verteiltes elektronisches Zahlungssystem" zu sein. Auf diese Weise werden viele Dienste und Funktionen bereitgestellt, die auch moderne Kryptowährungen leisten.[21]

Hal Finney unternimmt 2005 seinen Versuch, digitales Geld zu beschreiben, und greift auf die Arbeiten seiner Vorgänger zurück. Allein, auch sein Ansatz gelangt nicht in den Markt. Finneys Variante sieht eine zentrale Einheit vor, um das Geld den Nutzern zur Verfügung zu stellen.

Zentrale Dienste sind in der Welt des Internets von hoher Bedeutung.

Online-Dienste, die auch heutzutage in der Mehrzahl in Anspruch genommen werden, basieren auf dem sogenannten „Client-Server Model", bei dem der Server als Dienstleister dem Anwender Funktionen und Ressourcen zur Verfügung stellt und eine Vielzahl an Rollen/Aufgaben übernimmt.[22] Einige dieser Server-Funktionen sind z. B. für die Schaffung von Marktplätzen zwischen Käufern und Verkäufern verantwortlich (wie im Falle von ebay und Uber). Andere sind für die Speicherung und Pflege von Datenspeichern verantwortlich, die von verschiedenen Parteien im Internet gesammelt werden (beispielhaft seien hier Facebook, Youtube und Wikipedia erwähnt). Wieder andere dienen als authenti-

---

[16] Haber/Stornetta (1991), S. 99.

[17] Szabo(1997) [a].

[18] Szabo (1998/2005) [b].

[19] Morabito (2017), S. 10.

[20] Back (2002).

[21] Wei Dai (1998).

[22] Bryant/O'Hallaron (2016), S. 954.

fizierte Quellen für bestimmte Waren oder Dienstleistungen (z. B. PayPal oder Spotify). Der Kunde (Client) nimmt die ihm zur Verfügung gestellten Dienstleistungen in Anspruch. Insgesamt ist dies eine zentral ausgerichtete Architektur.

Blockchain-Netzwerke agieren als dezentral global angelegte Netzwerke anders. Über ein allumfassendes, übergreifendes Software-Protokoll sind die Rechner gleichberechtigt miteinander vernetzt ,und es bedarf keiner zentralen Instanz für die Wartung oder den Betrieb der Blockchain.[23] Da sie nicht mit einer zentralen Instanz ausgestattet ist, kann theoretisch jeder mit einer Internetverbindung die auf einer Blockchain gespeicherten Informationen abrufen, indem er einfach frei verfügbare Open-Source-Software herunterlädt.(Dies ist zumindest bei öffentlichen Blockchains der Fall).

Somit überwinden Blockchain-Netzwerke die zuvor beschriebenen Einschränkungen und ermöglichen es Menschen, unbestreitbare Daten über nationale Grenzen hinweg pseudonym und transparent zu speichern.

Darüber hinaus sollen Blockchains, wie andere Datenbanken, auch die Sachverhalte korrekt widerspiegeln. Diese erwartete Datenintegrität wird durch verschiedene Maßnahmen wie z. B. regelmäßige Updates von Sicherheitskopien, Log-in-Dateien und die Zugriffskontrolle auf die in der Datenbank gespeicherten Daten gewährleistet. Herkömmliche Datenbanken sind zentral organisiert, und somit sind bei einem erfolgreichen Angriff die Daten schlimmstenfalls nicht mehr verfügbar. Die dezentrale Datenbankstruktur einer Blockchain vermeidet dieses Problem, da sich die Sicherheitskopien auf allen beteiligten Knotenpunkten befinden. Man spricht hierbei von Datenintegrität und „No-Single-Point of Failure".[24]

Weitere Merkmale, die der Technologie zugeschrieben werden:

- Dezentralität: Sämtliche Daten werden auf den gleichberechtigt arbeitenden Computern (Peer-to-Peer Network) des Netzwerkes gespeichert,
- Vertrauen entsteht, da die verschiedenen beteiligten Computer als sogenannte Knoten nicht manipuliert werden können, da bestimmte Verfahren sicher stellen, dass nur zulässige Datensätze akzeptiert und die Datenintegrität (siehe oben) erhalten ist. Dadurch herrscht Vertrauen in das System.
- Transparenz: Die Daten auf einer Blockchain sind über nachprüfbare Aktivitätspfade nachvollziehbar und transparent.
- Anonymität: Zumindest jedoch Pseudonymität kann gewährleistet werden, da die Teilnehmer durch verschlüsselte Zahlen- und Buchstabenreihen und nicht durch einen Klarnamen repräsentiert werden.

Somit ist eine Blockchain im Wesentlichen eine Datenbank, in der Informationen chronologisch in einer ständig wachsenden Kette von Datenblöcken gespeichert und in einem dezentralen Netzwerk so implementiert werden, dass Datenintegrität, Vertrauen und Si-

---

[23] Kersken (2019), S. 203.

[24] Berghoff et al. (2019), S. 18.

cherheit für die Knoten geschaffen werden, ohne dass zentrale Behörden oder Vermittler erforderlich sind. In ihrer gegenständlichsten Form ist sie ein Computer-Code, der jedem Computer, auf dem sie implementiert ist, sagt, dass er Daten lokal speichern soll. Somit ist sie Teil eines globalen Netzwerks mit Tausenden anderer Computer und speichert auch Daten mit demselben (konformen) Programmiercode.

1.4   Dezentralisierung

Dezentralisierung und Blockchain wird gern im Zusammenhang genannt. Es lohnt sich daher, eine kurze Betrachtung zur Dezentralisierung durchzuführen.

Zu Beginn des Internets bis Anfang der 2000er-Jahre basieren die Internetdienste auf sogenannten offenen Protokollen, die durch die Internet-Community gecheckt werden. Organisationen, Unternehmen und Personen können ihre Internet-Präsenz auf- und ausbauen, wohlwissend, dass sich die Spielregeln im Internet nicht verändern (werden). In dieser Zeit starten die großen Internetfirmen wie Amazon, Facebook, Google aber auch Firmen wie Alibaba und Tencent ihren Siegeszug. Mit Beginn der zweiten Ära des Internets – ca. Mitte der ersten Dekade der 2000er-Jahre, anhaltend bis heute – bauen gewinnorientierte Tech-Unternehmen (insbesondere Google, Apple, Facebook und Amazon – kurz GAFA) Software und Dienstleistungen, die weit über die Möglichkeiten offener Protokolle hinausgehen. Dieser Trend wird durch die fast schon explosionsartige Zunahme der Verbreitung der Smartphones weltweit unterstützt, da mobile Apps die Mehrheit der Internetnutzung ausmachen.[25] Internet-User greifen auf das Netz zu, indem sie von den Service- und Software-Angeboten der Tech-Giganten Gebrauch machen. So bequem und einfach das einerseits ist, so sehr dominieren anderseits diese Tech-Giganten das Internet – und sie können die Regeln nach ihrem Ermessen bestimmen (vgl. z. B. Google-Ranking-Faktoren). Eine Antwort auf diese Zentralisierung und die damit einhergehende Macht ist die Einführung staatlicher Regulierung – wenn das Internet als Hardware-basiertes Netzwerk betrachtet werden könnte (wie z. B. Radio- und Fernsehsender). Das Internet jedoch ist das ultimative Software-basierte Netzwerk. Dieses kann durch unternehmerische Innovation und Marktverschiebungen neu strukturiert und dezentral organisiert werden. Software ist die Kodierung des menschlichen Denkens und hat als solches einen fast unbegrenzten Gestaltungsraum!

Wir sehen bisher die Marktmacht von zentral organisierten Plattformen wie Google, Facebook etc. Diese Plattformen tun alles, um ihre Dienste (für uns Nutzer) so wertvoll wie möglich zu machen. Da Plattformen per se Systeme mit mehrseitigen Netzwerkeffekten sind, lässt sich dieser Mehrwert bis zu einem gewissen Punkt abbilden. So ermöglichen diese Anbieter Millionen von Nutzern den Zugang zu Technologien und Anwendungen und das weitestgehend ohne Extrazahlungen. Das Bewusstsein jedoch, dass jeder

---

[25] Digital Index 2017/2018, z. B. S. 8; laut Statista nutzten 2018 über 57 Millionen Personen in Deutschland Smartphones im täglichen Leben; das entspricht einer Zunahme von 3 % im Vergleich zu 2017.

Nutzer dieser Plattformen mit seinen Daten „bezahlt", setzt sich mehr und mehr durch, und damit steigt der Bedarf an neuen, nutzerfreundlicheren Lösungen. Mit der Dezentralisierung ist es möglich, Netzwerke zu bilden, die sich auf die Interessenausgleichung der Internetgemeinde stützen, um Akzeptanz zu gewinnen. Diese Methode hat in der sehr frühen Phase des Internets gut funktioniert, mittlerweile jedoch nicht mehr. Die Krypto-/Blockchain-Welt hat dieses Problem behoben, indem sie Entwicklern und anderen Netzwerkteilnehmern unter anderem wirtschaftliche Anreize bietet (z. B. in Form von sogenannten Tokens). Blockchain-Netzwerke nutzen viele Mechanismen, um die Neutralität auch bei Wachstum sicherzustellen. So werden Verträge und Transaktionen auf Basis von sogenannten „Open-Source Codes"[26] durchgeführt. Die Netzteilnehmer werden darüber hinaus mit den Rechten „Voice" und „Exit" ausgestattet. Dies erlaubt den Teilnehmern, die Governance, das Selbstverständnis der Community, mitzugestalten. Die Teilnehmer erhalten eine Stimme sowohl „on chain" (über das Protokoll) als auch „off chain" (über die sozialen Strukturen rund um das Protokoll). Das Recht des Exit ermöglicht es den Teilnehmern, beispielsweise ihre Tokens oder Coins zu verkaufen und dieses Netzwerk zu verlassen oder eben auch im Extremfall ein sogenanntes Forking herbeizuführen. Hierbei wird eine neue Version des Protokolls erschaffen. Dies ist bei Open-Source Codes relativ unproblematisch, denn es werden dem quelloffenen Code z. B. neue Funktionalitäten hinzugefügt. Folgen genügend Netzteilnehmer der neuen Entwicklung, dann existieren zwei Versionen einer Blockchain (so geschehen bei Ethereum im Jahr 2016). Kurz gesagt lässt sich festhalten, dass die Blockchain-basierten Netzwerke ihren Teilnehmern ermöglichen, ein gemeinsames Ziel zu erreichen. Das kann im Falle einer Kryptowährung die Wertsteigerung des Coin/Token sein und/oder das Wachstum des Netzwerkes an sich.

Durch dieses neue Verständnis von dezentralen Netzwerken, die durch die Gemeinschaft bestimmt und geprägt werden, entstehen Netzwerke, deren Fähigkeiten weit über die der fortschrittlichsten zentralisierten Dienste gehen werden. Daher ist notwendig, dies in die nächste Generation von Geschäftsentwicklungen einzuplanen, um den bisherigen Unternehmenserfolg nicht zu gefährden. Folgendes Beispiel soll dies verdeutlichen:

Als in den 2000ern Wikipedia zentralisierten Wettbewerbern wie der Encyclopaedia Britannica sowie der Software-Version Encarta aus dem Hause Microsoft Konkurrenz zu machen droht, fühlen sich die Macher der Lexika dieser Welt relativ sicher: Ihre Werke sind besser und genauer recherchiert. Während sowohl bei Encarta als auch bei der Encyclopaedia Britannica Redakteure für das Sammeln und Aufbereiten von Wissen verantwortlich sind, ist es bei Wikipedia das aktive Netzwerk, das nunmehr zu mehr Themen entsprechende Artikel bietet, die durch die Gemeinschaft gepflegt und aktualisiert werden.[27]

Als Erkenntnis aus dem oben Gesagten lässt sich festhalten, dass dynamische dezentralisierte Systeme den eher statischen zentral organisierten Systemen überlegen sind, da sie nicht von einer überschaubaren Zahl von Mitarbeitern und deren Können abhängen,

---

[26] Open-Source Code ist ein Konzept, nach dem jeder den Quell-Code einsehen, nutzen, weiterentwickeln und verändern kann; vgl. auch Gabler Wirtschaftslexikon, Dr. Markus Siepermann.

[27] https://www.forbes.com/2009/03/30/microsoft-encarta-wikipedia-technology-paidcontent.html#73b610862db3, zugegriffen: 07.11.2019.

sondern vielmehr auf die Ressourcen der gesamten Gemeinschaft zurückgreifen können. Diese Gemeinschaft aufzubauen und mit einem Sinn zu erfüllen, wird zukünftige Plattformen erfolgreich machen. Blockchain-basierte Netzwerke profitieren dabei nicht nur von dem Ansatz der Dezentralisierung, sondern auch von dem Vertrauen, das geschaffen wird, wenn Daten über Blockchain-Anwendungen gespeichert und nachvollziehbar gemacht werden.

Welche Arten von Blockchain wie aufgebaut sind und welche Mechanismen dabei eine Rolle spielen, wird im nächsten Abschnitt beleuchtet.

1.5   Blockchain-Arten und Protokolle

Es gibt nicht „die" Blockchain, vielmehr gilt es zu unterscheiden, welche Art von Blockchain für welchen Zweck eingesetzt werden kann. Um diese Unterschiede und die sich daraus ergebenden logischen Konsequenzen besser einordnen zu können, werden die typischen Arten nachfolgend beschrieben (vgl. Abb. 1.5).

Angefangen hat quasi alles mit der Bitcoin-Blockchain. Diese Blockchain als Public Blockchain kann von jedem Interessierten eingesehen und heruntergeladen werden. Sie ist „open-source", d. h. freie Software. Bei der Public Blockchain handelt es sich um eine öffentliche dezentrale Datenbank, die für jede Person auf der Welt mit einem Computer und Internetzugang zugänglich ist.[28] Innerhalb dieser öffentlichen Datenbank befinden sich Daten von Transaktionen, die durch die Teilnehmer des Netzwerks getätigt wurden. Durch die Vielzahl an Nutzern, die über den gleichen Datenstamm verfügen, entsteht somit ein verteiltes Netzwerk. Es bedarf keiner Genehmigung, um am Consensus-Prozess teilzunehmen, und es ist jedem gestattet, Transaktionen vorzunehmen. Die Vernetzung der Teilnehmer untereinander erfolgt über ein „Peer-to-peer-Netzwerk". Derartige Netzwerke funktionieren ohne einen zentralen Server. Alle Teilnehmer innerhalb des Peer-to-peer-Netzwerks (P2P) haben die gleichen Berechtigungen, d. h. jeder Teilnehmer ist Server und Client zugleich, was eine hohe Stabilität des Netzwerks gewährleistet.[29] Alle Teilnehmer des Netzwerks haben die Berechtigung, jederzeit auf die Transaktionen zuzugreifen, beziehungsweise selbstständig Transaktionen durchzuführen. Es üblich ist, die tatsächliche Identität aller assoziierten Teilnehmer zu verbergen.[30] Diese Offenheit gewährleistet die Sicherheit der Blockchain sowie auch die Fähigkeit, Hacking-Angriffen oder Kapitalkontrollen zu widerstehen.[31] Die verteilte Natur des Netzwerks, die die Integrität der Transak-

---

[28] Luke Parker, unter https://magnr.com/blog/technology/private-vs-public-blockchains-bitcoin/, zugegriffen: 15.07.2019.

[29] Mahlmann und Schindelhauer (2007), S. 6.

[30] Vitalik Buterin unter https://blog.ethereum.org/2015/08/07/on-public-and-private-blockchains/, zugegriffen: 15.07.2019.

[31] Korolov (2016) unter http://www.csoonline.com/article/3050557/security/is-the-blockchain-good-for-security.html, zugegriffen: 15.07.2019.

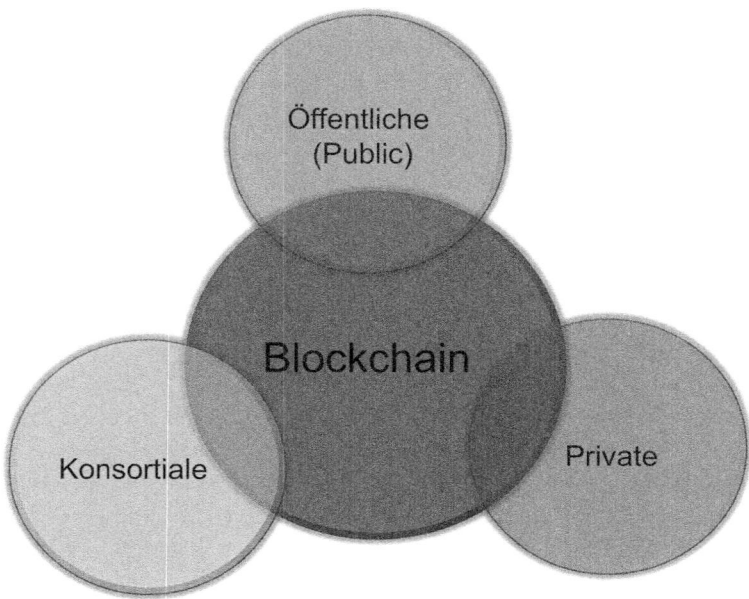

Abb. 1.5 Blockchain-Arten

tionen und die damit verbundenen Kontostände verifiziert, macht einen erfolgreichen Angriff mathematisch sehr schwer bis nahezu unmöglich.

Diese öffentliche Zugänglichkeit empfinden Unternehmen vielfach als einen zu tiefen Eingriff und Einblick in ihre eigenen Vorgänge und Prozesse. Aus diesem Grunde gibt es den Private-Blockchain-Ansatz. Hier ist klar festgelegt, wer in welcher Form Zugang zu dieser Blockchain hat. Das kann von einfachen Leserechten bis zu Administrationsrechten reichen. Puristen bemängeln an dieser und auch an der konsortialen Lösung,[32] dass der ursprüngliche Gedanke, jedem die Teilhabe an diesen technischen Möglichkeiten zu gewähren, ins Leere läuft. Auf einer privaten Blockchain bestimmt der Initiator, wer welche Aktionen auf Basis welcher Daten aus- und durchführen kann. Private als auch konsortiale Blockchains verwenden die Elemente aus der öffentlichen Blockchain, jedoch wird zentral reguliert, wer Zugang zur Blockchain erhält.[33] Neben den beschränkten Zugriffrechten und dem zentralisierten Ansatz können private Blockchains jedoch schneller an neue Anforderungen angepasst werden, da die administrative Instanz nur aus wenigen Entscheidern besteht. Auch stellt sich die Frage der Incentivierung der Knoten in einer privaten Blockchain nicht. Der Initiator als oberste Instanz kann festlegen, wie die teilhabenden Knoten Transaktionen validieren und ob sie dafür belohnt werden müssen oder nicht.

---

[32] Man spricht von einem konsortialen Ansatz, wenn sich innerhalb einer Branche Unternehmen zusammenschließen, um für einen vorab definierten Anwendungsfall gemeinsam die Daten und Transaktionen nach vorab festgelegten Spielregeln über eine Blockchain zu managen.

[33] Vgl. z. B. Drescher (2017), S. 215.

Eine weitere Möglichkeit der Kategorisierung ist der Ansatz nach der Erlaubnispflicht („permissionless" bzw. „permissioned") des Zugangs: Auch diese Kategorisierung unterscheidet in private und öffentliche Blockchains. Zugang ohne Voraussetzungen sind demnach „public & permissionless", d. h. jeder kann an diesen Modellen teilnehmen und Vorgänge in der Blockchain validieren (z. B. Bitcoin). Eine firmeninterne Blockchain, die nur einem ausgewählten Teilnehmerkreis den Zugang zur Technik ermöglicht, wäre demnach „private & permissioned". Hybride Lösungen kombinieren beide Bereiche dergestalt, dass einerseits eine private Blockchain gebaut wird, die jedoch den Zugang „permissionless" erlaubt,[34] oder andererseits eine öffentlich zugänglich Blockchain, die aber die Annahme bestimmter Governance-Regeln voraussetzt.[35]

Abb. 1.6 fasst die Herangehensweise zusammen .

In einer zentral organisierten Datenbank benötigt man üblicherweise keinen Blockchain-Ansatz, außer, man möchte den Inhalt der Datenbank teilen und benötigt den Nachweis, dass die geteilten Daten manipulationssicher gespeichert sind. Je nach Ausprägung des gewählten Blockchain-Typs kann der Zugriff auf die Daten sowie die Validierung der einzelnen Transaktionen gestaltet werden. In einem dezentralen, verteilten Netzwerk ist jeder Teilnehmer mit jedem Mitglied des Netzwerkes verbunden, ohne dass es einer höheren,

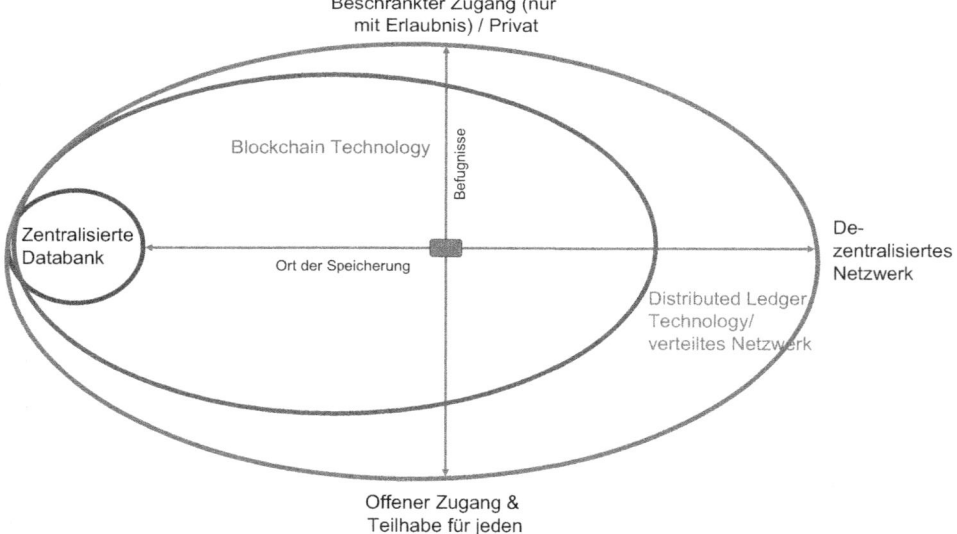

Abb. 1.6 Blockchain-Kategorisierung

---

[34] Beispielhaft kann hier Hyperledger Sawthooth genannt werden.

[35] In diesem Fall kann z. B. Ripple als Open-Source-Protokoll für ein Zahlungsnetzwerk genannt werden.

Tab. 1.1 Merkmale der Zugangsmöglichkeiten

	„Permissionless" (öffentlich)	„Permissioned" (privat)
Wie erhält man Zugang zum Netzwerk?	Offener Zugang für jedermann	Autorisierter Zugang
Wer sind die Validatoren/Prüfer?	Anonyme, vollständig dezentrale Prüfer	Vorausgewählte, vertrauenswürdige Prüfer
Wie werden Gesetze und Vorschriften eingebunden?	Zielt darauf ab, zensurresistente, anonyme Transaktionen zu schaffen – nicht immer konform mit dem geltenden Rechtsrahmen	Ermöglicht die „einfachere" Implementierung von Vorschriften und Gesetzen (z. B. KYC[a], AML)
Einsatzbereiche?	Open-Access-Anwendungen	Unternehmenseigene Systeme

[a]Die Akronyme KYC und AML stehen für „Know your Customer" und „Anti Money Laundering". KYC bezieht sich auf die Kundenverifikation, d. h. die Identifizierung des Neukunden. Hinter AML steht die Richtlinie zur Verhinderung von Geldwäsche. Diese Richtlinie beschreibt die Vorgehensweise, Gesetze und Regularien, die einzuhalten sind, um keine Geldwäsche zu betreiben.

regulierenden Instanz bedarf. Vielmehr bilden die Computer der Teilnehmer die relevanten Knotenpunkte und damit das Verteilungssystem (vgl. Tab. 1.1).[36]

Die Herausforderung liegt darin, für den eigenen Anwendungsfall zu entscheiden, wie der Zugang zur Blockchain geschaffen und gestaltet werden soll. Die nachfolgend in Kap. 2 erläuterten Konsensmodelle zeigen die Vielfalt, wie innerhalb eines Blockchain-Netzwerkes Entscheidungen über Transaktionen und Validität getroffen werden können.

1.6   Zusammenfassung

Die Unterscheidung, ob man von der Technik oder der Technologie im übergeordneten Sinn spricht, hilft zu unterscheiden. Zwar steht eine Technik nicht losgelöst, aber auf der technologischen Ebene findet die Interaktionen mit dem erweiterten Umfeld statt, die es gilt zu verstehen und zu gestalten.

Beim Einsatz der „puren" Blockchain Technik muss geprüft werden, in welchem Kontext diese Lösung angestrebt wird. Iterationen helfen dabei, die Zielsetzung immer granularer zu bestimmen. Die genannten Modelle und Techniken helfen zu verdeutlichen, welche gedankliche Auseinandersetzung vonnöten ist, um sich einen eigenen Bezugsrahmen zu schaffen.

Die Dezentralisierung geht in Hinblick auf Blockchain über das bisher herkömmliche Maß hinaus: tatsächlich ist in einem Blockchain-Netzwerk jeder mit jedem verbunden – im Gegensatz zu dem bisher bekannten. Diese damit verbundenen Vorteile, z. B. in Bezug auf Sicherheit rufen auf der anderen Seite ein höheres Maß an Komplexität hervor. Agile Arbeitsmethoden wie z. B. Scrum helfen, diese Komplexität zu bewältigen.

---

[36]Drescher (2017), S. 15.

Wer erwägt, eine unternehmenseigene Blockchain-Lösung zu kreieren, dem stellt sich dazu ganz schnell die Frage nach dem Zugang sowie der Validierung der einzelnen Transaktionen. Die unterschiedlichen Modelle haben verschiedene Vor- und Nachteile. Werden bei einer öffentlichen Blockchain Transparenz und Nachprüfbarkeit im Vordergrund stehen, so ist bei einer privaten Lösung die Vertraulichkeit der zu speichernden Daten tendenziell eher im Fokus. Daher muss sich jedes Team, dass sich mit Fragen dieser Art auseinandersetzt, auch überlegen, welche Zielsetzung erreicht werden soll.

Literatur

Back A (2002) Hashcash – A Denial of Service Counter Measure. http://www.hashcash.org/papers/hashcash.pdf

Berghoff C, Gebhardt U, Lochter M, Maßberg S et al (2019) Blockchain sicher gestalten, Konzepte, Anforderungen, Bewertungen. Bundesamt für Sicherheit in der Informationstechnik (Hrsg). Bundesamt für Sicherheit in der Informationstechnik, Bonn

Bryant RE, O'Hallaron DR (2016) Computer systems, a programmer's perspective, 3. Aufl. Person Education Limited, Harlow/Essex

Bullinger H-J (1994) Einführung in das Technologiemanagement – Modelle, Methoden, Praxisbeispiele. Teubner, Stuttgart

Bundesamt für Sicherheit in der Informationstechnik (2019) Blockchain sicher gestalten, Konzepte, Anforderungen, Bewertungen. Appel & Klinger Druck und Medien GmbH, Schneckenlohe

Buterin V (2015) On public and private blockchains (Unter Mitarbeit von Vitalik Buterin, Hrsg). Ethereum Blog. https://blog.ethereum.org/2015/08/07/on-public-and-private-blockchains/

Buterin V (2016) A proof of stake design philosophy. https://medium.com/@VitalikButerin/a-proof-of-stake-design-philosophy-506585978d51. Zugegriffen am 15.07.2019

Buterin V (o. J.) Ethereum white paper: A next generation smart contract & decentralized application platform. http://blockchainlab.com/pdf/Ethereum_white_paper-a_next_generation_smart_contract_and_decentralized_application_platform-vitalik-buterin.pdf. Zugegriffen am 15.07.2019

Chaum DL (1982) Blind signatures for untraceable payments. University of California, California

Cohn M (2010) Agile Softwareentwicklung: mit Scrum zum Erfolg. Addison-Wesley, München

D-21 Digital-Index (2017/2018) Jährliches Lagebild zur digitalen Gesellschaft. Initiative D-21 e. V, Berlin

Dai W (1998) b-money. https://nakamotoinstitute.org/static/docs/b-money.txt

Drescher D (2017) Blockchain basics: a non-technical introduction in 25 steps. Apress, New York

Duden Band 7 (1963) Das Herkunftswörterbuch der deutschen Sprache. In: Drosdowski, G et al (Hrsg) Duden Etimologie. Bibliografisches Institut AG/Dudenverlag, Mannheim

Forbes (o. J.) https://www.forbes.com/2009/03/30/microsoft-encarta-wikipedia-technology-paid-content.html#73b610862db3

Haber S, Stornetta W. Scott (1991) How to Time-Stamp a Digital Document. J Cryptol 3(2):99–111

Hoffmann O (2011) Innovation neu denken – Histozentrierte Analyse der Innovationsmechanismen der Uhrenindustrie. Springer Gabler, Berlin

Kersken S (2019) IT-Handbuch für Fachinformatiker, Der Ausbildungsbegleiter, 9., erw. Aufl. Rheinwerk, Bonn

Korolov M (2016) Is the blockchain good for security? Unter Mitarbeit von Maria Korolov (Hrsg. v. CSO.). http://www.csoonline.com/article/3050557/security/is-the-blockchain-good-for-security.html

Mahlmann P, Schindelhauer C (2007) Peer-to-Peer-Netzwerke. Algorithmen und Methoden. Springer (eXamen.press), Berlin

Morabito V (2017) Business Innovation through Blockchain, The B³ Perspective. Springer International, Cham

Nakamoto S (2008). Bitcoin: a peer-to-peer electronic cash system. Satoshi Nakamoto Institute. https://nakamotoinstitute.org/literature/bitcoin/. Zugegriffen am 14.04.2019

Parker L (o. J.) Private versus Public Blockchains: is there room for both to prevail? (Hrsg. v. Magnr). https://magnr.com/blog/technology/private-vs-public-blockchains-bitcoin/

Patel R, Moore JW (2018) Entwertung, Eine Geschichte der Welt in sieben billigen Dingen. Rowohlt, Berlin

Ropohl G (1999) Allgemeine Technologie – Eine Systemtheorie der Technik, 2. Aufl. Carl Hanser, München

Rubin KS (2014) Essential Scrum, Umfassendes Scrum-Wissen aus der Praxis. mitp, Heidelberg

Search-engine Watch (o. J.) https://www.searchenginewatch.com/2019/08/01/amazon-google-market-share/. Zugegriffen am 01.08.2019

Snowden D, Boone ME (2007) A leader's framework for decision making. Harv Bus Rev 85(11):68–76,149

Szabo N (1997) Formalizing and securing relationships on public networks, pdf. https://nakamotoinstitute.org/formalizing-securing-relationships/

Szabo N (1998) Bit Gold. https://nakamotoinstitute.org/bit-gold/

Szabo N (2005) Bit Gold. Satoshi Nakamoto Institut. https://nakamotoinstitute.org/bit-gold/

Takeuchi H, Nonaka I (1986) The new new product development game. Harvard Business Review 1986(1):137–146

Konsensmodelle

2

Zusammenfassung

Die Wahl des passenden Konsensmodells bestimmt die Ausgestaltung der zu verwendenden Blockchain, wobei sich einige Modelle eher für die Nutzung von privaten bzw. konsortialen Ansätzen eignen. Es wird festgelegt, wie die Zusammenarbeit gestaltet ist. Die Rollen, die unterschiedlichen Aufgaben zu erfüllen haben, werden zugewiesen.

Die verschiedenen Arten von Blockchain-Modellen haben viele Gemeinsamkeiten und funktionieren ähnlich, jedoch unterscheiden sich die Blockchain-Modelle in der Art und Weise, wie die Übereinstimmung der Transaktionsabwicklung vollzogen werden soll. Es dreht sich um die Frage, welche der getätigten Transaktionen sind tatsächlich legitim, und wie werden diese Transaktionen an die existierende Blockchain angehängt. Nachfolgend werden verschiedene Konsensmechanismen aufgeführt, wobei schon jetzt erwähnt werden muss, dass diese Liste nicht abschließend sein kann, denn es werden immer wieder neue Mechanismen geprüft und getestet.

Ein Konsensmechanismus ist zunächst ein Protokoll, das sicherstellt, dass sämtliche Knoten[1] des entsprechenden Blockchain-Netzwerks miteinander synchronisiert werden und auf welcher Basis entschieden wird, welche der in dem Netzwerk getätigten Transaktionen legitim und somit an die bestehende Blockchain anzuhängen sind. Diese Einigung ist bedeutsam für die unterschiedlichen Blockchain-Arten, um das reibungslose Funktionieren zu ermöglichen. Jeder Teilnehmer kann in einem Blockchain-Netzwerk jede

---

[1] Bei Blockchains sprechen wir dann von Nodes, wenn es sich um ein physikalisches Netzwerkgerät handelt, das Nachrichten empfangen, senden, erstellen und übertragen kann, also jedes internetfähige Gerät, dass die angeführten Funktionen erbringen kann.

© Springer-Verlag GmbH Deutschland, ein Teil von Springer Nature 2020
K. Adam, *Blockchain-Technologie für Unternehmensprozesse*,
https://doi.org/10.1007/978-3-662-60719-0_2

mögliche Transaktion einreichen. Es muss aber sichergestellt werden, dass es sich um eine ausführbare, verlässliche Transaktion handelt und nicht um eine gefälschte.

Beispiel: Angenommen, Person B verfügt über drei Einheiten einer digitalen Währung und möchte davon eine Einheit an Person C senden. Das Netzwerk muss demnach prüfen, ob B tatsächlich über die entsprechenden Währungseinheiten verfügt, um eine davon an C zu senden. Dies muss protokolliert werden, um für nachfolgende Transaktionen im Netzwerk sicherzustellen, dass B nun nur noch über zwei Einheiten verfügt und demnach auch solange nicht mehr ausgeben kann, ehe er nicht neue Einheiten erhält. C hingegen hat eine Einheit mehr als zuvor und kann daher auch darüber verfügen. Sollte B nun auf die Idee kommen, der Person E vier Währungseinheiten transferieren zu wollen, so kann B dies zwar mündlich (oder auf andere Weise) kommunizieren, jedoch wird das Netzwerk diesen Transfer schlicht deshalb nicht ermöglichen, weil B nicht über diese (vier) Einheiten verfügt. Damit wäre die letzte Transaktion ungültig, wird nicht vom Netzwerk ausgeführt, und diese Transaktion wird nicht an die Blockchain angehängt. Man spricht hier vom UTXO als „unspent transaction output", denn die Blockchain, die lückenlos sämtliche Transaktionen speichert, kann nachweisen, welche Währungstransaktionen von welchem Nutzer zu welchem Nutzer bzw. zu welcher Adresse geflossen sind (vgl. Abb. 2.1).

Genereller Ablauf einer Transaktion (u. a. Überweisung) auf einer Blockchain:[2]

1. *Transaktion:* In diesem ersten Schritt erstellt der Absender eine Transaktion, die Informationen über die öffentliche Adresse des Empfängers, den Wert der Transaktion und eine kryptografische digitale Signatur enthält, die die Gültigkeit und Glaubwürdigkeit der Transaktion überprüft.
2. Sämtliche Transaktionen innerhalb eines Zeitfensters werden an die beteiligten Knotenpunkte der Blockchain geschickt. (Übersteigt die Anzahl der auszuführenden Transaktionen die Kapazität des

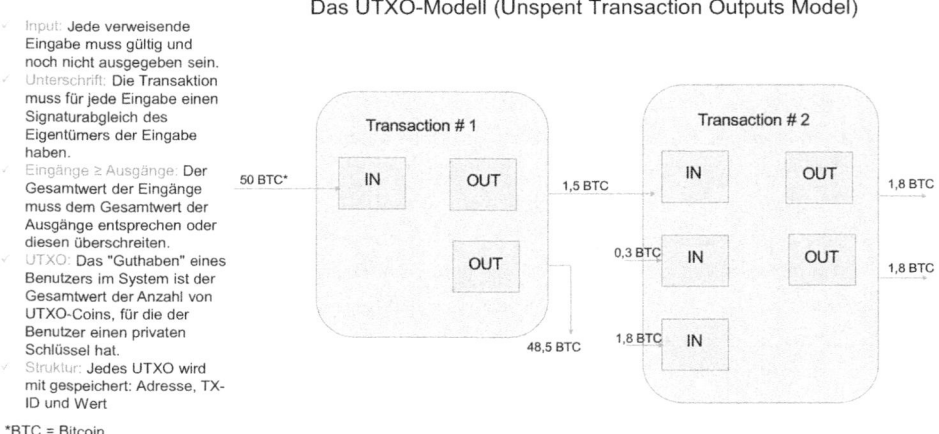

Abb. 2.1 UTXO-Modell

---

[2] Froystad/Holm (2015), S. 11.

Netzwerkes in dem Moment, dann können die Miner als Validatoren entscheiden, welche Transaktion in welchem Block gespeichert werden sollen. Zahlt ein User Transaktionsgebühren, dann steigt für ihn die Wahrscheinlichkeit, dass seine Transaktion schnell validiert und ausgeführt wird.)

3. *Transaktionsauthentifizierung*: Wenn die Knoten im Netzwerk die Transaktion(en) empfangen, validieren sie zuerst die Nachricht durch Entschlüsselung der digitalen Signatur.
4. *Blockerstellung*: Jeder Knotenpunkt sammelt anstehende Transaktionen, um diese zu validieren, und aggregiert sie zu einem Block. Anschließend wird mittels des Konsens-Algorithmus „Proof of Work" die richtige Lösung für den Block berechnet.
5. *Blockvalidierung:* Der Knotenpunkt, der die richtige Lösung für den entsprechenden Block gefunden hat, teilt seine Lösung dem Netzwerk mit und erhält die Vergütung für den geleisteten Rechenaufwand.
6. Die Transaktionen im Block werden vom Netzwerk akzeptiert, sofern alle in ihm enthaltenen Transaktionen valide sind.
7. *Blockverkettung*: Wenn alle Transaktionen in einem Block genehmigt sind, wird der neue Block an die aktuelle Blockkette „angekettet", was dazu führt, dass der neue Zustand des Blocks auf den Rest des Netzwerks übertragen wird. Der nächste Block kann validiert werden. Er enthält – neben den Transaktionen – den Hash-Wert des zuletzt validierten Blockes.

Es gibt eine Vielzahl an Möglichkeiten, diesen Konsens zu erzielen, und mindestens genauso viele Möglichkeiten, diese zu kritisieren und zu verwerfen. Daher lohnt sich der Blick auf die verschiedenen Modelle mit ihren Vor- und Nachteilen.

2.1 Proof of Work (PoW)

Der wohl bekannteste Mechanismus ist der von der Bitcoin-Blockchain, der auch etliche Nachahmer bei anderen Kryptowährungen gefunden hat. Der Proof-of-Work (PoW)-Prozess[3] wird auch als Mining bezeichnet, da mit ihm die Bitcoins „geschürft" werden. Die Knoten fungieren als Miner, die komplexe mathematische Rätsel lösen, deren Schwierigkeitsgrad im Zeitverlauf und der eingesetzten Rechenpower exponentiell steigt.[4] Der Erste, der das Rätsel löst, darf einen Block erstellen und erhält als Belohnung für die Erstellung eines Blocks Bitcoins.[5] Es gilt, Datenblöcke zu entschlüsseln. Dies ist kostspielig und zeitaufwendig, und es ist ein sogenannter Zufallsprozess mit geringer Wahrscheinlichkeit. Das hat zur Folge, dass im Durchschnitt viel „Versuch und Irrtum" notwendig ist, um einen Datenblock zu entschlüsseln. Die Überprüfung der Richtigkeit der gefundenen Lösung hingegen ist einfach und ermöglicht den anderen Teilnehmern des Netzwerkes, den einmal gefundenen Wert zu bestätigen. Bitcoin verwendet beispielsweise das Hashcash-Proof-of-Work-System, welches das Scannen nach einem Wert, bei dem der Hash, z. B. bei Security-Hash-Algorithm-256 (SHA256), mit einer Anzahl von Nullbits beginnt.[6, 7]

---

[3] Nakamoto, S. 3.

[4] Fertig/Schütz, S. 96, 97.

[5] 2019 erhält jeder Miner noch 12,5 Bitcoin für das erfolgreiche Erstellen eines gültigen Blocks. Voraussichtlich am 17. Mai 2020 halbiert sich diese Belohnung auf dann 6,25 Bitcoin je erstellten Block.

[6] Nakamoto, S. 3.

[7] Blockchain Demo (2019) vgl. https://anders.com/blockchain/hash.html – auf dieser Webseite kann man ausprobieren, wie lange es dauert, einen Dateninhalt und den dazu passenden Hash-Wert zu erhalten, der mit mindestens vier Nullen beginnt, wie es die Bitcoin Blockchain fordert; zugegriffen: 05.08.2019.

Der neu eingeführte Begriff „Hash" bzw. Hash-Wert bedarf einer näheren Erläuterung, ebenso wie ein für das Mining weiterer wichtiger Begriff „Nonce".

Ein Hash-Wert ist das Ergebnis aus einer Hash-Funktion in Form einer vorher festgelegten Zeichenmenge. Es wird dabei zwischen offenen und geschlossenen Methoden unterschieden. Bei den offenen Methoden ist es möglich, dass verschiedene Eingabewerte demselben Hash-Wert zugeordnet werden. Bei den geschlossenen Verfahren, zu denen kryptografische Hash-Funktionen gehören, die bei allen Blockchains verwendet werden, ist diese Funktion kollisionsresistent. Das bedeutet, unterschiedliche Eingabewerte (Texte, Daten) dürfen nicht demselben Hash-Wert zugeordnet werden. Zusätzlich sind kryptografischen Hash-Funktionen sogenannte Einwegfunktionen. Das bedeutet, dass es aus dem Hash-Wert nicht möglich ist, auf den Eingabewert zurückzuschließen.

Damit kann beispielsweise der Inhalt eines Buchs durch eine Hashfunktion auf einen Hash-Wert mit einer entsprechenden Länge heruntergebrochen werden.[8] Im Zusammenhang mit gehashten Informationen auf einer Blockchain können somit nicht nur Währungstransaktionen gespeichert werden, sondern auch Texte, Dateien. Und wird in diesen Texten ein Buchstabe verändert, dann verändert sich der Hash-Wert. Nachfolgendes Beispiel verdeutlich dies:

Beispiel

Für den Satz „*Lass und heute Abend zum Italiener gehen*" wird folgender Hash-Wert beim SHA256 ausgeworfen: 13e7363305ad888b67cc3ae116297e39f2352ed681f94c7730d 96da5b0ca7b51.

Verändern wir den Satz in „*Lasst uns heute Abend zum Italiener gehen*", dann erhalten wir folgenden Hash-Wert: 910eb800bd4e61c1a7f400d64054ee159114c07d239ff-fe21d4c86e9c98f767d.

Zu erkennen ist schon auf den ersten Blick, dass sich beim Hash-Wert nicht nur die erste Ziffer verändert hat, sondern dass es sich um einen komplett neuen, anderen Hash-Wert handelt. Dabei ist lediglich ein Buchstabe hinzugefügt worden, um aus dem „Lass" ein „Lasst" zu machen.[9] Der Hash identifiziert also nicht nur diesen Text, sondern wirklich die genaue Version dieses Textes. Jede winzige Änderung erzeugt einen neuen Hash, der als ID für diese neue Version dient.

Und in dem hier gewählten Beispiel ist es nicht möglich, von „13e7363305ad888b67c-c3ae116297e39f2352ed681f94c7730d96da5b0ca7b51" auf den Eingabetext „Lass uns heute Abend zum Italiener gehen" zurückzuschließen (Einwegfunktion).

---

[8] Verwendet man den SHA 256, dann werden alle Informationen im Datenfeld auf eine Zeichenlänge von 64 Zeichen heruntergebrochen (SHA 256 = 256 Bit = 32 Byte = 64 Zeichen).

[9] Hashgenerator (2019)Sie können das selber testen unter: https://passwordsgenerator.net/sha256-hash-generator/. zugegriffen: 15.11.2019.

▶ Die Umrechnung von Input-Werten beliebiger Länge in Output-Werte mit einer fixen Länge nennt man Hashing. Der Output-Wert, oder auch Hash-Wert, gestattet nicht die Rückwärtsrechnung auf den Eingabewert.

Ergänzend sei darauf hingewiesen, dass aufgrund der verteilten, gleichzeitigen Natur dieses Prozesses es manchmal möglich ist, dass mehr als ein Knoten gleichzeitig einen gewinnenden Hash findet. Jeder Gewinnerknoten fügt seinen eigenen vorgeschlagenen Block zur Blockchain hinzu und sendet diesen über das Peer-to-Peer-Netzwerk. (Peers sind in diesem Fall die teilnehmenden Computer). In solchen Fällen gibt es einen temporären Abzweig in der Blockkette, bei dem einige Knoten Blöcke zu einem Zweig hinzufügen, während andere Knoten Blöcke zu anderen Zweigen hinzufügen, basierend darauf, welcher „Gewinnerknoten"[10] ihnen am nächsten ist. Wenn jedoch weitere Blöcke zu diesen Gabeln hinzugefügt werden, stellt das Protokoll sicher, dass der Zweig mit dem maximalen Proof of Work (d. h. dem längsten Zweig) in die Blockchain aufgenommen wird und andere verworfen werden. Dies führt zu einer Übereinstimmung zwischen allen Knoten hinsichtlich des Zustands der Blockchain.

Neben dem Hashing soll an dieser Stelle auch noch der Begriff „Nonce" aufgegriffen werden. Nonce steht für „number that can only be used once", und dieser Wert muss durch das Mining gefunden werden. Damit schließt sich der Kreis: Die Suche nach dem passenden Nonce für den nächsten Block kostet Zeit, was wiederum bedeutet, dass nicht alle Transaktionen vom Netzwerk gleichzeitig be- und verarbeitet werden können, und es entstehen die beschriebenen Warteschlangen an ausstehenden Transaktionen.[11]

Blockchain-Varianten, die kein Mining in ihren Konsensmechanismen vorsehen, benötigen das Feld „Nonce" nicht innerhalb ihrer Blöcke.

Der Bitcoin-PoW-Konsensalgorithmus funktioniert gut in einer offenen Umgebung, in der beliebig viele Knoten am Netzwerk teilnehmen und mit dem Mining beginnen können. Aktuell gibt es 9415 Knoten, die für die Abwicklung der Transaktionen zuständig sind.[12] Es ist kein Wissen oder eine Authentifizierung der Teilnehmer erforderlich, wodurch ein solches Konsensmodell extrem skalierbar ist, was die Unterstützung Tausender von Knoten betrifft. Somit handelt es sich hierbei um ein völlig dezentral arbeitendes und funktionierendes Netzwerk.

Der Bitcoin PoW-Konsens ist jedoch anfällig für „51 %"-Angriffe, bei denen ein Mining-Pool, der in der Lage ist, 51 % der Mining-Leistung (d. h. Hash-Rate) zu kontrollieren, seine eigenen Blöcke in die Blockchain schreiben oder sie abspalten kann, um einen unabhängigen Zweig zu schaffen, der zu einem späteren Zeitpunkt mit der Haupt-Blockchain konvergiert.[13] Der Vorteil für den Angreifer bei der Durchführung eines

---

[10] Gewinnerknoten im Sinne von dem Node, der den entsprechenden Block berechnet hat.

[11] Fertig/Schütz (2019), S. 88, 178.

[12] https://bitnodes.earn.com, zugegriffen: 16.11.2019.

[13] Cointelegraph (2019): https://de.cointelegraph.com/news/two-miners-purportedly-execute-51-attack-on-bitcoin-cash-blockchain, zugegriffen: 18.08.2019.

solchen Angriffs ist, dass er sein eigenes Geld verdoppeln und Transaktionen, die er nicht in die Blockchain aufnehmen möchte, selektiv ablehnen kann.

Trotz temporärer Gabelungen innerhalb der Bitcoin Blockchain bleibt dieses System konsistent in sich, jedoch zu Lasten der Transaktionsbestätigungszeiten. So schafft die Bitcoin Blockchain maximal 7 Transaktionen pro Sekunde – im Vergleich zu beispielsweise Mastercard oder Visa, die mehr als 10.000 Transaktionen pro Sekunde schaffen.

Auch könnte bemängelt werden, dass trotz des Einsatzes der Rechenleistung von allen beteiligten Knoten im System nur immer einer schnell genug ist, um die anstehende Aufgabe zu lösen und den richtigen Hash zu berechnen. In diesem Fall gibt es keinen zweiten Gewinner – nur der Schnellste erhält für das Mining die entsprechende Vergütung.

Die einzusetzende Rechenleistung aller Beteiligten fordert ihren Tribut in Form eines sehr, sehr hohen Energieverbrauches. So ermittelt die Cambridge University den „Cambridge Bitcoin Electricity Consumption Index" (CBECI), der alle 30 Sekunden aktualisiert wird.[14] Ende August 2019 wird der Stromverbrauch auf ca. 62 Terra-Watt-Stunden geschätzt. Die Technische Universität München hat hierzu ebenfalls eine Berechnung unter Berücksichtigung der Ausrüstung der Miner aufgestellt und kommt zu dem Ergebnis, dass das Schürfen von Bitcoin weltweit mindestens 22 Millionen Tonnen CO_2 verursacht – so viel, wie beispielsweise die Hansestadt Hamburg mit den Haushalten und der Industrie pro Jahr verursacht.[15]

Dennoch, PoW-Protokolle sind wichtig, weil sie den Aufbau von frühen Blockchain-Netzwerken ermöglichen. Sie bleiben aber sehr ineffizient.

2.2   Proof of Stake (PoS)

Um dem hohen Energieverbrauch entgegenzuwirken und dennoch einen Konsens im Netzwerk sicher herstellen zu können, werden im Proof of Stake die gehaltenen Anteile (Stake) an der Kryptowährung (z. B. ein sogenannter „native Coin" wie Peercoin, NXT etc.) als Grundlage zur Validierung der Blöcke genutzt.[16] Es bedarf keiner extra Hardware, um Blöcke zu validieren. Ausschlaggebend ist vielmehr die Höhe des Besitzes am „Stake".[17] Je mehr Anteile ein Stakeholder an der entsprechenden und im Umlauf befindlichen Kryptowährung hat, umso höher ist die Wahrscheinlichkeit, dass dieser Stakeholder einen Block erstellen kann.

---

[14] https://www.cbeci.org, zugegriffen: 15.08.2019.

[15] Stoll/Klaasen/Gallersdörfer, (2019).

[16] Morabito (2017), S. 11.

[17] Tapscott/Taspcott (2016), S. 32.

Beispiel

Besitzt ein Teilnehmer als Stakeholder in diesem System z. B. 5 % aller sich im Umlauf befindenden Coins, dann hat dieser Teilnehmer eine 5 %-ige Wahrscheinlichkeit, einen Block zu validieren.

Auch sprachlich unterscheidet sich dieser Ansatz. So werden aus Minern *Forger* oder *Validatoren,* und Blöcke werden *geforgt* anstatt gemint.[18]

Die Incentivierung zur Teilnahme an diesem System erfolgt nicht über ein Belohnungs-system wie beim Proof of Work, wo der Miner für jeden geminten Block die gültige Vergütung erhält. Beim Proof of Stake bekommen die Validatoren die anfallenden Transaktionsentgelte pro Block.

Der PoS bindet die Validatoren jedoch nicht nur über ihren gehaltenen Anteil an Währungen an das System, sondern auch über die Zuverlässigkeit der Validatoren, wie sie Blöcke „forgen". Jeder Validator hat ein ureigenes Interesse an der Sicherheit des Systems, um den Wert des eigenen Anteils zu schützen. Würde ein Validator unrechtmäßige Transaktionen validieren, verlöre er seinen Anteil (Stake), den er als Pfand hinterlegt hat, da er mit der Fehlvalidierung dem System als Ganzes schadet. Die „Zuteilung" des zu validierenden Blockes hängt jedoch nicht nur mit der Höhe des gehaltenen Anteils zusammen, sondern vielmehr verteilt ein Zufallsalgorithmus die zu valiederenden Blöcke in Abhängig vom gehaltenen Anteil. Somit kann kein Validator vorhersagen, ob und wann er welchen Block zur Validierung erhält.[19]

Grundsätzlich kann zwischen zwei PoS-Herangehensweisen unterschieden werden, einerseits dem „Chain-Based PoS-System", andererseits dem „Byzantian Fault Tolerance (BFT) PoS-System".

Beim Chain-Based PoS wählt der Algorithmus pseudozufällig einen Validator während jedes Zeitfensters aus (z. B. kann ein Zeitfenster innerhalb eines Zeitraums von z. B. 10 Sekunden bestimmt werden) und weist diesem Prüfer das Recht zu, einen einzelnen Block zu erstellen, und dieser Block muss auf einen vorherigen Block zeigen (normalerweise den Block am Ende der vorher längsten Kette), und so konvergieren die meisten Blöcke im Laufe der Zeit zu einer einzigen, ständig wachsenden Kette.

Im BFT-PoS-System wird den Validatoren nach dem Zufallsprinzip das Recht zugeteilt, Blöcke vorzuschlagen, aber die Vereinbarung, welcher Block vorschriftsmäßig ist, erfolgt durch einen mehrstufigen Prozess, bei dem jeder Validierer während jeder Runde eine „Abstimmung" für einen bestimmten Block sendet, und am Ende des Prozesses stimmen alle (ehrlichen und Online-)Validierer permanent darüber ab, ob ein bestimmter Block Teil der Chain ist oder nicht. Beachten Sie, dass Blöcke immer noch miteinander verbunden sein können; der Hauptunterschied besteht darin, dass der Konsens über einen Block innerhalb eines Blocks liegen kann und nicht von der Länge oder Größe der nachfolgenden Kette abhängt.

Auch wenn der PoS-Ansatz Vorteile gegenüber dem PoW-Ansatz aufweist (z. B. weniger Energieverbrauch als beim PoW), ist auch er nicht frei von Herausforderungen. So kann bemängelt werden, dass es einer Mindesteinlage bedarf, um eine Vergütung zu erhal-

---

[18] Fertig/Schütz (2019), S. 145.

[19] Bogensperger et al. (2018), S. 39.

ten. Zwar ist dieser Vorwurf leicht zu entkräften, denn auch beim PoW muss ein Teilnah-
mewilliger zuerst in Hardware investieren, jedoch wird ein zu kleiner Anteil (Stake) es fast
unmöglich erscheinen lassen, jemals einen Block validieren zu können. Das führt dann zu
möglichen unfairen Voraussetzungen, da die dem System innewohnende Lotteriecharakte-
ristik nur bei hinreichend großen Anteilen greift. Die Gefahr eines Monopols, zumindest
einer Oligopolbildung ist nicht von der Hand zu verweisen, da Teilnehmer mit hohem
Stake-Anteil viel häufiger die Möglichkeit erhalten, einen Block zu validieren. Diese Teilnehmer verdienen mehr an Transaktionsgebühren als andere mit geringem Stake. Um dies
zu vermeiden, reicht den herkömmlichen PoS-Systemen der alleinige Anteil am Stake
nicht mehr aus, um Blöcke zu validieren. Die zufallsbezogene Auswahl (randomisierte
Blockauswahl) ist weiter oben schon beschrieben. Das Alter der Coins kann ebenfalls
genutzt werden, um mehr Fairness ins System zu bringen. Je älter der Coin ist, d. h. je
länger ein Validator ihn hält, desto höher fällt die Wahrscheinlichkeit aus, einen Block
validieren zu können. Dazu muss ein Knoten seine Coins mindestens 30 Tage halten, um
überhaupt als potenzieller Forger auftreten zu können. Hat dieser Knoten einen Block
validiert, beginnt die Wartezeit von Neuem.

Beim Delegated Proof of Stake (dPoS) werden sogenannte Witnesses und Delegierte
gewählt, die bestimmte Aufgaben im Netzwerk übernehmen. Das kann die Validierung
eines Blocks sein, aber auch Anpassungen am Konsens, wofür eine Belohnung gezahlt
werden kann. Die Witnesses und Delegierten sind jederzeit abwählbar. Eine Erweiterung
dieser Vorgehensweise findet man beim randomisierten Proof of Stake, bei dem ein Komi-
tee bestimmt wird, die anfallenden Aufgaben zu erfüllen. Die Zufallsvariable wählt die
Teilnehmer des Komitees.[20, 21] Mit diesen verschiedenen Ergänzungen zum Proof of Stake
sollten die offensichtlichen Nachteile eliminiert werden, um mehr Teilhabe zu gewährleisten.

Vitalik Buterin, der Gründer von Ethereum, hat bereits 2016 sein Verständnis über
diese beiden Systeme in einem Aufsatz veröffentlicht. Er erklärt, dass das eingesetzte
Kapital für sicheres und korrektes Verhalten bürgt, während hingegen beim PoW einzusetzende Hardware und Energieaufwand für die Glaubwürdigkeit der Validatoren steht.[22]

Vitalik Buterin äußert sich seit Längerem darüber, die von ihm ins Leben gerufene Blockchain Ethereum
auf ein neues Level mit weit höheren Transaktionsraten als bisher zu heben und zugleich vom PoW zum
PoS zu wechseln. Dabei liegt sein Fokus darauf, die Blockchain von Ethereum dezentral zu halten und
gleichzeitig eine niedrige Eintrittsbarriere für Netzwerkvalidierer zu gewährleisten. Der Erfolg von Ethereum ist zugleich auch eine Bürde, denn je mehr Applikationen über diese Blockchain angeboten, aber
auch validiert werden, desto langsamer wird die Validierung, da das Netzwerk nur über eine gewisse Kapazität verfügt. Aus diesem Grund ist es wichtig, die Entwicklung voranzutreiben, um mehr Transaktionen
sicher und schnell, jedoch mit einem viel geringeren Energieaufwand zu validieren.

---

[20] Fertig/Schütz (2019), S. 147.

[21] Casey/Vigna (2018), S. 90.

[22] Buterin (2016) A proof of Stake Design Philosophy.

Der Programmier-Code, der den Wechsel vorantreibt und den Namen „Phase Zero" trägt, ist seit dem 30.06.2019 verfügbar. Es wird angenommen, dass es bis mindestens Ende 2021 dauern wird, ehe die Umstellung vom PoW auf PoS bei Ethereum vollzogen ist.

2.3   Delegated Byzantine Fault Tolerance (dBFT)

Der Ansatz „delegierte byzantinische Fehlertoleranz" (dBFT) ist ein anspruchsvoller Algorithmus, der den Konsens über eine Blockchain erleichtern soll.

Hintergrund dieses Lösungsansatzes ist die Fragestellung aus der Spieltheorie, das als „Problem der byzantinischen Generäle" in der Informatik Eingang gefunden hat.[23] Dieses aus der Spieltheorie stammende Dilemma zeigt, mit welchen Kommunikationsproblemen eine Gruppe von Generälen im Falle eines strategisch wichtigen gemeinsamen Angriffs konfrontiert ist.[24]

Das Dilemma unterstellt, dass jeder General über seine eigene Armee verfügt, die an unterschiedlichen Orten rund um beispielsweise eine Stadt lagern. Die Generäle müssen sich auf Angriff oder Rückzug einigen. Zudem kann eine einmal getroffene Entscheidung nicht mehr rückgängig gemacht werden, und die getroffenen Entscheidungen der einzelnen Generäle müssen gleichzeitig ausgeführt werden. Die Schwierigkeit dabei ist, dass einer oder mehrere der Generäle ein Verräter sein könnte, was in der Konsequenz bedeutet, dass diese falsche Angaben über ihr Vorgehen machen könnten. Erschwerend kommt hinzu, dass die Kommunikation der Generäle untereinander lediglich über Kuriere erfolgt. Ein Angriff scheitert dann, wenn dem Angriff kein Konsens des Handelns unterliegt.[25]

Übertragen auf die Blockchain-Welt bedeutet das, dass die „Generäle" die Knoten im System sind. Mehrheitlich müssen die Knoten innerhalb des verteilten Netzwerkes die gleiche Aktion vereinbaren und durchführen, um ein sicheres und stabiles Netzwerk zu erhalten. Es bedarf mindestens einer 2/3 Zustimmung von zuverlässigen und ehrlichen Knotenpunkten. Die (byzantinische) Fehlertoleranz bedeutet in diesem Zusammenhang, dass das System auch dann weiterarbeitet, wenn maximal 1/3 der Knoten ausfallen oder böswillig agieren.[26]

Wie beim delegated Proof of Stake ist diesem Ansatz gemein, dass er unterstellt, die Teilnehmer eines solchen Netzwerkes haben ein intrinsisches Interesse, in einem ehrlichen System zu interagieren. Werden nun Delegierte bestimmt (delegated Byzantine Fault Tolerance), dann werden solche gewählt, die von den Benutzern als ehrlich genug eingestuft werden, um die Integrität des Blockchain-Netzwerks zu erhalten.

---

[23] Bahga/Madisetti (2017), S. 352.

[24] Holler/Illig/Napel (2019), S. 24 ff.

[25] Akkoyunly, E.A./Ekanadham K./Huber R.V (1975), S. 70 ff.

[26] Lamport/Shostak/Peace (1982), S. 385 ff.

Fertig und Schütz beschreibend die Rollen, die Delegierte in diesem System einnehmen können, folgendermaßen:[27]

- *Consensus Node:* Diese Delegierten werden vom gesamten Netzwerk gewählt, und ihre
  Aufgabe ist es, sich um die Einhaltung des Konsenses zu kümmern.
- *Speaker Nodes* erstellen die Blöcke.
- *Delegate Nodes* validieren die Blöcke und die darin enthaltenen Transaktionen.

Das chinesische Unternehmen Neo, eine Blockchain-Plattform für die Entwicklung
digitaler Assets und Einbindung von Smart Contracts, verwendet diesen Ansatz. Interessant ist die Aussage des Unternehmens, zukünftig mehr als 10.000 Transaktionen pro Sekunde durchführen zu können. Damit nähert sich diese Blockchain der Transaktionsgeschwindigkeit herkömmlicher Datenbanken.[28]

Obwohl derzeit noch nicht so stark verbreitet, stellt dieser Ansatz eine Alternative mit
einem einfacheren Nachweis des Einsatzes der Arbeitsmethoden dar.

2.4   Proof of Authority (PoA)

Stärker als der dBFT-Ansatz ist der Proof of Authority insbesondere bei Private Permissi-
oned Blockchain verbreitet. Dieser Ansatz ist eine Abwandlung des Proof of Stake. Die
Validatoren werden von den Betreibern des Systems als Authorities üblicherweise vor In-
betriebnahme der Blockchain benannt. Diese Authorities müssen keinen Stake halten, um
Blöcke zu schaffen und zu validieren. Die Glaubwürdigkeit von ausgewählten Knoten als
Authorities gewährt den reibungslosen Ablauf innerhalb dieser Blockchain. So können
Authorities Knoten, die die aufgestellten Regeln des Systems verletzen, vom System
ausschließen.

Gemäß des Proof-of-Authority-Algorithmus wird reihum unter den Authorities bestimmt, wer „Miningleader" ist und damit das Recht hat, neue Blöcke vorzuschlagen. Die
Mehrheit der anderen Authorities muss den neuen Block bestätigen, damit dieser an die
vorherigen Blöcke angehängt wird.[29]

Da der Proof of Authority kein Mining und auch sonst keine (native) Währung zur Abwicklung benötigt, verbraucht dieser Ansatz wenig Energie und Rechenleistung, um die
Blöcke zu validieren. Transaktionen können schneller und effizienter als beispielsweise

---

[27] Fertig/Schütz (2019), S. 147.

[28] Neo Whitepaper, Consens Mechanismen, zugegriffen: 10.09.2019.

[29] De Angelis et al. (2017), S. 2.

beim Proof of Work bearbeitet werden. Dies erhöht die Skalierbarkeit. Die Authorities sorgen für die Einhaltung des Konsenses.[30]

Weil die Authorities als Validierer eine so prominente Stellung innehaben, müssen diese als Knotenpunkte besonders vor Angriffen und sonstigen Manipulationsversuchen geschützt werden, um die Sicherheit aufrechtzuhalten.

Insgesamt ist dies jedoch ein eher zentral orientierter, und damit eignet sich dieser Ansatz zwar gut für Unternehmenslösungen, weniger bis gar nicht für öffentliche Blockchain-Ansätze.

2.5   Proof of Activity (PoAc)[31]

In diesem Ansatz werden die beiden bekanntesten Mechanismen (PoW und PoS) miteinander verknüpft. So startet der Proof of Activity mit dem Mining-Prozess als Standard-POW-Prozess, bei dem verschiedene Miner versuchen, sich mit höherer Rechenleistung gegenseitig zu überbieten, um einen neuen Block zu finden. Ist der neue Block gefunden, der nur einen Header und die Belohnungsadresse des Miners enthält, dann wechselt das System auf den PoS-Ansatz. Basierend auf dem Header wird eine neue zufällige Gruppe von Prüfern aus dem Blockchain-Netzwerk ausgewählt, die den neuen Block validieren oder signieren müssen. Je mehr Stake ein Validator besitzt, desto mehr Chancen hat er oder sie, als Unterzeichner ausgewählt zu werden.

Sobald alle Validatoren den neu gefundenen Block signiert haben, erhält er den Status eines kompletten Blocks, wird identifiziert und dem Blockchain-Netzwerk hinzugefügt, und Transaktionen werden aufgezeichnet.

Eine Attacke auf dieses System erscheint nahezu unmöglich, denn neben dem sogenannten 51 %-Angriff, der besagt, dass eine Instanz über mehr als 50 % der weltweiten Hashing-Power verfügen muss, müsste ein Angreifer darüber hinaus auch noch die Mehrheit der Coins der entsprechenden Blockchain als Stake besitzen.

Dieser Vorteil wendet sich jedoch zum Nachteil, da das Mining hohe Energiekosten verursacht und der PoS Monopolbildung fördert.

2.6   Proof of Importance (PoI)

Auch dieser Proof-Mechanismus leitet sich vom Proof of Stake ab und ist durch die Blockchain-Plattform NEM bekannt geworden. Proof of Importance ist demnach der Mechanismus, mit dem bestimmt wird, welche Netzwerkteilnehmer (Knoten) berechtigt sind,

---

[30] Fertig/Schütz (2019), S. 150.
[31] Bentov et al. (2014).

einen Block zur Blockchain hinzuzufügen. Voraussetzung hierfür ist, dass potenzielle Validatoren eine hinreichende Anzahl[32] an Kryptowährung in Verwahrung zu geben haben, um sich zu qualifizieren. Zusätzlich zu dem Stake wird die produktive Aktivität im Netzwerk einbezogen.[33]

Der Proof of Importance kann als neuartiger Konsensalgorithmus angesehen werden, da er im Gegensatz zu bestehenden Konsensmechanismen wie z. B. dem PoS versucht, die allgemeine Unterstützung des Netzwerks zu berücksichtigen.

2.7   Proof of Reputation (PoR)

Der Ruf eines Teilnehmers, die Reputation, ist für diesen Konsensusmechanismus von elementarer Bedeutung. Reputation kann demnach als die Bewertung der Vertrauenswürdigkeit eines Mitglieds durch andere definiert werden. In Peer-to-Peer-Netzwerken können Reputationssysteme eingesetzt werden, da diese die Fähigkeit des gegenseitigen Vertrauens ermöglichen und damit erfolgreiche Interaktionen zulassen.[34] Diejenigen Teilnehmer, die über einen guten Ruf verfügen, können das Recht der Validierung erhalten und Blöcke erstellen.

Das Projekt GoChain verwendet diesen Ansatz und argumentiert allgemein damit, dass weder Miner noch Coins als Incentivierung nötig sind, um die Sicherheit der zugrunde liegenden Blockchain zu gewährleisten. Vielmehr wäre ein Teilnehmer mit hinreichender Reputation mit erheblichen finanziellen und markenrechtlichen Konsequenzen konfrontiert, sollte er versuchen, das System zu betrügen. Dies ist ein relatives Konzept, da fast alle Unternehmen erheblich leiden würden, wenn sie beim Versuch erwischt würden, betrügerisch zu handeln. Größere Unternehmen haben in der Regel aber mehr zu verlieren.[35]

Damit kann der PoR auch für öffentliche Blockchains attraktiv sein, denn große Firmen verlieren zu viel im Falle unlauteren Verhaltens. Zudem können potenzielle neue Teilnehmer Einblick in die Struktur des Netzwerkes nehmen und entsprechend entscheiden, ob sie den Validatoren vertrauen wollen.[36]

---

[32] Gemäß dem NEM-Protokoll ein Konto mindestens 10.000 unverfallbare XEM (also der Währung der Plattform NEM) besitzen, um hierfür in Frage zu kommen.

[33] Fertig/Schütz (2019), S. 149.

[34] Gai et al. (2018), S. 667.

[35] GoChain (2019) Medium https://medium.com/gochain/proof-of-reputation-e37432420712; zugegriffen 15.August2019.

[36] Fertig/Schütz (2019), S. 151.

2.8   Proof of Elapsed Time (PoET)

Der Chip-Hersteller Intel hat diesen Proof entwickelt, der den Energieverbrauch sowie weiteren Ressourceneinsatz im Vergleich zu z. B. PoW reduziert. Durch den Konsensmechanismus eignet sich dieses Verfahren besonders gut für Permissioned-Blockchain-Ansätze. In Netzwerken mit diesem Ansatz muss sich der Teilnehmer vorab identifizieren, bevor er beitreten darf.

Die Funktionsweise des PoET-Algorithmus ist wie folgt: Jeder teilnehmende Knoten im Netzwerk muss für einen zufällig gewählten Zeitraum warten, und der erste, der die festgelegte Wartezeit erfüllt, gewinnt den neuen Block. Jeder Knoten im Blockchain-Netzwerk erzeugt eine zufällige Wartezeit und geht für die angegebene Zeit in den Ruhezustand. Derjenige, der zuerst „aufwacht" – also der mit der kürzesten Wartezeit – überträgt einen neuen Block an die Blockkette, indem er die notwendigen Informationen an das gesamte Peer-Netzwerk sendet. Der gleiche Prozess wiederholt sich dann für die Entdeckung des nächsten Blocks.

Basierend auf dem Prinzip eines fairen Lotteriesystems, bei dem jeder einzelne Knoten mit gleicher Wahrscheinlichkeit ein Gewinner ist, basiert der PoET-Mechanismus auf der Verteilung der Gewinnchancen auf eine möglichst große Anzahl von Netzwerkteilnehmern. Der erste Teilnehmer, der das Warten beendet hat, wird der Leader für den neuen Block sein.

Damit dies funktioniert, müssen zwei Anforderungen überprüft werden. Erstens: Hat der Lotteriegewinner tatsächlich eine zufällige Wartezeit gewählt? Anderenfalls könnte ein Teilnehmer bewusst eine kurze Wartezeit wählen, um zu gewinnen. Zweitens: Hat der Lotteriegewinner tatsächlich die angegebene Zeit gewartet?

Der eingebaute Mechanismus ermöglicht Anwendungen, vertrauenswürdige Codes in einer geschützten Umgebung auszuführen, und stellt dabei sicher, dass beide Anforderungen – für die zufällige Auswahl der Wartezeit für alle teilnehmenden Knoten und die tatsächliche Erfüllung der Wartezeit durch den siegreichen Teilnehmer – erfüllt sind.[37]

2.9   Proof of Burn (PoB)[38]

Auch dieser Ansatz setzt sich zum Ziel, weniger Ressourcen zu verschwenden als beispielsweise der PoW, obwohl er diesen teilweise simuliert.

---

[37] Hyperledger Sawtooth: https://sawtooth.hyperledger.org/docs/core/releases/1.0/architecture/poet. html, zugegriffen: 15. August 2019.

[38] Fertig/Schütz (2019), S. 152.

Beim Proof of Burn werden Coins „verbrannt", um diese dem Netzwerk für immer zu entziehen. Dazu wird eine Adresse (eine sogenannte Eater Address) vorbestimmt, an die die zu vernichtenden Coins zu senden sind. Diese Burn-Adresse ist bekannt, damit alle aus dem Netzwerk die zerstörten und aus dem Umlauf genommenen Coins überprüfen können. Der Teilnehmer, der seine Coins an diese Adresse geschickt hat, um seine Coins verbrennen zu lassen, bekommt im Gegenzug dafür das Recht zur Validierung von Blöcken, also seine Einnahmequelle im Falle der Validierung.

Wie schon beim PoS Ansatz beschrieben, unterliegt das Validieren der Blöcke beim Proof of Burn dem Anteil (in diesem Fall) der vernichteten Coins des einzelnen Teilnehmers sowie der daran geknüpften Wahrscheinlichkeit: Je mehr Coins ein Teilnehmer vernichtet, desto höher ist seine Wahrscheinlichkeit, neue Blöcke zur Validierung zu erhalten. Die in das Konzept eingebaute Zeitverzögerung besagt zudem, dass ein Teilnehmer, der einen Anteil seiner Coins vernichtet, erst eine gewisse Zeitspanne warten muss, ehe er zur Validierung zugelassen wird. Dadurch wird sichergestellt, dass ein Teilnehmer unmöglich den Block validieren kann, in den er seine eigenen Coins zum Verbrennen gelegt hat. Nach dem Ablauf der im Protokoll festgelegten Zeit kann der Teilnehmer an der „Vergabelotterie" der Blocks teilnehmen.

Die Idee hinter Proof of Burn ist, das Konzept der Investition von Ressourcen in die Blockchain beizubehalten und gleichzeitig die Notwendigkeit zu reduzieren, in externe Ressourcen wie intensiven Stromverbrauch zu investieren. Das „Verbrennen" von Coins löst dieses Problem und schafft auch einen Grad an eingebauter Knappheit für die Coins. Weiterhin „zerfällt" die Kraft der verbrannten Coins bzw. verringert sich immer dann, wenn ein neuer Block abgebaut wird. Dies stellt die regelmäßige Aktivität der Miner im Netzwerk sicher, anstatt dass diese mit einer einmaligen Investition dauerhaft gleichmäßige Chancen zur Validierung der Blöcke haben. Beim PoB kann über diesen Mechanismus die Ausgeglichenheit im Netzwerk hergestellt werden: Einerseits werden die Miner in Proof-of-Burn-Netzwerken weiterhin in Coins für ihre Bemühungen entschädigt, um sowohl den Miner zu belohnen als auch um die Anzahl der Coins nicht unter einen bestimmten Stand sinken zu lassen. Andererseits werden Transaktionsgebühren erhoben, die der Miner erhält, der den Block validiert hat.

Als vorteilhaft wird bei diesem Ansatz gesehen, dass ein Proof-of-Burn-Protokoll eine langfristige Beteiligung an einem Projekt bzw. einem entsprechenden Netzwerk fördert. Wenn es einen höheren Prozentsatz an langfristigen Investoren gibt, könnte der Preis für Coins eine größere Stabilität aufweisen. Auch der Nachweis der Verbrennung hilft, die Verteilung der Kryptowährung fair und dezentral zu bestimmen.

Kritisiert wird dagegen, dass der Nachweis der Verbrennung Ressourcen vergeudet, ähnlich wie beim Proof of Work. Außerdem erhalten diejenigen Miner Macht, die bereit sind, mehr Geld zu verbrennen. Dies ist ein Problem ähnlich wie beim Proof of Stake, bei dem argumentiert wird, dass die Reichen reicher werden, weil sie mit mehr Anteilen häufiger die Chance zur Validierung erhalten.

2.10   Zero-Knowledge-Proof (ZKP)[39]

Transparenz wird als eine der wichtigen Eigenschaften von Blockchain-Lösungen wahrgenommen. Für die eine oder andere Anwendung könnte diese Transparenz aber eher hinderlich sein. So gibt es Unternehmen, wie beispielsweise im Finanzbereich, die sich mit sensiblen Informationen befassen. Privatsphäre kann Vorrang vor Transparenz haben. Für Unternehmen, die mit vertraulichen Informationen arbeiten, kann die Implementierung von Blockchain-Transaktionen mit Zero-Knowledge-Proof die Lösung sein.

ZKP ist eine Methode in der Kryptologie, bei der ein sogenannter Prover (ein Teilnehmer innerhalb des Netzwerkes) einen anderen Teilnehmer, Verifizierer genannt, davon überzeugt, dass er einen geheimen Wert kennt, ohne die tatsächlich relevanten Informationen offenzulegen. Der Prover erklärt, das Geheimnis zu kennen.

Das Wesen eines ZKP besteht darin, auf einfache Art zu beweisen, dass jemand Wissen über bestimmte Informationen besitzt, ohne sie zu offenbaren. ZKP sind keine Nachweise im mathematischen Sinne des Wortes, denn es besteht eine geringe Wahrscheinlichkeit, dass ein betrügerischer Prover in der Lage sein wird, den Verifizier von einer falschen Aussage zu überzeugen. ZKP sind daher eher probabilistische als deterministische Nachweise.

Drei essenzielle Merkmale für einen Zero-Knowledge-Proof lassen sich identifizieren:

- *Vollständigkeit (Completeness):* Wenn die Aussage, die ein Prover macht, stimmt, so wird sie auch den ehrlichen Verifizier überzeugen.
- *Zuverlässigkeit (Soundness):* Wenn die Aussage des Provers falsch sein sollte, dann wird sie den Verifizier nicht überzeugen.
- *Null-Wissen (Zero-Knowledge):* Wenn die Aussage stimmt, erhält der Verifizier keine Angabe über den Inhalt der Aussage, sondern lediglich, dass die Aussage des Provers korrekt ist.

Der allgemeine Ablauf eines Zero-Knowledge-Proofs besteht aus drei aufeinanderfolgenden Aktionen zwischen den Teilnehmern A (Prover) und B (Verifizier). Diese Aktionen werden als Zeugnis, Herausforderung und Antwort bezeichnet.

- *Zeugnis:* Die Tatsache, dass A das Geheimnis kennt, bestimmt einen Teil der Fragen, die von A immer richtig beantwortet werden können. Zuerst wählt A zufällig jede Frage aus dem Set aus und berechnet einen Proof. Dann schickt A den Beweis an B.

---

[39]Altoros (2019) https://www.altoros.com/blog/zero-knowledge-proof-improving-privacy-for-a-blockchain/, zugegriffen: 17. August 2019.

- *Herausforderung:* Danach wählt B eine Frage aus dem Set aus und bittet A, sie zu beantworten.
- *Antwort:* A berechnet die Antwort und sendet sie an B zurück.

Die empfangene Antwort erlaubt es B, zu überprüfen, ob A das Geheimnis wirklich kennt.

Dieser Vorgang kann beliebig oft wiederholt werden, um die Wahrscheinlichkeit, dass A lediglich rät, anstatt die richtigen Antworten zu kennen, hinreichend klein genug ist, um B zufriedenzustellen.

Anwendungen, die von ZKP profitieren, sind solche, die ein gewisses Maß an Datenschutz erfordern wie zum Beispiel:

Authentifizierungssysteme: Die Entwicklung des ZKP wurde von Authentifizierungssystemen inspiriert, bei denen eine Partei ihre Identität gegenüber einer zweiten Partei durch einige geheime Informationen nachweisen musste, ohne das Geheimnis jedoch vollständig preiszugeben.

Anonyme Systeme: ZKP kann die Validierung von Blockchain-Transaktionen ermöglichen, ohne die Identität der Benutzer, die eine Transaktion durchführen, offenlegen zu müssen.

Vertrauliche Systeme: Ähnlich wie bei anonymen Systemen kann ZKP stattdessen zur Validierung von Blockchain-Transaktionen verwendet werden, ohne relevante Informationen wie z. B. finanzielle Details preiszugeben.

2.11 Ripple

Ripple ist eine digitale Währung und ein Zahlungssystem, das vollständig ohne jegliche Abhängigkeit von Bitcoin entwickelt wurde. Es ist unabhängig von jedem Mining-Protokoll und verfügt über ein öffentlich freigegebenes Hauptbuch.

Die Technologie von Ripple hat einige neue Dinge bewirkt. Es gibt keine Miner. Stattdessen wird ein Konsensalgorithmus verwendet, der sich auf vertrauenswürdige Subnetzwerke stützt, um ein breiteres dezentrales Netzwerk von Validatoren synchron zu halten. Wichtig zu erkennen ist, dass sich der Ripples-Consensus-Algorithmus auf Vertrauen stützt und sich deutlich vom Bitcoins-Proof-of-Work-Design unterscheidet.

Im Ripple-System führt jeder Server, der validiert, eine Liste von vertrauenswürdigen Servern, die als Unique Node List (UNL) bezeichnet wird, und jeder Server vertraut nur den Stimmen, die von den Servern abgegeben werden, die in der UNL aufgeführt sind.

Jeder Validierungsserver im Ripple-System authentifiziert jede angenommene Änderung des letzten geschlossenen Ledgers, das auch als das zuletzt validierte Ledger bezeichnet wird, und die Änderungen, auf die sich die Hälfte oder mehr der Server einigen, werden in eine neue Annahme übernommen, bevor sie an die anderen Server im Netzwerk gesendet werden. Dieser Prozess wird dann wiederholt, und die Anforderungen an die

Abstimmung werden dann auf 60 % der Server, dann 70 % der Server und dann 80 % der Server erhöht. Nach diesem Prozess authentifiziert der Server dann die Änderungen, bevor er das Netzwerk über den Abschluss des zuletzt validierten Ledgers informiert. Jede Transaktion, die ursprünglich stattgefunden hat, aber nicht im Ledger angegeben wurde, wird zu diesem Zeitpunkt verworfen. Solche verworfenen Transaktionen gelten dann von den Nutzern des Ripple-Systems als ungültig.[40]

Ripple verwendet diese vertrauenswürdigen Gateways als Endpunkte für Benutzer, und diese Gateways könnten Einlagen entgegennehmen und Schulden in allen Formen von Assets, einschließlich der traditionellen Fiat-Währung, einlösen.

2.12   Fazit

Die nachfolgende Tabelle greift die besprochenen Proof-Konzepte samt ihren Eigenschaften auf und ermöglicht so einen Vergleich. Dieses Wissen über diese Konzepte ist hilfreich, wenn es um die Prüfung geht, ob ein Unternehmen eine Blockchain-Lösung benötigt (oder nicht). Die hier angesprochenen Eigenschaften spielen unter anderem bei der Incentivierung potenzieller Teilnehmer (also wie man die zukünftigen Teilnehmer im Zuge der eigenen Lösung motiviert, sich zu engagieren) eine Rolle. Auch kann die Frage nach einer privaten oder vielleicht doch öffentlichen Blockchain besser im Kontext der Eigenschaften beantwortet werden.

Es sei der Hinweis an dieser Stelle gestattet, dass es mehr als die hier aufgeführten Proof-of-Ansätze gibt. Diese Auswahl basiert auf der persönlichen Einschätzung der Autorin hinsichtlich ihrer Bedeutung. Genutzt wird dieses Wissen in Abschn. 4.9., wenn es darum geht, für interessant erscheinende Prozesse einen sogenannten Framework zu erarbeiten. Die hier vorliegende Zusammenfassung kann helfen, die Ausgestaltung des Rahmens zu bewerkstelligen. Aber die Aufzählung der Proof-Konzepte ist nicht abschließend. Hier entsteht ein neues Forschungsfeld, das das Ziel verfolgt, optimale Konsenslogik zu bestimmen (vgl. Tab. 2.1)

Grafisch lassen sich die Mechanismen wie in Abb. 2.2 dargestellt zusammenfassen.

2.13   Zusammenfassung

Die Vielzahl der verschiedenen Konsensmodelle gibt den ersten Eindruck über die Fülle an Ausgestaltungsmöglichkeiten. Der Proof of Work funktioniert, indem alle beteiligten Knoten kryptografische Rätsel lösen. Dafür bedarf es mittlerweile großer Rechner-Power, um Blöcke validieren zu können. Dies kostet neben einem gewissen Zeitaufwand inzwi-

---

[40]Morabito (2017), S. 96.

Tab. 2.1 Konsens-Mechanismen

	PoW (Proof of Work)	PoS (Proof of Stake)	delegated Proof of Stake	PoET (Proof of Elapsed Time)	BFT (Bycantine Fault Tolerance) und Varianten	Ripple
Blockchain-Typ	Öffentlich	Privat (zugangsbeschränkt) & öffentlich		Privat (zugangsbeschränkt) und öffentlich	Privat (zugangsbeschränkt)	Privat und öffentlich
Transaktionsabschluss	Wahrscheinlichkeitsrechnung	Wahrscheinlichkeitsrechnung		Wahrscheinlichkeitsrechnung		
Transaktionsgeschwindigkeit	Gering, ca. 3,5–7 tx/ Sec	Gering, ca. 15 tx/ Sec		Mittel	Hoch	Mittel
Energieaufwand	Hoch	Mittel		Gering	Mittel	Gering
Skalierbarkeit des Peer-Netzwerks	Hoch	Hoch		Hoch	Mittel	Hoch
Gegnerische Toleranz	<51 % der Rechenleistung	<51 % des eingesetzten Kapitals und in Abhängigkeit des Algorithmus		Unbekannt	<33 % fehlerhafte Repliken	<20 % der fehlerhaften Knoten in UNL
Zielsetzung	Eine Hürde für die Veröffentlichung von Blöcken in Form eines rechnerisch schwer zu lösenden Rätsels zu schaffen, um Transaktionen zwischen nicht vertrauenswürdigen Teilnehmern zu ermöglichen	Eine weniger rechenintensive (im Vergleich zum PoW) Hürde für die Veröffentlichung von Blöcken zu schaffen, aber dennoch Transaktionen zwischen nicht vertrauenswürdigen Teilnehmern zu ermöglichen	Ermöglichung eines effizienteren Konsensmodells durch eine „liquide Demokratie", in der die Teilnehmer (unter Verwendung kryptografisch signierter Nachrichten) wählen, um die Rechte der Delegierten auf Validierung und Sicherung der Blockkette zu wählen und zu widerrufen	Ein ökonomischeres Konsensmodell für Blockchain-Netzwerke zu ermöglichen, jedoch auf Kosten tieferer Sicherheitsgarantien im Zusammenhang mit PoW, da der Konsens zentralisiert ist	Gewährleistung eines funktionierenden Blockchain-Netzwerkes, auch wenn einige der Knoten ausfallen oder böswillig handeln	Zahlungstransaktionen länderübergreifend schnell und kostengünstig sicherzustellen

Vorteile	Angriff auf das Netzwerk (Denial-of-Service) schwer durchzusetzen, da das Blockchain-Netzwerk dezentral organisiert ist. Die dezentrale Natur der Blockchain bedeutet, dass sie theoretisch Daten und Bandbreite zuweisen kann, um DDoS-Angriffe zu absorbieren, wenn sie auftreten. Offen für jeden, der über die geeignete Hardware verfügt, um das mathematische Rätsel zu lösen.	Weniger rechenintensiv als PoW. Offen für jeden, der Kryptowährungen einsetzen möchte. Stakeholder steuern das System.	Gewählte Delegierte werden wirtschaftlich motiviert, ehrlich zu bleiben. Berechnungseffizienter als PoW.	Weit weniger rechenintensiv als PoW.	Sicherung des Blockchain-Netzwerkes durch BFT.	Ist eine bankenunabhängige Währung, die universell einsetzbar scheint.

(Fortsetzung)

Tab. 2.1 (Fortsetzung)

	PoW (Proof of Work)	PoS (Proof of Stake)	delegated Proof of Stake	PoET (Proof of Elapsed Time)	BFT (Bycantine Fault Tolerance) und Varianten	Ripple
Nachteile	Rechenintensiv (per Design). Stromverbrauch. Hardware-Rüstungswettlauf. Potenzial für 51 %-Angriff durch ausreichende Rechenleistung.	Stakeholder steuern das System. Nichts kann die Bildung eines Pools von Interessengruppen zur Schaffung einer zentralisierten Macht verhindern. Potenzial für 51 %-Angriffe durch ausreichende finanzielle Macht besteht.	Weniger Knotenvielfalt als PoW- oder reine PoS-Konsensusimplementierungen. Größeres Sicherheitsrisiko für Knotenkompromisse durch eingeschränkten Satz von Betriebsknoten. Da alle Delegierten „bekannt" sind, kann ein Anreiz für Blockproduzenten bestehen, sich zusammenzutun und Bestechungsgelder anzunehmen, was die Sicherheit des Systems beeinträchtigt.	Bei gegebener Spätlatenzzeitbegrenzung ist eine echte Zeitsynchronität in verteilten Systemen im Wesentlichen unmöglich. PoET benötigt Intel Software Guard Extensions (SGX).	Eingeschränkte Skalierbarkeit.	Alle Validator Nodes werden von Ripple selbst betrieben. Somit hohe Einflussnahme durch das Unternehmen Ripple auf das Netzwerk; zentralisierter Ansatz.
Beispiel	Bitcoin	Ethereum, NAVCoin, Neo, Lisk etc.	Bitshare; STEEM, Cardano	Hyperledger Sawtooth	Hyper Ledger Fabric, Neo	Ripple

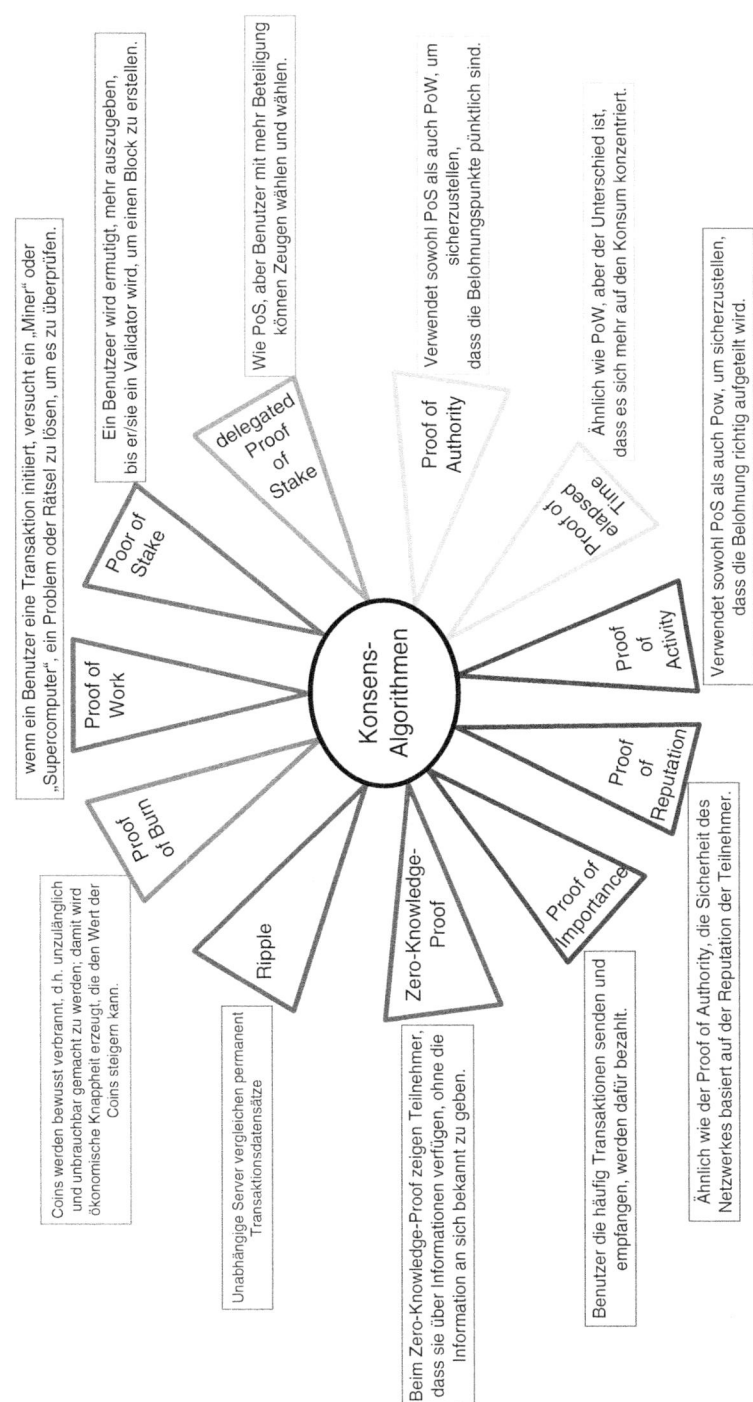

Abb. 2.2 Konsens-Modelle

schen sehr viel Energie. Ohne entsprechende und teurere Hardware ist es fast unmöglich, einen Block validieren zu können. Für diesen Ansatz spricht der Schutz vor Hacker-Angriffen: Eine erfolgreich durchzuführende Attacke muss simultan bei mindestens mehr als 50 % aller beteiligten Knoten stattfinden. Bei einem großen Netzwerk wie dem der Bitcoin mit mehr als 9400 Knoten ist ein solcher Aufwand mit den aktuell herkömmlichen Computern nicht darstellbar.

Dieser erste Proof-Ansatz hat trotz Stärken und Schwächen dazu geführt, dass neue Konzepte ersonnen und eingeführt wurden. Jeder dieser weiteren Ansätze hat seine eigenen Vor- und Nachteile. Daher müssen Sie sich nicht nur überlegen, welche Art von Blockchain (öffentlich, privat oder konsortial) Sie erschaffen wollen, sondern auch, nach welchen Regeln auf dieser Blockchain gearbeitet werden soll.

Literatur

Akkoyunly EA, Ekanadham K, Huber RV (1975) Some contraints and tradeoffs in the design of network communikation. State University of New York, New York

Altoros (2019) https://www.altoros.com/blog/zero-knowledge-proof-improving-privacy-for-a-blockchain/. Zugegriffen am 17.08.2019

Bahga A, Madisetti V (2017) Blockchain application, a hands-on-approach. Book-On-Demand, Norderstedt

Bentov I et al (2014) Proof of activity: extending Bitcoin's proof of work via proof of stake. https://eprint.iacr.org/2014/452.pdf. Zugegriffen am 10.09.2019

Bitnodes (2019) https://bitnodes.earn.com. Zugegriffen am 16.11.2019

Blockchain Demo (2019) Anders.com. https://anders.com/blockchain/. Zugegriffen am 05.08.2019

Bogensperger A, Zeiselmair A, Hinterstocker M (2018) Die Blockchain Technology: Chance zur Transformation der Energie-Versorgung? Forschungsstelle für Energie-Wirtschaft e.V. (FFE), München

Buterin V (2016) A proof of stake design philosophy, medium. https://medium.com/@VitalikButerin/a-proof-of-stake-design-philosophy-506585978d51. Zugegriffen am 08.08.2019

Cambridge University mit dem Cambridge Bitcoin Electricity Consumption Index. https://www.cbeci.org. Zugegriffen am 15.08.2019

Casey MJ, Vigna P (2018) The truth machine, the blockchain and the future of everything. Haper-Collins Publishers, London

Cointelegraph (2019) https://de.cointelegraph.com/news/two-miners-purportedly-execute-51-attack-on-bitcoin-cash-blockchain. Zugegriffen am 18.08.2019

de Angelis S et al (2017) PBFT vs proof of authority: applying the cap theorem to permissioned blockchain Research Center of Cyber Intelligence and Information Security, Sapienza University of Rome & University of Southampton

Fertig T, Schütz A (2019) Blockchain für Entwickler, Grundlagen, Programmierung, Anwendung. Rheinwerk, Bonn

Froystad P, Holm J (2015) Blockchain: powering the internet of value (White Paper). Evry Labs

Gai F et al (2018) Proof of reputation: a reputation-based consensus protocol for peer-to-peer-network, in databased systems for advanced application. Springer International, Cham

GoChain (2019) auf Medium. https://medium.com/gochain/proof-of-reputation-e37432420712. Zugegriffen am 15.08.2019

Hashgenerator (2019) https://passwordsgenerator.net/sha256-hash-generator/. Zugegriffen am 15.11.2019

Holler MJ, Illing G, Napel S (2019) Einführung in die Spieltheorie, 8. Aufl. Springer Gabler, Berlin

Hyperleder Sawtooth. https://sawtooth.hyperledger.org/docs/core/releases/1.0/architecture/poet.html. Zugegriffen am 15.08.2019

Lamport L, Shostak R, Pease M (1982) The Byzantine Generals Problem. ACM Trans Program Lang Sys 4(3):382–401

Morabito V (2017) Business innovation through blockchain, The B^3 Perspektive. Springer International, Cham

Neo Whitepaper. https://docs.neo.org/docs/en-us/basic/whitepaper.html. Zugegriffen am 10.09.2019

Stoll C, Klaaßen L, Gallerdörfer U (2019) The carbon footprint of Bizcoin, Joule 2019. https://doi.org/10.1016/j.joule.2019.05.012

Tapscott D, Tapscott A (2016) Blockchain revolution, how the technology behind bitcoin is changing money, business, and the world. Penguin Random House, New York

Weitere Elemente im Blockchain-System

3

Zusammenfassung

Dieses Kapitel beschreibt die weiteren wichtigen Komponenten der Blockchain-Technologie. Dazu gehört neben den kryptografischen Grundlagen auch das Verständnis über Smart Contracts, die, programmiert als selbstausführende Verträge, die Durchführung von glaubwürdigen Transaktionen ohne Dritte ermöglichen.

Sie haben die ersten Grundlagen kennengelernt und können zwischen den verschiedenen Ansätzen und Konsensusmechanismen unterscheiden. Das Blockchain-System beinhaltet weitere wichtige Komponenten, die näher zu betrachten notwendig sind, um die Zusammenhänge zuordnen zu können. Dieses Kapitel beschreibt die Kryptografie sowie Smart Contracts und gibt einen ersten Überblick, in welchem Kontext diese Technik getestet bzw. angewendet wird. Selbstverständlich wird dabei Bezug auf den ersten großen und erfolgreichen Anwendungsfall genommen – digitale Währung. Darüber hinaus werden die systemimmanenten Sicherheitsaspekte kurz beleuchtet. Blockchain-Lösungen müssen einen Mehrwert erzeugen – dieser Wert ist jedoch nicht für alle gleich zu definieren. Es wird immer eine individuelle Betrachtung nötig sein.

3.1 Kryptografie

Ein weiterer wichtiger Bestandteil in der Blockchain ist die Kryptografie, eine in der Computersicherheit weit verbreitete Fachrichtung. Auch Satoshi Nakamoto hat hier Anleihen gemacht und in sein System Bitcoin/Blockchain übertragen. Der Begriff „Krypto" kommt aus dem Griechischen und bedeutet „geheim" bzw. „verborgen", und „-graphie" bedeutet „schreiben". Zusammengesetzt ist es die „geheime Schrift" oder die „verschlüsselte

© Springer-Verlag GmbH Deutschland, ein Teil von Springer Nature 2020
K. Adam, *Blockchain-Technologie für Unternehmensprozesse*,
https://doi.org/10.1007/978-3-662-60719-0_3

Tab. 3.1 Cäsar-Code oder ROT13

A	B	C	D	E	F	G	H	I	J	K	L	M	N	O	P	Q	R	S	T	U	V	W	X	Y	Z
N	O	P	Q	R	S	T	U	V	W	X	Y	Z	A	B	C	D	E	F	G	H	I	J	K	L	M

Schrift". Wenn eine Schrift verschlüsselt ist, dann muss es dazu einen Schlüssel geben, um den Text lesbar zu machen.

Der Wunsch, Informationen für Unbefugte geheim zu halten ist mindestens so alt wie die Schrift selbst. Die ersten Einsatzfelder sind beim Militär angesiedelt, sei es nun im alten Ägypten oder Rom. Ein berühmtes Beispiel für einen einfachen, symmetrischen Verschlüsselungscode ist der sogenannte *Cäsar-Code*, bei dem jeder Buchstabe im Alphabet durch eine lineare Verschiebung ersetzt wird. ROT13 (Cäsar-Verschlüsselung um 13 Stellen) ist ein weit verbreiteter Verschlüsselungscode, der erweitert auf Tripple-ROT13 auch anspruchsvolleren Sicherheitskriterien genügt.

Die nachfolgende Tabelle zeigt den einfachen ROT13-Code mit der Verschiebung um 13 Stellen (vgl. Tab. 3.1):

Beim ROT13-Code handelt es sich um eine Halbierung des Alphabets, und damit sind Verschlüsselung und Entschlüsselung derselbe Vorgang[1]

Im Zusammenhang mit der Blockchain-Technik werden immer wieder einige Begriffe genannt, die hier kurz definiert werden:

Neben der symmetrischen Verschlüsselung wie beim Cäsar-Code, bei dem derselbe Schlüssel zur Ver- und Entschlüsselung verwendet wird, spricht man auch von asymmetrischen Verschlüsselungen. Hierbei wird ein sogenanntes *Public-Private-Schlüsselpaar* erstellt. Für die Verschlüsselung wird demnach ein anderer Schlüssel verwendet als für die Entschlüsselung. Der *Public Key* kann an jeden verteilt werden; er ist öffentlich. Das bedeutet, wer z. B. Person A eine Nachricht schreiben möchte, kann dazu den öffentlichen Schlüssel von A verwenden. A wird die gesendete Nachricht mit seinem privaten Schlüssel entschlüsseln. Vergleichbar ist das mit Ihrem E-Mail-Postfach. Ihre E-Mail-Adresse ist bekannt, jeder, der möchte, kann Ihnen eine Nachricht schreiben. Sie als Empfänger können aber diese Nachricht nur mit Ihrem privaten Schlüssel entschlüsseln. E-Mail-Verschlüsselungen nutzen hierzu Lösungen wie *Pretty Good Privacy* (PGP) mit asymmetrischen Schlüsselpaaren.[2]

Gern im Zusammenhang mit Blockchain wird auch der Begriff digitale Signatur gebraucht. Die Bandbreite reicht dabei von elektronischen Signaturen im Sinne einer elektronischen Unterschrift (einfach) bis hin zu digitalen Signaturen. Eine digitale Signatur wird von einer vertrauenswürdigen Zertifizierungsstelle beglaubigt und ist mit einem sehr hohen Sicherheitsstandard ausgestattet. Diese Signaturen sind elektronische Fingerabdrücke, und sie ermöglichen das Unterschreiben ebenso wie die Authentifizierung des Unterzeichners.

---

[1] Fertig/Schütz (2019), S. 68.

[2] Kersken (2019), S. 1287.

Im Blockchain-Kontext scheint es nicht (zwingend) nötig, eine digitale Signatur als beglaubigte Nachricht (bzw. Transaktion) einzusetzen, denn diese ist eigentlich in der Blockchain-Systematik implementiert. Eine Blockchain bildet durch den Konsensmechanismus ab, wann und unter welchen Bedingungen eine Transaktion valide ist. Es bedarf dazu keiner durch eine zentrale (vertrauenswürdige) Instanz vorgegebene Zertifizierung. Das Netzwerk entscheidet. Dennoch verwendet die Blockchain asymmetrische Verschlüsselungsverfahren mit einer sogenannten Einwegfunktion, um die Authentifikation zu gewährleisten.[3] Dazu wählt ein Nutzer einen willkürlich erstellten privaten Schlüssel aus z. B. 2^{256} möglichen Zahlenkombinationen aus.[4] Dies ermöglicht die Berechnung eines öffentlichen Schlüssels. Dabei handelt es sich um eine sogenannte Einwegfunktion, denn es ist nahezu unmöglich, von dem Wert des öffentlichen Schlüssels zurück auf den privaten Schlüssel zu rechnen.[5]

Verschickt A nun eine Nachricht, dann verschlüsselt er diese mit seinem privaten Schlüssel. Zu entschlüsseln ist diese Nachricht dann nur mit einem öffentlichen Schlüssel, der aus dem privaten Schlüssel von A berechnet wird. Damit kann sicher belegt werden, dass die Nachricht (oder auch Transaktion) tatsächlich von A (und niemand anderem) stammt. Ein „netter Nebeneffekt" ist, dass so auch die Fälschung der Nachricht (Transaktion) unterbunden wird. Für einen Fälscher ist es schier unmöglich, die Nachricht wieder so zu verschlüsseln, dass der „richtige" (öffentliche) Schlüssel abgeleitet werden kann.

Die Erstellung der Schlüsselpaare erfolgt auf einer Blockchain üblicherweise nach der sogenannten „Elliptic Curve Cryptography" (ECC) und nutzt dabei die Besonderheiten elliptischer Kurven. Dieses Verfahren haben1985 unabhängig voneinander Neal Koblitz und Victor Miller vorgestellt. Es handelt sich dabei um ein Verfahren, bei dem asymmetrische Kryptografieverfahren auf elliptischen Kurven über endlichen Körpern berechnet werden. Wichtig zu beachten ist dabei, dass es sich bei elliptischen Kurven nicht um Ellipsen handelt. Diese werden zum Quadrat berechnet. Elliptische Kurven werden dagegen als Kubikzahl (x^3) berechnet.

Mathematisch ausgedrückt sieht die Formel wie folgt aus:[6]

$$y^2 = x^3 + ax + b \left(\bmod p \right)$$

Grafisch sieht die Darstellung einer Lösungsmenge unter Annahmen
p = –3 und p = 3 wie in Abb. 3.1 dargestellt aus.
Eigenschaften dieser Kurven sind u. a., dass sie immer horizontal symmetrisch zur x-Achse verlaufen und eine nicht-vertikale Linie die Kurve an maximal drei Punkten schneidet. Somit kann man auf Kurven dieser Art durch eine Addition von Punkten eine Gerade ziehen, die sich mit der Kurve im Unendlichen treffen kann.

---

[3] Fertig/Schütz (2019), S. 70.

[4] Antonopoulus (2017), S. 58.

[5] Einwegfunktionen sind Funktionen, die in die eine Richtung (öffentlicher Schlüssel) leicht und einfach zu berechnen sind. Das „Zurück-Rechnen" als Umkehrfunktion ist dagegen sehr schwierig und nur unter großem Aufwand möglich.

[6] Antonopoulus (2017), S. 61.

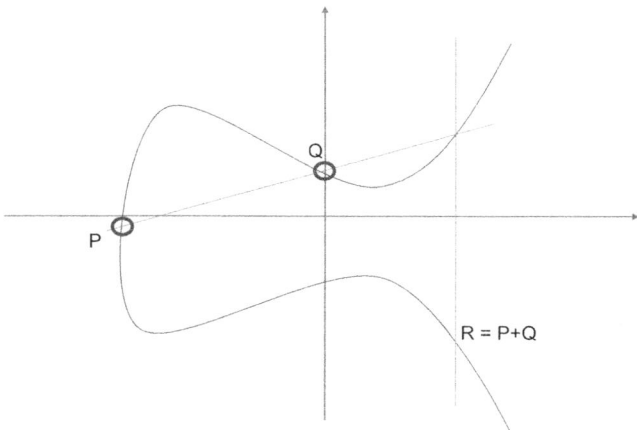

Abb. 3.1 Lösungsmenge einer elliptischen Kurve

Diese Eigenschaften dienen zur Erzeugung von der asymmetrischen Schlüsselpaare in Form von Public und Private Key. Ein Hauptvorteil der Verwendung von elliptischer, kurvenbasierter Kryptografie ist die reduzierte Schlüsselgröße und damit erhöhte Geschwindigkeit.

Antonopoulus erläutert, dass für Kryptografen die elliptische Kurvendiskussion eine Art „Falltür" ist: Der Besitzer eines privaten Schlüssels kann den öffentlichen Schlüssel leicht erstellen und dann mit der Welt teilen, da er weiß, dass niemand die Funktion umkehren und den privaten Schlüssel aus dem öffentlichen Schlüssel berechnen kann.[7]

Das Institut „Standard for Efficient Cryptography" beschäftigt sich fortlaufend mit der Weiterentwicklung dieser Ansätze, und vertiefende Literatur kann unter http://www.secg.org aufgerufen werden.[8]

3.2   Smart Contracts

Wie schon in Abschn. 1.1 erläutert, macht auch die Blockchain-Technologie nicht vor einer Weiterentwicklung Halt. Mit der Blockchain 1.0 und dem Anwendungsfall Bitcoin ist es möglich, Transaktionen über digitale Währungen abzuwickeln. Dies ist eine sogenannte First-to-File-Anwendung, bei der die Reihenfolge von entscheidender Bedeutung ist. Jedoch sind das „lediglich" Zahlungstransfers von einem digitalen Portemonnaie zum anderen. Werte oder neudeutsch Asset konnten in der ersten Version nicht transferiert werden. Im Dezember 2013 veröffentlichte Vitalik Buterin seine Erweiterungsidee zur Nutzung der Blockchain-Technologie (und Technik). In seinem „Ethereum White Paper: A Next Generation Smart Contract & Decentralized Application Platform" greift er den Ansatz der Bitcoin Blockchain auf und erklärt, wie neben dem Transfer von Währungseinheiten weitere Vermögensgegenstände wie z. B. Grundbücher, Krankenakten, Handelsregister-

---

[7] Antonopoulus (2017), S. 60.

[8] Standard for Efficient Cryptography: http://www.secg.org; zugegriffen am 16. Oktober 2019.

eintragungen, Ausweise etc. innerhalb eines Blockchain-Netzwerkes verlässlich und sicher gespeichert werden können.[9] Dies bedeutet, dass völlig neue, automatisierte Geschäftsmodelle auf Basis des Peer-to-Peer-Austauschs möglich werden.

Neu ist auch dieser Ansatz nicht. Bereits 1997 hat Nick Szabo das Konzept der „sicheren Eigentumsrechte mit Eigentümerautorität" entwickelt und beschrieben. Die Grundidee ist eine neue, sich replizierende Datenbanktechnik, die ähnlich dem Blockchain-System eine Speicherung von Registern möglich macht.[10]Allerdings gibt es zum Zeitpunkt dieses Konzeptes noch keine sichere, sich replizierende Datenbank, sodass dieser Ansatz noch nicht in der Form in die Praxis umgesetzt wird.

Trotzdem prägt Nick Szabo diesen Begriff folgendermaßen:

„Smart Contracts sind Computerprotokolle, die Verträge abbilden oder überprüfen oder die Verhandlung bzw. Abwicklung technisch unterstützen."

Aus technischer Sicht tritt ein Smart Contract als „Wenn-Dann"-Ablauf in Kraft. Dieses In-Kraft-Treten kann durch ein externes Ereignis oder durch einen Benutzer ausgelöst werden, sofern die vorab festgelegten Bedingungen eintreten.[11] So können Verträge zwischen den Vertragsparteien als Computerprotokoll durch entsprechende Programmiersprache abgebildet werden. Die in dem Vertrag festgelegten Bedingungen werden automatisch durchgeführt, geprüft und erfüllt. Alle an dem Blockchain-Netzwerk beteiligten Knoten haben diesen Vertrag auf ihren Rechnern und können somit auch die Überprüfbarkeit und Durchsetzbarkeit nachvollziehen.[12]

Die Ausführung eines solchen automatisierten klugen Vertrages kann in drei Ausprägungen erfolgen. Am einfachsten lässt sich das mit dem Beispiel eines Getränkeautomaten erklären. Der Mechanismus eines solchen, programmierten Automaten ähnelt stark, wenn auch vereinfacht dem Smart-Contact-Ansatz aus der Blockchain.

Nehmen wir an, Sie möchten sich ein Getränk aus diesem Automaten kaufen. Sie stecken Ihr Geldstück in den entsprechenden Schacht und drücken eine entsprechende Tastenkombination, um an das Getränk Ihrer Wahl zu kommen. Dies ist ein sogenanntes externes Ereignis, das intern in dem Automaten einen Prozess in Gang setzt.

Variante 1: Sie haben die verlangte Summe Geld gezahlt, die entsprechende Tastenkombination gedrückt und, da der Automat richtig befüllt ist, erhalten Sie Ihr gewünschtes Getränk. Somit ist alles so vonstatten gegangen wie erwünscht, und Sie als Käufer sind zufrieden. Somit ist der Smart Contract gemäß den Vorgaben erfüllt.

Variante 2 ist vom Setting her gleich: Sie zahlen die verlangte Summe, drücken die entsprechende Tastenkombination und – erhalten nichts, da der von Ihnen angewählte Schacht des Automaten leer ist. Sie ärgern sich zwar, dass Sie kein Getränk erhalten, drücken auf den Geldrückgabe-Knopf und erhalten Ihr Geld zurück. Nun ist der Smart Contract zwar

---

[9]Buterin (c) (2013), S. 14.

[10]Szabo (1997).

[11]Vgl. Hopf/Picot (2018), S. 114.

[12]Vgl. Fertig/Schütz (2019), S. 271.

nicht erfüllt worden, aber Sie haben Ihr Geld zurückerhalten, und somit ist kein Schaden entstanden (wenn man davon absieht, dass Sie Ihren Durst nicht löschen konnten).

In der Variante 3 wird es dann interessant. Nehmen wir erneut an, Sie zahlen, drücken die gewünschte Tastenkombination und erhalten nichts. Der Schacht ist vielleicht leer, oder es hat sich eine Flasche im Automaten verkantet. Unabhängig von der Ursache: Sie bekommen Ihre gewünschte Ware nicht, und der Vertrag wird nicht erfüllt. Obendrein erhalten Sie – aus welchem Grund auch immer – Ihr Geld nicht zurück, obwohl Sie den entsprechenden Knopf gedrückt haben. Aus Programmiersicht hat das Ereignis zwar stattgefunden, konnte aber nicht abschließend bis zum Ende ausgeführt werden. Und genau so eine Situation führt zu den Problemen in der analogen Welt. Der Verlust von z. B. 2 Euro für ein Getränk ist sicher verschmerzbar, und Sie werden keinen Rechtsanwalt beauftragen, Ihre Rechte zu wahren. Wenn es jedoch um umfangreichere Verträge geht, die geschachtelte, voneinander abhängige Wenn-Dann-Beziehungen aufweisen, und wenn es dabei um viel mehr Geld geht, dann zeigen sich die Einschränkungen von Smart Contracts. Es ist nicht immer eindeutig, wie ein Wille juristisch zu interpretieren ist. Es gibt Ermessensspielräume, auch in der Rechtsprechung. Ein programmierbarer Vertrag aber benötigt die Wenn-Dann-Abfolge.

Somit ist in der analogen Welt noch nicht alles „smart" (im Sinne von klug), auch wenn es so heißt.

Eine erweiterte Dimension ist der Gerichtsstand, denn ein Blockchain-Netzwerk wird grenzüberschreitend angelegt sein, insbesondere dann, wenn es sich um ein öffentliches Netzwerk handelt. Es ist nicht geklärt, welches Recht aus welchem Land wie anzuwenden ist.

Damit ist auch in diesem Kontext noch viel Forschungsarbeit notwendig, um gute Lösungen zu finden. In der Zwischenzeit jedoch sollte jeder, der sich Smart Contracts bedient, sich bemühen, so präzise wie möglich die Konditionen zu definieren. Dies kann nicht den Software-Entwicklern überlassen werden. Vielmehr müssen Verantwortliche zusammen mit versierten Juristen die notwendige Wenn-Dann-Abfolge festlegen.

Damit ein Smart Contract tatsächlich „smart" im Sinne von klug ist, muss er die Möglichkeit haben, auf Daten und Ereignisse zugreifen zu können, die sich außerhalb der eigenen Blockchain-Welt befinden. Sollen „nur" Daten aus der realen Welt in den eigenen Blockchain-Kosmos implementiert werden, sind diverse Orakeldienste, die als Schnittstelle zwischen einer Datenquelle aus der realen Welt und dem entsprechenden Smart Contract tätig sind, zu nutzen.[13] Diese Dienste übermitteln Daten aus einer Datenquelle an den entsprechenden Contract.

Mit einem Oracle-Programm lassen sich die Transaktionen als wichtigster Bestandteil der Blockchain so zusammenführen, dass Änderungen nachvollziehbar und transparent bleiben. Beispielhaft soll dies an einer Geldüberweisung geschildert werden:

---

[13] Vgl. Fertig/Schütz (2019), S. 357.

Sie möchten gern einige Euros in eine digitale Währung umtauschen. Vereinfacht gesagt passiert Folgendes: Es wird der Euro-Betrag von Ihrem Bankkonto abgebucht und Ihrer Wallet-Adresse als digitale Geldbörse gutgeschrieben. Es wird demnach von Ihrem Bankkonto etwas abgezogen und auf Ihr digitales Konto addiert (gutgeschrieben). Technisch gesehen sind das zwei Vorgänge, die jedoch miteinander verkettet und somit voneinander abhängig sind. Zwei Ausprägungen sind denkbar:

- Es wird das Geld von Ihrem Konto abgebucht, aber nicht Ihrer Wallet gutgeschrieben, was de facto ein Verlust des abgebuchten Betrages bedeutet, also eine Vernichtung des Geldes.
- Es wird kein Geld von Ihrem Konto abgebucht, wohl aber Ihrer Wallet gutgeschrieben, was de facto eine Vermehrung des Geldes bedeutet (Double Spending ist nun möglich).

Oracles unterstützen Blockchain-Datenbanken in der Datenpflege, um zusammengehörende Transaktionen nachvollziehbar zu halten; in diesem Beispiel also, um aufzeigen, woher das Geld gekommen bzw. wohin es gegangen ist.

Oracle-Dienste bieten ihre Dienste on-chain und off-chain an, wobei die On-chain-Speicherung bedeutet, dass die angefragten Daten in der entsprechenden Blockchain gespeichert werden. Bei der Off-chain-Variante werden die Daten auf einer dafür eingerichteten Website gespeichert, und diese Informationen werden über eine (weitere) Transaktion an den Smart Contract geschickt, der als „Initiator" dafür gesorgt hat, dass es zu einer Datenanfrage samt Transaktion gekommen ist.[14]

Es muss das Bewusstsein geschaffen werden, gemäß welcher Logik Smart Contracts inhaltlich aufzubauen sind. Zusätzlich muss die Aufmerksamkeit auch die technische Einbindung umfassen. Kap. 4 widmet sich der Prozessanalyse. Detaillierte Prozesskenntnisse ermöglichen, inhaltlich die „Wenn-dann-Abfolge" als Smart Contract zu beschreiben und anzuregen, wie dieses technisch umgesetzt werden soll.

Eine Herausforderung ist heute (Stand 2019), Smart Contracts, die über verschiedene Blockchains abgewickelt werden, miteinander zu verknüpfen. Was in der analogen Welt relativ einfach ist, nämlich den einen Vertrag mit einem anderen zu verbinden, löst in der digitalen Welt große Schwierigkeiten aus. In der analogen Welt kann auf die jeweiligen Verträge entsprecht Bezug genommen und über Klauseln ergänzt werden. Technisch ist dies problemlos auch in der digitalen Welt möglich. Jedoch stößt die digitale Welt derzeit noch an Grenzen; unterschiedliche Blockchain-Protokolle und -Systeme können noch nicht barrierefrei miteinander kommunizieren.

Diese Verknüpfung der Systeme bzw. Interoperabilität ist aktuell noch nicht zufriedenstellend gelöst. Diverse Unternehmen arbeiten weltweit jedoch an dieser Problematik, und es ist demnach „nur" eine Frage der Zeit, wann die ersten markttauglichen Lösungen auf dem Markt erscheinen.

---

[14]Vgl. Berghoff et al. (2019), S. 31.

3.3   Digitale Währungen und weitere Anwendungsbeispiele

Die „Mutter" aller Blockchain-Anwendungen ist, wie auch schon unter Abschn. 1.1 beschrieben, die Applikation von Bitcoin. Auch wenn gefühlt schon alles zur Entstehungsgeschichte von Bitcoin gesagt scheint, soll hier eine kurze Zusammenfassung erfolgen:[15]

Um die Blockchain-Technology richtig einordnen zu können, ist es hilfreich, sich noch einmal zurückzuversetzen in das Jahr 2008, als die Finanzkrise, die ihren Ursprung in den USA nahm, sich wie ein Flächenbrand über den Globus ausbreitete. Ökonomen ziehen gern die Parallele zur „Großen Depression" Ende der 20er-Jahre des letzten Jahrhunderts.[16] Vor der großen Finanzkrise 2008 gab es auf dem amerikanischen Immobilienmarkt eine Flut von unverantwortlichen Hypothekenkrediten, begleitet von einem Versagen der Finanzaufsicht und -regulierung.

Um dieses Ausmaß zu verstehen, bedarf es eines weiteren Schrittes zurück in die Vergangenheit. Das 9/11-Attentat löste eine Geldschwemme ungeahnten Ausmaßes aus, um sowohl die Wunden aus den Attacken als auch die Wunden aus dem Platzen der Dotcom-Blase zu überwinden. Amerika befand sich in einer Rezession, und der damalige Vorsitzende der amerikanischen Zentralbank (FED) Alan Greenspan entschied sich aus Furcht vor einer Deflation zur Politik des billigen Geldes. Dieses billige Geld ermöglichte Geringverdienern (Sub-Prime-Kreditnehmer), sich Wohnungseigentum anzuschaffen. Die kreditbasierte Nachfrage nach Immobilien war in den Folgejahren des Attentats ungezügelt, und Häuserpreise schossen in die Höhe.[17] Durch geschickte Bündelung der Kredite (sogenanntes Pooling) entstanden wiederum auf Seiten von Banken völlig neuartige und wenig regulierte neue Investitionsprodukte. Diese Produkte wurden vielfach nicht mehr von den eigentlichen Bankmanagern verstanden, weil algorithmusgetriebene Berechnungen neue Standards und Methoden ermöglicht haben.[18] Grob gesagt gab es zwei Annahmen, die den Markt trieben:

Einerseits die Annahme, dass Immobilien stabile Wertanlagen sind, die im Wert schlimmstenfalls stagnieren, ansonsten jedoch steigen, sowie andererseits die damalige Niedrigzinspolitik der Federal Reserve (Amerikanische Zentralbank), die renditesuchende Investoren in risikoreichere Segmente führte.

Banken poolten Angebot und Nachfrage mit neuartigen Investitionsformen, von denen die meisten Beteiligten nicht genau wussten, wie sich dieses Investment im Detail zusammensetzt.

Im Nachgang kann man sagen, dass Regulierungs- und Aufsichtsbehörden versagt und somit zum Kollaps des Finanzmarktes beigetragen haben.[19] Dieses eigentlich lokal auf die

---

[15] Adam (2019).

[16] Sinn (2010), S. 19.

[17] Mallaby 2016, S. 596, 597.

[18] Bloss/Ernst/Häcker/Eil, 2009, z. B. S. 69 ff.

[19] Bloss/Ernst/Häcker/Eil, 2009, z. B. S. 69 ff.

USA begrenzte Phänomen konnte sich in einer Art Dominoeffekt um den Globus bewegen, da die neu geschaffenen Finanzprodukte weltweit an sowohl institutionelle als auch vermögende Einzelinvestoren veräußert worden sind. Und damit wird die amerikanische Sub-Prime-Krise bis heute für die anhaltende Finanzkrise verantwortlich gemacht, die im Herbst 2008 die Investmentbank Lehman Brothers als prominentes Opfer in die Insolvenz trieb.

Zu diesem Zeitpunkt mussten weltweit die Zentralbanken intervenieren und in die Märkte eingreifen, um den völligen Kollaps zu verhindern. Nicht verhindern konnten die Zentralbanken, dass zuvor Gewinne privatisiert wurden, nun aber in der Krisenzeit Steuergelder herhalten mussten, um das Bankensystem und damit auch die Wirtschaft am Leben zu erhalten.

In diesem wirtschaftlichen Umfeld ist erstmalig die Blockchain-Technology auf den Markt gekommen. Die Intention des Erfinders Satoshi Nakamoto war und ist die Abschaffung von Mittelsmännern, die ein System wie das Bankensystem verlangsamen, verteuern und es ineffizient halten. Mit einem sogenannten Peer-to-Peer Netzwerk sind diese Mittelsmänner nicht mehr nötig, Zahlungen können digital ebenso abgewickelt werden, wie es bei Barzahlungen mit den bisher herkömmlichen Währungen, z. B. Dollar, Euro, Yen etc. (sogenanntes Fiat-Geld) möglich ist.[20]

Als digitale Währung existiert Bitcoin nicht physisch, sondern nur als Eintrag in dem virtuellen Kassenbuch, in das jeder Interessierte Einblick haben kann. Dieses Kassenbuch als Blockchain-Datenbank protokolliert jede Transaktion.

Um Ihre Fantasie etwas anzuregen, wird nachfolgend ein kleiner Ausschnitt möglicher Anwendungsfelder mit, wo es möglich ist, entsprechenden Projekten, vorgestellt.

▶   Selbst wenn sich Ihre Idee bereits in einem dieser vorgestellten Anwendungsfelder befindet, so ist das kein Hinderungsgrund, dass Sie Ihre Idee nicht trotzdem weiterverfolgen. Es gibt quasi nichts, das es nicht gibt. Allein, wie Sie eine bestehende (auch Blockchain-basierte) Lösung verbessern, hängt von Ihnen ab. Nehmen Sie diese Beispiele als Inspiration!

Abbildung 3.2 gibt einen groben Überblick über Themenfelder, von denen einige näher beschrieben werden.

Banking

„Know your customer" ist die vorgeschriebene Legitimationsprüfung bei Aufnahme von Geschäftsbeziehungen und gilt als der wichtigste Prozess, um Geldwäsche vorzubeugen. Damit müssen Kunden bei jeder Aufnahme einer Geschäftsbeziehung mit einem KYC-Verpflichteten wie z. B. einer Bank, Fondsgesellschaft oder Versicherung etc. den Prozess von Grund auf neu durchführen. Dazu gehört die Offenlegung der eigenen Identität gegenüber dem Institut. Das ist zeit- und kostenintensiv für beide Seiten. Uneinheitliche

---

[20] Nakamoto, 2008, S. 1.

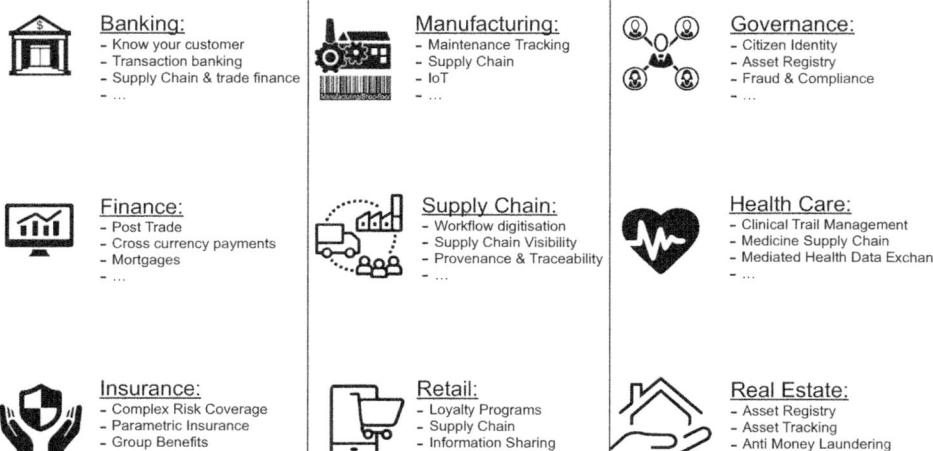

Abb. 3.2 Blockchain-Anwendungsmöglichkeiten

Anforderungen an Verifizierbarkeit und Wiederverwendung der zu erhebenden Daten führen laut dem Positionspapier des Bundesbankenverband dazu, dass dieser Prozess weder digital noch grenzüberschreitend durchgeführt werden kann.[21] Blockchains könnten Abhilfe schaffen, da die auf ihr gespeicherten Daten nicht manipulierbar sind.

Die globale Anti-Geldwäsche-Richtlinie geht in dieselbe Richtung. Es geht um die Prävention und Bekämpfung von Finanzkriminalität, insbesondere Geldwäsche und Terrorismusfinanzierung.

Finanzdienstleistungen

Die Bitcoin-Blockchain ist die Idee, dass digitales Geld wie Bargeld direkt von einem Nutzer an den nächsten gegeben werden kann. Aber damit sind die Prozesse im Banking nicht erschöpft. Aktuell untersuchen Unternehmen entlang der Finanzdienstleistungskette, wie sich diese Technologie für die typischerweise entstehenden Prozesse nutzen lassen. Mag auch der eine oder andere davon träumen, den Intermediär Bank (oder sonstige Finanzdienstleister) zu eliminieren, so ist der Markt noch ein gutes Stück davon entfernt. Dies kann an fehlenden Regeln und Gesetzesvorgaben ebenso liegen wie schlicht daran, dass einige Unternehmen diese Herausforderung der Digitalisierung nicht annehmen können. Inwieweit diese Unternehmen zukunftsfähig sind, ist hier kein Gegenstand der Diskussion.

Das Fraunhofer Institut weist in seiner Untersuchung darauf hin, dass „heutige Zahlungsprozesse noch immer mehrere Intermediäre involvieren, z. B. Banken sowie Clea-

---

[21] Positionspapier Bankenverband (2019): Verifizierung von Firmenkunden im EU-Binnenmarkt.

ring- und Settlement-Stellen."[22] Viele Prozesse, die anfallen, werden nicht in Echtzeit, d. h. umgehend bearbeitet, sondern gebündelt und zeitversetzt. Das kann bedeuten, dass ein spezieller Vorgang nur einmal pro Tag ausgeführt wird. Das führt zu z. T. unnötigen Zeitverzögerungen, die aber bisher technisch nicht zu minimieren waren. Die vielfach nicht oder nur halbautomatisierten Prozesse kosten daher viel Zeit – auch Arbeitszeit. Das Zeiteinsparpotenzial erscheint groß und lukrativ.

Die Blockchain-Technik kann, eingesetzt beim Datenaustausch während des Finanzhandels, zum irreversiblen und einfachen Abgleich von Daten dienen. Außerdem trägt sie dazu bei, die Effektivität und Geschwindigkeit des Abgleichs zu erhöhen (da dies in Echtzeit geschieht), und das hilft, das Sicherheitsniveau von Transaktionen zwischen den am Kauf und Verkauf beteiligten Parteien und ihren Banken zu erhöhen.

Prognosemärkte, die den Future-Handel beschreiben, werden mittlerweile schon über Blockchain-basierte Lösungen nachempfunden und erweitert (z. B. Unternehmen wie „Augur" oder „Gnosis"). Arbitrage-Möglichkeiten nutzen Unternehmen (z. B. Kraken), um die hohe Volatilität der Kryptowährungen und Token auszunutzen. Crowdfunding kann ebenfalls mittels Blockchain abgebildet werden, um massenbasierte Risikofinanzierungen zu ermöglichen (z. B. NeuFund).

Supply Chain
Ein weiteres Segment, das geradezu prädestiniert für Blockchain-Anwendungen scheint, ist das Supply Chain Management. Entlang einer Lieferkette entstehen riesige Mengen an Daten und Möglichkeiten. Diese Daten sind leicht zu manipulieren, da viele Prozesse papierbasiert und manuell durchgeführt werden. Fehlende Informationen über die z. B. Transporthistorie zeugen von Intransparenz. Dies kann zu negativen Auswirkungen führen:

- unerwartete Kostensteigerungen,
- verlangsamte eigene Produktionsabläufe durch Störungen in der Supply Chain,
- mangelnde Rückverfolgbarkeit,
- Einbußen in der Qualität.

Blockchain-Lösungen ermöglichen es, in Echtzeit nachzuvollziehen, wo sich innerhalb der Supply Chain Produkte befinden. Auch für Auditierungsverfahren entlang der Supply Chain wird geforscht, inwieweit sich diese durch den Einsatz von einer Blockchain nachhaltiger und verlässlicher durchführen lassen.

Immobilien
Auch in dieser Industrie gibt es mannigfaltige Prozesse, die mittels einer Blockchain-Lösung verbessert werden können. Der Klassiker sind Registereintragungen, z. B. im Grundbuchamt. Durch die Nutzung der Blockchain können Eigentumsrechte direkt zwischen dem Verkäufer und Käufer weitergegeben werden. Ein Notar als Mittelsmann wird

---

[22] Prinz et al. (2017), S. 50.

nicht mehr benötigt. Der schwedische Staat betreibt zurzeit eine Testversion mit dem Unternehmen CromeaWay, um Erfahrungen in diesen Vorgängen zu sammeln. Die Autorin dieses Buches hat ein White Paper zur Übertragung von Grundstücksrechten verfasst, das die Besonderheiten des deutschen Grundbuchs berücksichtigt.[23]

Gesundheitswesen
Eine Blockchain-Lösung ermöglicht, persönliche Daten in eine Patientenakte einzutragen und sicher abzulegen. Damit können die Patientendaten sicher verschiedenen Ärzten zugänglich gemacht werden bzw. an die Krankenkassen übertragen werden.

Auch die Überwachung der Supply Chain für Medikamente eröffnet vergleichbare Möglichkeiten, wie sie schon unter „Supply Chain" aufgeführt sind.

Zusätzlich wird diskutiert, Blockchain-Lösungen im Anbau von medizinisch genutztem Cannabis einzusetzen. Erste Projekte diesbezüglich sind im Silicon Valley angesiedelt, und zumindest theoretische Abhandlungen sind auch in Deutschland erhältlich.

Des Weiteren ist es möglich, Medikamentenforschung über eine Blockchain zu speichern und damit zu belegen, keine Manipulation an den Ergebnissen durchgeführt zu haben, um beispielsweise ein Zulassungsverfahren zu befördern.

Energie
Im Energiesektor bieten sich ebenfalls viele überprüfungsfähige Bereiche an. Es wird angenommen, das Energiesystem für alle Teilnehmer besser zu organisieren und transparenter zu gestalten durch den Einsatz von Blockchain. Neue Geschäftsmodelle sind am Entstehen. Es ist denkbar, dass private Erzeuger ihren Solarstrom direkt an einen Nutzer verkaufen, ohne den zuvor erzeugten Überschuss in das öffentliche Netz eines Energieversorgers einzuspeisen, ehe der Endnutzer es für seine Zwecke nutzen kann. Auf der Website der *Energy Web Foundation* kann man sich einen Überblick verschaffen, was für vielfältige Einsatzmöglichkeiten derzeit durchdacht werden (vgl. DApp): Von der Neuordnung einer Energiebörse über Charging-as-a-Service (interessant für Elektromobilität) bis hin zu verbraucherorientierten Abrechnungsmodelle werden Einsatzfelder und entsprechende Unternehmen vorgestellt, die massentaugliche Lösungen erarbeiten.[24]

Medienindustrie
Mithilfe einer Blockchain ließe sich das z. T. bestehende Chaos von Rechten und Lizenzen in der Musikindustrie beheben. Dieser Markt ist hoch fragmentiert, und nicht immer erhält der Künstler die ihm zustehenden Gelder. Blockchain kann hier Rechte sichern.

Auch der kapitelweise Verkauf von Publikationen oder andere Nutzungsrechte lassen sich über eine Blockchain-Lösung abbilden.

---

[23] Adam (2017).

[24] Engery Web Foundation (2019), http://energyweb.org/about/what-we-do/; zugegriffen am 28.09.2019.

Öffentlicher Sektor

- *Prüfung von Zeugnissen:* Schulische und akademische Leistungen werden von den ausstellenden Institutionen fälschungssicher hinterlegt und können an andere Institutionen und/oder Arbeitgeber weitergeleitet werden.
- *Wahlsysteme:* Wahlen bleiben anonym und sind geschützt vor Fehlern bei der Auszählung. Wähler können von zu Hause wählen, was zur Erhöhung der Wahlbeteiligung führen kann.

3.4 Sicherheitsaspekte

Die Eigenschaften der Blockchain sind in den vorherigen Unterkapiteln beleuchtet worden, daher wird es hier keine Wiederholung geben. Fest steht aber auch, dass auch Blockchains Angriffen ausgesetzt sind. Die Eigenschaften der Blockchain (No-Single-Point-of-Failure, da verteiltes Netzwerk und P2P; kryptografische Elemente wie asymmetrische Schlüsselpaare, Hash-Funktionen, hohe Datenqualität, Manipulationssicherheit, Anonymität bzw. Pseudonymität) erschweren es jedoch Hackern, Blockchains anzugreifen und zu „knacken".

Zur Erinnerung: Sobald eine Transaktion bereits in einem Block versiegelt und der Blockchain hinzugefügt wurde, ist ein Ändern nahezu unmöglich. Es wäre nicht nur notwendig, den Hash-Block zurückzuentwickeln und eine Änderung an den darin enthaltenen Transaktionsdaten vorzunehmen, sondern dies müsste gleichzeitig mindestens bei über 51 % der Kopien erfolgen, die auf verschiedenen Knoten gehalten werden. Deshalb ist es praktisch unmöglich, eine Blockchain zu „hacken".

Jedoch kann ein Angriff auch von „innen" heraus stattfinden, und dann spricht man von einer 51 %-Attacke. Je größer ein Netzwerk ist, desto schwieriger wird es für Angreifer, die notwendige Mehrheit zu erlangen. Gelingt es, dann können sich die Hacker entschließen, Transaktionen zu behindern, auszuschließen oder die Reihenfolge der Transaktionen zu ändern, was alles insgesamt zu massiven Schäden führen würde.

Je größer ein Netzwerk ist, desto schwieriger wird diese feindliche Übernahme. Zusätzlich erschwerend kommt die Historie der gespeicherten Transaktionen dazu, denn die Blöcke mit den getätigten Transaktionen sind über einen Hash-Wert miteinander verkettet. Und es gilt: Je mehr Bestätigungen ein Block hat, umso schwieriger und kostenintensiver wird der Versuch einer Änderung.[25]

---

[25] Cointelegraph: Ausnahmen bestätigen die Regel: Im Mai 2019 kam es auf der Bitcoin Blockchain zu so einem Angriff. Dieser Angriff galt als guter Eingriff, um „herrenlose" Coins, die durch eine zuvor durchgeführte Aktualisierung entstanden sind, nicht Unberechtigten zukommen zu lassen.

Gern wird in diesem Zusammenhang davor gewarnt, dass Mining-Pools sich zu so einer Attacke entschließen könnten. Das mag dann sinnvoll sein, wenn man die Bitcoin-Blockchain z. B. aus ideologischen Gründen zerstören will. Solange aber durch das Mining Geld in Form von Bitcoins verdient werden kann, würde man mit dieser feindlichen Übernahme das Vertrauen in diese digitale Währung zerstören. Dann wären auch die von den Angreifern gehaltenen Coins wertlos.

Die Wahrscheinlichkeit eines solchen Angriffes ist sehr gering. Bisher ist die Bitcoin-Blockchain nicht bösartig „gehackt" worden. Die erfolgreichen Angriffe, über die berichtet wird, beziehen sich auf Kryptowährungsplattformen. Der Aufwand, eine solche Plattform zu knacken, ist im Vergleich zur eigentlichen Blockchain „einfacher", da nur von einem Knoten die Firewall überwunden werden muss.[26]

3.5   Blockchain „Value"

Auch diese Technik muss sich der Frage stellen, ob sie einen Mehrwert für Unternehmen und Gesellschaft liefert. Die Blockchain-Technik gehört zu den Technologien, die den Wandel in unserer Gesellschaft in erheblichem Maße beeinflussen bzw. beeinflussen werden. Die Art und Weise, wie Verträge orchestriert werden, wie Zusammenarbeit neu bestimmt und wie sich Rollen innerhalb von Prozessen verändern, wird maßgeblich durch diese Technologie beeinflusst werden. Hiervon kann sich keine Industrie und auch keine Institution ausnehmen.

Die Vorteile der Blockchain werden gern mit vertrauensbildend, offen, grenzüberschreitende, schnell, sicher, nicht manipulierbar, Abwicklungen in Echtzeit beschrieben. Die Vorteile des Netzwerkes sind als größer anzusehen als die einer zentral ausgerichteten Struktur. Fällt im letzteren Fall das Center aus, dann fällt auch diese Organisation aus. In dezentral verteilten Netzwerken hingegen ist es irrelevant, ob ein Knoten ausfällt. Das Netzwerk, das auf alle beteiligten Computer bezieht, sorgt dafür, dass alle Computer immer über eine aktualisierte und synchronisierte Version verfügen. Schaltet ein Knoten sich wieder hinzu, dann wird er entsprechend dem aktuellen Stand aktualisiert. Es gibt in derartigen Netzwerken keine zentrale Instanz, die Entscheidungen fällt. Dieser verteilte (demokratische) Ansatz verändert die Art und Weise der Prozessabwicklung.

Blockchains basieren auf ihrem Netzwerk, und das Netzwerk kann sehr stark und robust werden. Damit können Unternehmen und Institutionen Netzwerkstrukturen entwickeln, die ihnen eine neue Dimension der Prozessstrukturierung ermöglicht.

Unternehmen wie Uber und Airbnb zeigen die Macht, die Netzwerke entwickeln, wenngleich einzuschränken ist, dass insbesondere diese Unternehmen ein „The-winner-takes-it-all"-Verständnis haben. Echte Zusammenarbeit kann hingegen mit dem Einsatz von Blockchain neu und unter Reduzierung von Asymmetrien entstehen. Austausch und Kommunikation erfolgen in Echtzeit. Diese Blockchain-Netzwerke sind nicht lokal begrenzt, sondern global und sicher. Damit ist ein (Blockchain-)Netzwerk ein Wert an sich.

---

[26] Mochizuki/Warnock: Mt Gox: Bei der 2014 gehackten Plattform konnten die Angreifer 850.000 Bitcoins stehlen.

Entstehen neue Netzwerkstrukturen, dann ist der direkte Austausch von Daten (seien es Transaktionen oder sonstige Informationen) leichter als bisher durchführbar, was existierende Geschäftsmodelle disruptiert. Die Rollen aktuell involvierter Intermediäre wie z. B. Notare, Banken, staatliche Energieversorger etc. werden sich grundlegend ändern.

Smart Contracts als Programm-Code unterstützen die Automatisierung von Prozessen und tragen somit zur Verkürzung von Transaktionsabwicklungen bei, da der vordefinierte Software-Code im Idealfall keine menschliche Intervention erfordert.

Diesen Vorteilen stehen Nachteile gegenüber. Technisch problematisch ist die aktuelle Transaktionsrate (Through-Put), die der Verarbeitung massenhaften Daten noch (!) nicht gewachsen ist. Der Proof-of-Work verbraucht zu viel Energie, was insbesondere in der sich zuspitzenden Klimadebatte von immer größerer Bedeutung wird. Die anderen aufgeführten Konsensmodelle zeigen das Bestreben, diesen Mangel zu überwinden.

Die Speicherkapazität einer klassischen Blockchain kann ins Unendliche wachsen – sofern es technisch möglich wäre.

Die vielleicht größte Hürde dieser Technologie aber scheint der Umbau von einem zentralen Ansatz hin zu einem verteilten. Das bestehende Verständnis von Abläufen und Verantwortung ist noch immer stark hierarchisch geprägt. Dieser notwendige „Mind-Shift" ist die echte Herausforderung, da er Positionen und Verantwortlichkeiten neu bestimmt.

3.6 Fazit

In Abschn. 1.1 sind die Phasen beschrieben, die die Blockchain-Technologie durchlaufen hat. Legt man die Phasen zugrunde und erweitert den Ansatz, dann sieht man in Abb. 3.3 vier Kategorien, die unterschiedliche Anforderungen bewirken:

Die bisherige Wegstrecke...

	Kryptographie & digitale Währung	Satoshi Nakamoto & Ethereum	Neue Industrie
Output & Outcome	Dienstleistungen / Lösungen; Effizienz- und Effektivitätssteigerung	Elimination von Intermediären, Prozessoptimierung	Blockchain 3.0; Lösungen für Business, öffentlicher Sektor und Gesellschaft
Engagement	Nischenwissen; Geeks & Nerds	Peer-to-Peer-Ansatz	Alle Stakeholder; Sicherheit & Vertrauenswürdigkeit
Fähigkeiten	Mathematische Fähigkeiten; zentrale Konzepte für Integrität und Authentizität	IT-Management, Programmierung	Prozessverständnis; Management-Skills IT-Verständnis
Fokus	Technik, Technologie und Verschlüsselung	Finanzsektor und Smart Contracts	Hybrider Ansatz; für Business und Gesellschaft; Technologie als „Enabler"

Abb. 3.3 Anforderungen gemäß den Phasen

Die anfängliche Zielsetzung bezieht sich auf Dienstleistungen und Lösungen zur Steigerung von Effizienz und Effektivität. Sogenannte Geeks und Nerds, also technisch hoch affine Menschen, entwickeln Nischenwissen und arbeiten an diesen noch nicht populären Themen. Es ist noch kein Mainstream. Mathematische Fähigkeiten stehen im Vordergrund, beispielsweise kryptografische Konzepte weiterzuentwickeln. Damit liegt der Fokus auf der Technologie mit der einzusetzenden Technik und neuen Verschlüsselungs- und Übertragungskonzepten.

Daraus entwickelt sich das Blockchain-Ökosystem unter Satoshi Nakamoto. Intermediäre werden nunmehr obsolet, Prozesse werden optimiert. Das Netzwerk mit dem Peer-to-Peer-Ansatz wird der Treiber der Entwicklung. IT-Management und Programmierung sind neben einem mathematischen Verständnis die benötigten Fähigkeiten. Erste vielversprechende Konzepte werden für den Finanzsektor, auch unter der Einbettung von klugen Codes, realisiert. Dies ist die Zeit der „Early Adaptor".

Diese Technologie befindet sich nicht mehr in der Nische, und aus den Erfahrungen der Early Adaptor erkennen mehr und mehr Marktteilnehmer das Potenzial auch für eigene (Geschäfts-)Prozesse. Alle Stakeholder müssen eingebunden werden, damit die neu entwickelten Ansätze auf breite Zustimmung stoßen können. In der erweiterten Nutzung dieser Technologie muss auch das Skill-Set der Verantwortlichen erweitert werden. Neben IT-Verständnis und prinzipiellen Managementfähigkeiten ist Prozessverständnis vor elementarer Bedeutung. Der Fokus erweitert sich auf massentaugliche Anwendung für alle Bereiche einer Gesellschaft. Die Technologie wird als „Enabler", als „Ermöglicher" verstanden.

Insgesamt ist die Blockchain-Gemeinschaft auf dem Weg, sich zu einer neuen Industrie zu transformieren.

Literatur

Adam K (2019) Blockchain – die etwas andere Datenbank; Sonderband 04/2019 „Die Modellierung des Zweifels; Schlüsselideen und -konzepte zur Modellierung von Unsicherheiten". Zeitschrift für digitale Geisteswissenschaften (ZfdG), Wolfenbüttel

Adam K (2017) Project Hurricane – or how to implement Blockchain Technology in German Real Estate Transactions. Diskussionspapier

Antonopoulos AM (2017) Mastering bitcoin, programming the open blockchain, 2. Aufl. O Reilly Media, Sebastol

Bankenverband (2019) Positionspapier: Privatkundenverifizierungen im EU-Binnenmarkt. Berlin

Berghoff C, Gebhardt U, Lochter M, Maßberg S et al (2019) Blockchain sicher gestalten. Konzepte, Anforderungen, Bewertungen. Bundesamt für Sicherheit in der Informationstechnik (Hrsg) Bundesamt für Sicherheit in der Informationstechnik, Bonn

Bloss M, Ernst D, Häcker J, Eil N (2009) Von der Subprime-Krisis zur Finanzkrise. Oldenbourg, München

Buterin V (2013) Ethereum white paper: a next generation smart contract & decentralized application platform. http://blockchainlab.com/pdf/Ethereum_white_paper-a_next_generation_smart_contract_and_decentralized_application_platform-vitalik-buterin.pdf. Zugegriffen am 22.06.2019

Cointelegraph (2019) https://de.cointelegraph.com/news/two-miners-purportedly-execute-51-attack-on-bitcoin-cash-blockchain. Zugegriffen am 12.09.2019

Energy Web Foundation (2019) http://energyweb.org/about/what-we-do/. Zugegriffen am 28.09.2019

Fertig T, Schütz A (2019) Blockchain für Entwickler, Grundlagen, Programmierung, Anwendung. Rheinwerk, Bonn

Hopf S, Picot A (2018) Revolutioniert Blockchain-Technologie das Management von Eigentumsrechten und Transaktionskosten? In: Redlich T et al (Hrsg) Interdisziplinäre Perspektiven zur Zukunft der Wertschöpfung. Springer, Wiesbaden

Kersken S (2019) IT-Handbuch für Fachinformatiker. Der Ausbildungsbegleiter, 9., erw. Aufl. Rheinwerk, Bonn

Mallaby S (2016) The man who knew: the life & times of Alan Greenspan. Bloomsbury, London/New York

Mochizuki T, Warnock E (2014) So lief die spektakuläre Pleite der Bitcoin-Börse ab. Wall Street Journal. https://www.welt.de/wall-street-journal/article129565422/So-lief-die-spektakulaere-Pleite-der-Bitcoin-Boerse-ab.html. Zugegriffen am 20.09.2019

Nakamoto S (2008) Bitcoin: a peer-to-peer electronic cash system. https://nakamotoinstitute.org/bitcoin/.pdf. Zugegriffen am 22.06.2019

Prinz W et al (2017) Blockchain und Smart-Contracts; Technologien, Forschungsfragen und Anwendungen. Positionspapier, Fraunhofer

Sinn H-W (2010) Kasino Kapitalismus. Wie es zur Finanzkrise kam. Ullstein Buchverlage GmbH, Berlin

Standard for Efficient Cryptography. http://www.secg.org. Zugegriffen am 16.10.2019

Szabo N (1997) Formalizing and securing relationships on public networks, pdf. https://nakamoto-institute.org/formalizing-securing-relationships/. Zugegriffen am 31.08.2019

„Handwerkszeug" (Prozessanalyse)

4

Zusammenfassung

Dieses sehr umfangreiche Kapitel erläutert, wie Sie sich an den Einsatz dieser Technologie heranwagen können. Dazu werden unterschiedlichste Managementtechniken beschrieben, und es wird gezeigt, wie der Einsatz dieser Methoden hilft, Ihre Ideen sowie Ihre Prozesse aus unterschiedlichen Perspektiven zu beleuchten. Im Vordergrund steht der Workshop-Charakter, um in interdisziplinären Teams zu diskutieren und um zu nachhaltigen Lösungen zu gelangen.

Beim Einstieg in dieses Kapitel möchte ich Sie um Folgendes bitten: Vergessen Sie zunächst auf jeden Fall die Blockchain-Technologie und die Blockchain-Technik!

Viel wichtiger ist, herauszufinden, welche Prozesse bestehen und wo diese bestehenden Prozesse langsam und ineffizient sind. Erst später stellt sich die Frage, ob diese Prozesse und ihre Unter-Prozesse eine Blockchain-basierte Lösung benötigen – oder ob bereits bestehende Lösungen „lediglich" überarbeitet werden müssen. Natürlich wird bei den einzelnen Schritten, die hier aufgeführt sind, immer der Bezug zur Blockchain-Technik hergestellt. Es wird somit die Verbindung zwischen den Tools und der Blockchain-Technik geschaffen. Tools stehen jedoch im Vordergrund.

► Bitte limitieren Sie sich nicht selbst, indem Sie schon von der Lösung her denken. Wenn Sie also mit dem Vorsatz an Ihre Prozessanalyse herangehen, diese über eine Blockchain-Lösung abzubilden, dann könnte es passieren, dass Ihnen andere, evtl. sogar besser für diesen Anwendungsfall geeignete Lösungen gar nicht in den Sinn kommen.

© Springer-Verlag GmbH Deutschland, ein Teil von Springer Nature 2020
K. Adam, *Blockchain-Technologie für Unternehmensprozesse*,
https://doi.org/10.1007/978-3-662-60719-0_4

Auch Ihre Blockchain-Lösungen müssen einen Mehrwert schaffen, sonst werden sie lediglich viel Aufwand sowie hohe Fehlerquoten auslösen und keinen Mehrwert erbringen. Betriebswirtschaftlich betrachtet bedeutet dies ein unnötiges Verschwenden von Ressourcen jedweder Art (finanziell, personell und Sacheinsatz). Am Ende dieses Kapitel sollen Sie in die Lage versetzt werden, die Anforderungen an eine Verbesserung von Prozessen spezifizieren zu können. Und wenn es sinnvoll ist, diesen Prozess über eine Blockchain-Lösung abzubilden, dann sollen Sie in die Lage versetzt werden, dies präzise formulieren zu können, damit Ihre Developer verstehen, was Sie wollen und benötigen. Ihre Developer müssen nicht Inhouse-Entwickler sein. Der Markt bietet viele Möglichkeiten des „bausteinartigen" Zukaufs, d.h. sie können die für Sie notwendigen Tools maßgeschneidert auch auf dem Markt erhalten. Aber, und dies ist wichtig, Sie müssen in der Lage sein, sehr genau zu definieren, was Sie wie benötigen.

▶ Aus Gründen der Lesbarkeit ist im Text die männliche Form gewählt, natürlich beziehen sich die Angaben immer auf Angehörige aller Geschlechter.

4.1 Vorbereitung

Zunächst macht es Sinn, sich die Stakeholder, die in Ihren Unternehmensprozessen involviert sind, genauer anzusehen. Damit die sich anschließenden Schritte nachvollziehbar sind, erlaube ich mir, Ihnen das Beispiel aus meinem Unterricht zu zeigen, in dem ich meine Hochschule als nachfragenden Unternehmer beschreibe.

Weiters empfehle ich, vor dem Start innerhalb des Teams festlegen zu lassen, wer die Gruppen- und damit die Moderations- und Diskussionsleitung innehält. Möglich ist es, den Projektleiter als Gruppenleiter zu definieren. Es muss jedoch nicht zwingend sein, dass der Projektleiter auch die Moderation und Diskussion managt – dies muss vorab besprochen sein.

Auch halten Sie vorab fest, wer den Workshop dokumentieren soll und wer am Ende den Report erstellt. Je besser die Dokumentation, umso besser binden Sie die Teilnehmer ein, und die gefundenen Erkenntnisse und Ergebnisse haben eine breite Basis an Zustimmung.

Um die nachfolgenden Schritte aktiv und mit viel Freiraum für Diskussionen durchzuführen, empfiehlt es sich, neben einem geeigneten Raum mindestens folgendes (typisches) Workshop-Material zur Verfügung zu stellen:

• Moderationskarten in unterschiedlicher Farbe, Form und Größe,
• Stifte in verschiedenen Stärken und Farben,
• Tesa-Film,
• Post-it bzw. kleine Karteikarten,
• Flip-Chart-Papier,
• Scheren,

- Magnete,
- DIN A4-Papier.

Bevor Sie nun loslegen, verschaffen Sie sich bitte einen Überblick über Ihren aktuellen Status quo mittels der sogenannten Gap-Analyse.

4.2   Gap-Analyse (Lückenanalyse)[1]

Dieses klassische Element aus der strategischen Managementtheorie hilft Unternehmen zu bestimmen, wo sie stehen.[2] Es ist demnach eine Statusanalyse. Außerdem kann man feststellen, ob die eigene Statusinterpretation in die richtige Richtung geht. Versteht man den eigenen aktuellen Stand (und dokumentiert dies), so ist es einfacher, die neuen zu erreichenden Ziele zu formulieren. Mit dieser Bestandsanalyse lassen sich Aktivitäten definieren, um das Ziel zu erreichen und die gefundene Lücke schließen (vgl. Abb. 4.1).

Relevante Zielgrößen sind z. B. Umsatz, Gewinn, Deckungsbeitrag oder Wertbeitrag. Diese Zielgrößen können sich auf Abteilungen, Produktgruppen, Geschäftsbereiche oder das gesamte Unternehmen beziehen.

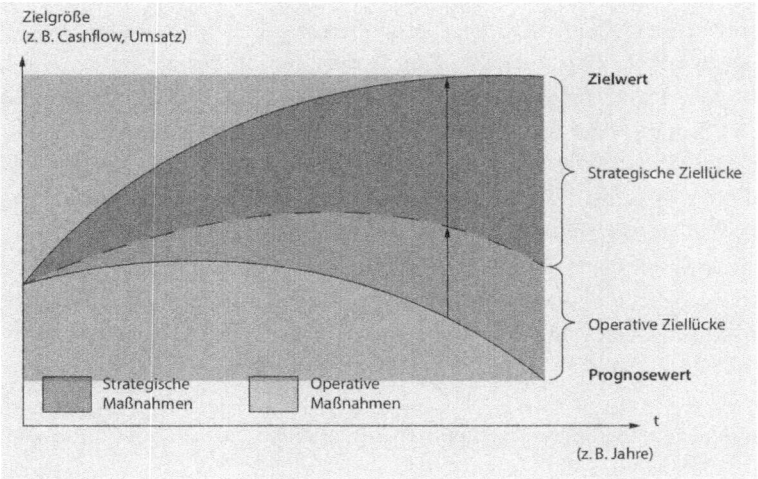

Abb. 4.1 Gap-Analyse (Aus Jean-Paul Thommen, Ann-Kristin Achleitner, Dirk Ulrich Gilbert et al. 2017; mit freundlicher Genehmigung von © Springer Fachmedien Wiesbaden GmbH 2017. All Rights Reserved)

---

[1] Koubek (2015) ISO 9001, Version 2015.

[2] Thommen et al. (2017), S 537.

Es ist darüber hinaus empfehlenswert, sich mit der ISO Norm 9001 intensiv auseinanderzusetzen, um die in der Norm beschriebene Vorgehens- und Bewertungsweise zu verstehen. Auch wenn die Norm ein Managementsystem im Unternehmen voraussetzt und darüber hinaus eine Zertifizierung nach der Norm nicht das Ziel der hier vorgestellten Vorgehensweise ist, hilft diese Analyse, Prozesse auf verschiedene Lösungsmöglichkeiten hin zu untersuchen.

Weidner zitiert Len Xu (Senior Quality Manager, Philips China): *„Qualität entspricht einem messbaren Zustand, welcher der höchstmöglichen Zufriedenheit des Kunden entspricht. [...]"*[3] Ziel dieser Analyse ist es, Qualität richtig bestimmen zu können.

Im Grunde geht es um zwei Ebenen, denn es soll sowohl die strategische als auch die operative Ebene Berücksichtigung finden. Strategische Maßnahmen beschäftigen sich mit der Entwicklung neuer Strategien, um beispielsweise neue Techniken, Produktinnovationen, neue Märkte etc. zu berücksichtigen. Die operativen Maßnahmen werden aus den bestehenden und/oder den neuen Strategien abgeleitet.[4]

Der Ausgangspunkt kann zunächst beliebig gewählt werden. Nunmehr kann hochgerechnet werden, ob die Ist-Situation es ermöglichen wird, die definierten Ziele (Soll-Zustand) zum erwarteten Zeitpunkt zu erreichen. Sowohl statistische und mathematische Verfahren als auch die Analyse der zurückliegenden Entwicklungen werden eingesetzt.

Die Prognosewerte weichen von den Ist-Werten immer stärker ab, je weiter man sie in die Zukunft rückt. Die Abbildung zeigt, dass sowohl operative als auch strategische Maßnahmen notwendig sind, um die Lücke zu schließen.

Neudeutsch könnte man auch vom Pain Point sprechen: Wo tut es Ihnen in Ihrem Unternehmen weh? Ist die Innovationskraft zurückgegangen? Sind die Umsätze rückläufig? Verlieren Sie Kunden oder ist der Aufwand, neue Kunden zu gewinnen, viel aufwendiger geworden? Sind Ihre Produkte und die Verfahren, um diese zu erzeugen, noch State of the Art? Welche Prozesse laufen kostenintensiver und langsamer als nötig? Welche Technik muss eingesetzt werden, um die Prozesse besser zu managen?

Sie werden Ihren eigenen Pain Point haben, der Sie auf Lücken hinweist. Die Gap-Analyse mag eher ein einfaches Instrument sein (sofern man nicht unmittelbar auf die ISO-Zertifizierung zielt), aber sie findet in der Praxis viel Anwendung, denn mit dieser Analyse

• ist man in der Lage, die Einflussfaktoren, die prägend auf zukünftige Entwicklung wirken, zu erfassen, und
• sie zeigt die Folgen, wenn keine (notwendigen) Gegenmaßnahmen ergriffen werden (Umsatz sinkt, Kundenbasis nimmt ab usw.), und
• sie aktiviert die Suche nach geeigneten Strategien, um die entdeckte Ziellücke zu schließen oder zumindest signifikant zu mindern.

---

[3] Weidner (2017), S. 31.
[4] Dillerup/Stoi (2013), S. 301.

▶   Überlegen Sie im (Führungs-)Team, welche Lücken Sie in Ihrem Unternehmen
     sehen. Welche Prozesse stehen hinter diesen Lücken? Wenn beispielsweise der
     Einkauf steigende Kosten verursacht, dann ist ein Problem in der Beschaffung
     vorhanden. Welcher der vielen Prozesse allein im Einkauf löst höhere Kosten als
     erwartet aus etc.?

4.3   Wahlmöglichkeiten

Zunächst kann man Blockchain-Technik in einem Satz erklären: Es ist eine Datenbank,
wenn auch eine besondere. Die Hauptunterschiede zwischen einer herkömmlichen und
einer Blockchain-Datenbank sind in Tab. 4.1 aufgelistet:
     Die einzelnen Charakteristiken einer Blockchain sind in Kap. 1 erläutert. Es wird aus
der Tabelle ersichtlich, dass die Besonderheit in einer Blockchain als Werkzeug tatsächlich in der Unveränderbarkeit der eingegebenen Daten besteht und dass die Daten „nur"
angehängt werden können. Die eingegebenen Daten sind nicht „einfach" zu löschen oder
zu überschreiben. Es gilt, im Falle einer Veränderung eine neue Transaktion auszulösen,
die ebenfalls auf der Blockchain zu speichern ist, um die Historie nachvollziehen
zu können.
     Taucht man etwas tiefer in den Konsensusmechanismus, dann sieht man auch hier eine
fast unendlich erscheinende (evtl. auch verwirrende) Vielfalt. Die Entscheidung, wann
welcher Konsensus zu welcher Blockchain-Art passt, lässt sich nicht festlegen. So muss
eine Public Blockchain nicht zwingend mit dem Proof-of-Work-Konsens wie bei der
Bitcoin-Blockchain einhergehen. Die Variationsmöglichkeiten, die sich eröffnen, hängen
von den Geschäftsprozessen ab, für die eine Blockchain-basierte Lösung entworfen wird.
     Für die Überprüfung von Geschäftsprozessen auf die „Blockchain-Eignung" stehen
somit mindestens 33 verschiedene Herangehensweisen zur Verfügung basierend auf der
Annahme von drei Blockchain-Typen mit jeweils 11 Konsensmechanismen. So schön ei-

Tab. 4.1 Gegenüberstellung Blockchain vs. herkömmliche Datenbank

Blockchain	Eigenschaften	Herkömmliche Datenbank
Strikt additiv, nur hinzufügend	Ablauf in der Nutzung (Operations)	Einfügen, Löschen, Verändern, Ergänzen, Umschreiben etc.
Ja	Redundant	Ja
Ja	Hohe Verfügbarkeit	Ja
Blockweise, u. a. über den sogenannten Proof of Work	Konsens	Reihe, Replikat (Nachbau)
Immer nötig	Signatur	Manuell einfügbar
Immer	Datenvalidierung	Manuell
Smart Contracts	Business-Logik	Speicherverfahren
Verteilte Kassenbuchlogik (Ledger)	Primäre Nutzung	Generischer Ansatz

nerseits die Wahlmöglichkeiten sind, so komplex wird die Entscheidungsmatrix. Um aus der Vielzahl des Angebots Entscheidungen treffen zu können, wird nachfolgend die „Tool-Box" geöffnet, mit deren Hilfe herauszufiltern ist, ob sich ein Prozess lohnend über eine Blockchain-Lösung abbilden lässt – oder auch nicht.

Begonnen wird mit der sogenannten Stakeholder-Analyse, um zu überlegen, welcher Personenkreis welchen Einfluss auf das Unternehmen hat.

4.4   Stakeholder-Analyse[5]

Das Stakeholder-Konzept stammt aus dem Jahr 1963 und ist am Stanford Research Institute (SRI) entwickelt worden, um Manager auch in Bezug auf andere Interessensgruppen als den Shareholder (Eigentümer) zu sensibilisieren. In der Managementliteratur hat sich folgende Definition etabliert:

▶ Stakeholder sind Personen, Gruppen oder Organisationen, die mit dem Unternehmen in Beziehung stehen und Erwartungen gegenüber dem Unternehmen haben.[6]

Unterschieden wird bei der Stakeholder-Analyse in interne und externe Stakeholder, da diese unterschiedlichen Segmente ganz unterschiedliche Ansprüche und Erwartungen an ein Unternehmen haben (vgl. Abb. 4.2). Mintzberg spricht hierbei von Influencers, also Beeinflussern der Organisation.[7]

Eigene Darstellung in Anlehnung an Dillerup/Stoi

Beide Anspruchsgruppen (intern und extern) müssen in die Unternehmensstrategie einbezogen werden. Darüber hinaus sollte sich das Management im Klaren darüber sein, wie die Unternehmensstrategie gegenüber diesen Anspruchsgruppen aussehen soll, ob und wann es um Aktion oder Reaktion gehen muss.

In Bezug auf Projekte (und die Prüfung, ob eine unternehmensinterne Idee ein lohnenswertes Projekt für ein Blockchain-Lösung sein kann) ist es daher wichtig, sämtliche relevante Akteure zu identifizieren und einzuschätzen, welchen Einfluss diese Stakeholder auf das Unternehmen und das Projekt haben könnten.

Prinzipiell kann man sich über folgende Fragestellungen der Klassifizierung der Stakeholder nähern:[8]

• *Wer sind die aktuellen Stakeholder – externe oder und interne?*
• *Wer sind mögliche Stakeholder?*

---

[5] Din 69901-5.
[6] Dillerup/Stoi (2013), S. 118.
[7] Mintzberg (1983), S. 26 ff.
[8] Pastowski (2004), S. 5,6.

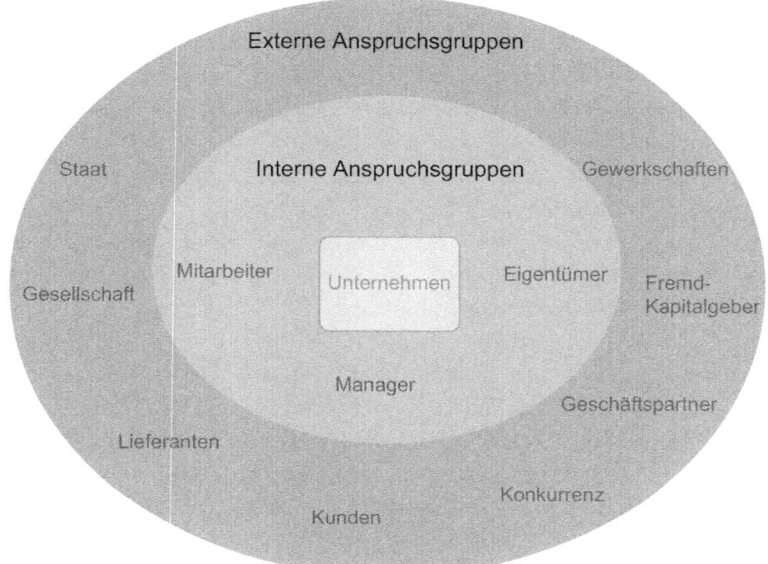

Abb. 4.2 Stakeholder-Gruppen eines Unternehmens (eigene Darstellung in Anlehnung an Dillerup/Stoi 2013)

- *Welchen Einfluss hat jeder einzelne Stakeholder auf das Unternehmen?*
- *Welchen Einfluss hat das Unternehmen auf jeden einzelnen Stakeholder?*
- *Wer sind die Stakeholder innerhalb der Unternehmung?*
- *Wie wichtig sind die einzelnen Stakeholder für den Unternehmenserfolg?*
- *Welches sind die Faktoren und deren Variablen, die Einfluss auf das Unternehmen haben?*
- *Wie werden diese Variablen und deren Einfluss auf das Unternehmen bzw. andere Stakeholder gemessen? Können diese Variablen überhaupt gemessen werden?*
- *Wie werden die Stakeholder beobachtet?*

Beginnen wir mit der Identifikation der Stakeholder aus den oben angeführten Bereichen. Methodisch wird mit Brainstorming gestartet, eine Kreativitätstechnik, die es ermöglicht, innerhalb kürzester Zeit eine Vielzahl an ersten Ideen und Lösungsansätzen zu generieren. Dies gelingt jedoch nur, wenn einige Voraussetzungen eingehalten werden. Es geht zunächst um Quantität und erst im zweiten Schritt um Qualität. Damit findet eine Trennung zwischen Ideenfindung und Ideenbewertung statt.

Die ideale Gruppengröße liegt sowohl beim Brainstorming als auch bei den nachfolgenden Tools bei ca. 4 bis maximal 8 Personen. Größere Gruppen sollten in Untergruppen aufgeteilt werden.

Der Gruppenleiter muss darauf achten, dass trotz Quantität nicht vom Thema abgewichen wird.

▶   Verteilen Sie auf Ihre Gruppenteilnehmer Post-its, kleine Kärtchen oder Ähnli-
       ches, worauf Stichpunkte festgehalten werden können, und lassen Sie zunächst
       jeden für sich alle Stakeholder aufschreiben, die dem einzelnen Gruppenteil-
       nehmer in den Sinn kommen. Wie immer beim Brainstorming – es gibt keine
       Limitierung im Denken, keine Bewertung des Erfassten.
          Nach maximal 10 Minuten werden zunächst alle Stichpunkte auf einen Sta-
       pel gelegt, und es werden die Doppelungen aussortiert.
          Wichtig für den Gruppenleiter ist an dieser Stelle, noch keine Beurteilung zu
       den einzelnen Stichpunkten zuzulassen, da Sie sich als Gruppe sonst zu früh
       festlegen und somit letztlich einschränken.

Nachdem nun die Stakeholder identifiziert sind, ist es gut, eine Bewertung der gefundenen Stakeholder nach Einfluss, Macht, Konfliktpotenzial und ggf. Weltbild, Einstellung,
Wünschen, Hoffnungen etc. zu bewerten. Nehmen Sie sich in der Gruppe Zeit zur Diskussion, damit das Team eine gemeinsame Vorstellung von der Bedeutung der Stakeholder
für das Unternehmen bzw. den zu verbessernden Prozess hat.

▶   Stakeholder sind potenzielle Knotenpunkte und/oder Teilnehmer innerhalb Ihrer
       Blockchain-Lösung!

Die gesammelten und gerankten Informationen können nun auf die Stakeholder-Map
übertragen werden (vgl. Abb. 4.3).
   Es empfiehlt sich, die gefundenen Stakeholder auf zunächst einer Achse gemäß ihrem
Einfluss zu positionieren, um erst im zweiten Schritt die andere Achse/Dimension anzuwenden.

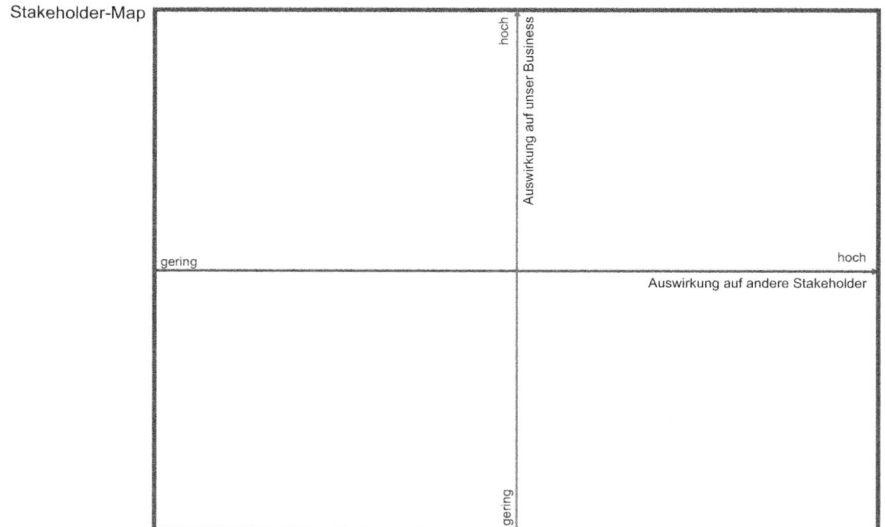

Abb. 4.3 Stakeholder-Map

Abb. 4.4 Beispiel Stakeholder-Identifikation

Exemplarisch wird diese Stakeholder-Analyse für die Hochschule für Technik und Wirtschaft (HTW) Berlin gezeigt:

Zunächst sind die Stakeholder (die Liste kann beliebig erweitert werden) identifiziert (vgl. Abb. 4.4):

Die identifizierten Stakeholder werden nun einem Ranking unterzogen. Hierbei gilt es zu bedenken, dass es sich immer um eine subjektive Annahme handelt. Es ist daher wichtig, dass im Workshop die Gruppe darüber diskutiert. Dabei kann es gern auch zu Kontroversen kommen, denn jeder Teilnehmer hat seine individuelle Sicht. Jedoch muss der Teamleiter am Ende der Diskussion dafür Sorge tragen, dass ein stabiler Kompromiss erzielt wird. Und, wir reden hierbei nicht über absolute Genauigkeit, sondern über Einschätzungen.

Gemäß dem HTW-Beispiel werden die identifizierten Stakeholder folgendermaßen auf die Stakeholder-Map übertragen. Wie weiter oben erwähnt, ist es sinnvoll, zunächst mit einer Achse zu starten. In diesem Beispiel sind die Stakeholder auf der Y-Achse nach ihrem angenommenen Einfluss auf das eigene Unternehmen sortiert (vgl. Abb. 4.5).

Jetzt kann man die einzelnen Stakeholder entlang der x-Achse verschieben. Im Beispiel sieht es dann wie grafisch dargestellt aus (vgl. Abb. 4.6).

Aus dem aus der Brainstorming-Session gewonnenen „wilden" Haufen an Stakeholdern ist nunmehr eine Map entstanden, die einen ersten Aufschluss liefert, welchem der identifizierten Stakeholder besonderes Augenmerk gebührt. Im Beispiel zeigt sich, dass es

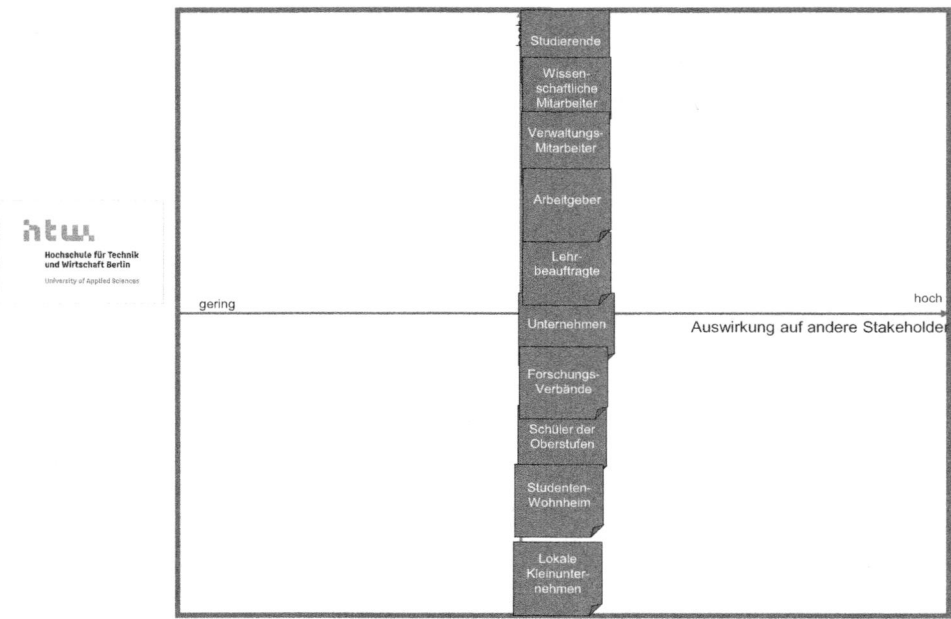

Abb. 4.5 Stakeholder-Map am Beispiel HTW; Impact-Ranking auf der Y-Achse

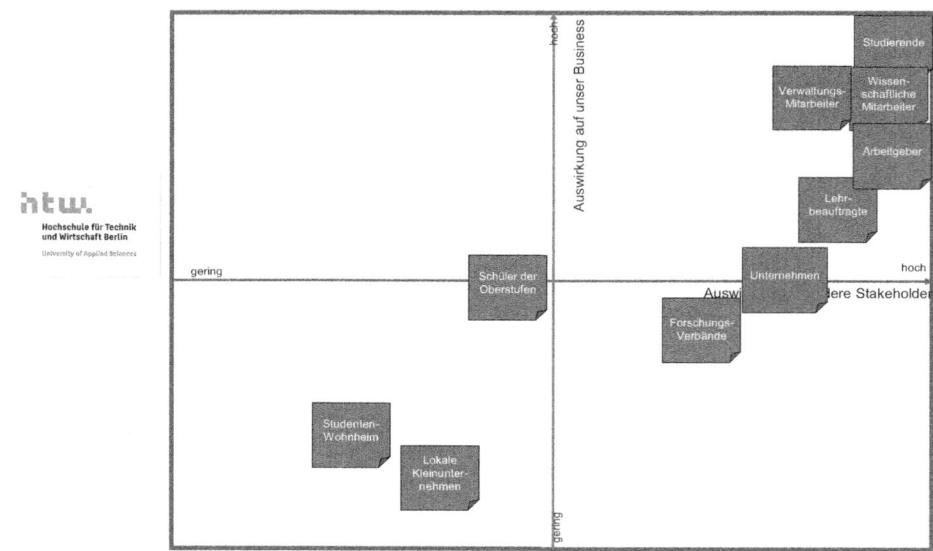

Abb. 4.6 Stakeholder-Map am Beispiel der HTW; Impact-Ranking entlang der X-Achse

einerseits die Studierenden sind, andererseits die Mitarbeiter auf den verschiedenen Ebenen und in den verschiedenen Bereichen. In diesem Kontext sind auch Arbeitgeber von Bedeutung, da Unternehmen, die als Arbeitgeber am Markt auftreten, erwarten, gut ausgebildete Absolventen von der Hochschule zu erhalten. Dazu sind motivierte und engagierte Mitarbeiter auf allen Ebenen notwendig. Zusammenfassend ist festzuhalten, dass die Stakeholder des oberen rechten Quadranten bedeutsam sind.

▶   Identifizierte und als wichtig eingeschätzte Stakeholder könnten in einer sich herauskristallisierenden Blockchain-Lösung potenzielle Knotenpunkte des Blockchain-Netzwerkes sein und damit, je nach Konsens und Protokoll, aktiv zur Validierung der einzelnen durchzuführenden Transaktionen beitragen.

4.5   Produkte und Dienstleistungs-Map

Hat Ihnen die Stakeholder-Analyse und der obere rechte Quadrant erste Hinweise auf potenzielle Teilnehmer/Teilhaber Ihrer Blockchain-Lösung gewährt, so wird die Analyse Ihrer Produkte und Dienstleistungen helfen, sich einen Überblick im Zusammenhang mit Blockchain-Lösungen zu verschaffen: Welche der Produkte/Dienstleistungen lösen welche Aktivitäten mit welchen Prozessschritten aus (vgl. Abb. 4.7)?

Bitte gehen Sie folgendermaßen vor:

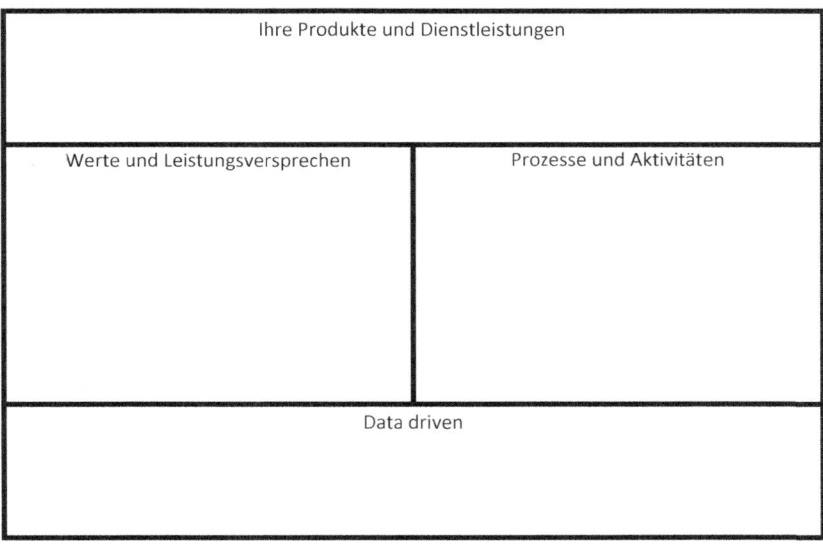

Abb. 4.7 Story-Mapping-Karte

- Benennen Sie alle Ihre Produkte und Dienstleistungen in einer Brainstorming-Sitzung (je nach Gruppengröße und möglicher Gesamtzeit für den Workshop sollte diese Sitzung 15 bis 30 Minuten dauern).
- Platzieren Sie Ihre Ergebnisse in der Kopfzeile der nachfolgenden „Story-Mapping-Karte".
- Identifizieren Sie Prozesse/Aktivitäten sowie Wertansprüche und platzieren Sie sie entsprechend der Karte mittig.
- Diskutieren Sie in der Gruppe das Zwischenergebnis.
- Verschieben Sie die Elemente, die datengetrieben sind, in die Fußzeile und fassen Sie die Ergebnisse für alle Gruppenmitglieder zusammen, sodass Einigkeit über den bisher gefundenen Status quo besteht.

Die Ableitung von „Werte/Leistungsversprechen" sowie „Prozesse und Aktivitäten" führt – zumindest in meinen Kursen – immer zu heftigen Diskussionen der Teilnehmer untereinander. Es ist nicht immer eindeutig für die Teilnehmer zu identifizieren, was einen Wert aus den existierenden Produkten und Dienstleistungen ausmacht. Es dreht sich um den Nutzen bzw. das Leistungsversprechen, das geschaffen wird, und gemäß der Managementliteratur lässt sich hierbei unterscheiden zwischen dem Nutzenversprechen gegenüber dem Kunden bzw. gegenüber Lieferanten und anderen Beteiligten. Dieses Leistungsversprechen kann als Absichtserklärung gegenüber den Kunden bzw. den Lieferanten betrachtet werden, denn es zeigt, wofür ein Unternehmen steht.[9] Dieses Leistungsversprechen sollte durch den Gruppenleiter bewusst gemacht werden – wofür stehen wir (z. B. unsere Abteilung oder das Unternehmen), womit schaffen wir Werte für unsere Kunden, wie pflegen wir beispielsweise unsere Lieferanten und andere Stakeholder und womit binden wir diese Gruppen an das Unternehmen. Aus dem Nutzungs- und Leistungsversprechen lassen sich dann relativ einfach die Prozesse und Aktivitäten ableiten. Hierbei ist zu bedenken, wie tief man in die Prozessebenen einsteigen will. Es kann an dieser Stelle noch immer „high Level" und damit nicht zu tief sein.

Abb. 4.8 zeigt exemplarisch, wie dieser Vorgang für die Hochschule aussehen könnte (und auch hier ist die Auflistung nicht vollständig – Sie sollen lediglich einen Eindruck erhalten, wie Sie die Positionen bestimmen könnten).

So werden als Produkte und Dienstleitungen „Bildung", „Events", „Weiterbildung", „Selbstverwaltung"; „Forschungseinrichtungen", „Research" sowie „Essen und Trinken" aufgeführt. Auf Letzteres haben mich insbesondere die Studierenden aufmerksam gemacht. Unter „normalen" Umständen würde man so etwas eher nicht aufführen und nicht zum Produkt- und Leistungskatalog hinzufügen. An diesem Beispiel aber lässt sich erkennen, dass es sich um die Sicht der Kunden (= Studierende) handelt. Und das ist wichtig! Daher noch einmal der Hinweis, beim Brainstorming keine Bewertungen und damit Beschränkungen aufzubauen.

---

[9] Gerzema/Lebar (2008), S. 2.

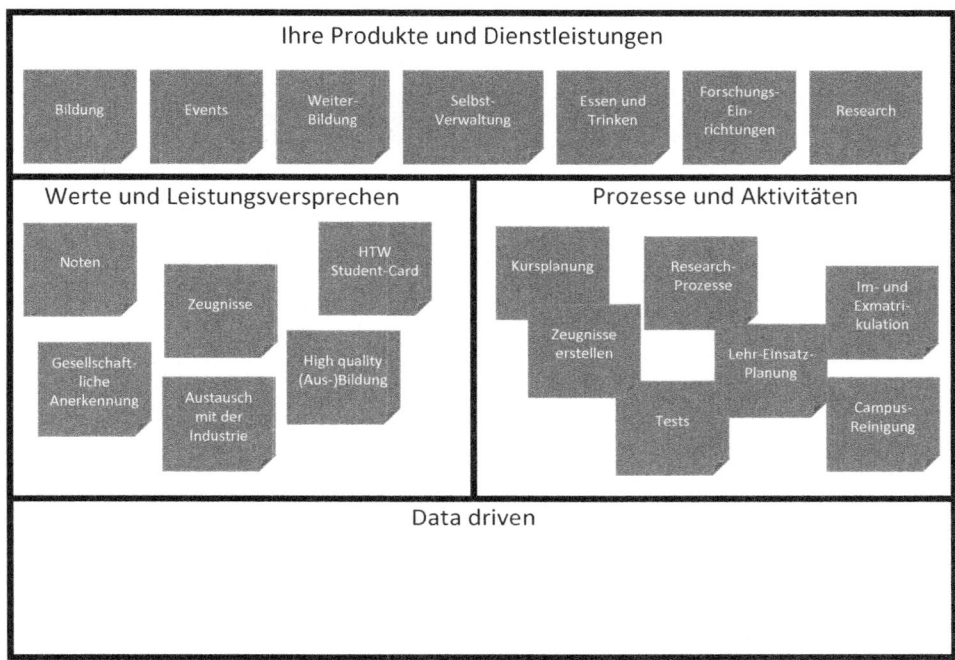

Abb. 4.8 Beispiel Story-Mapping-Karte

Aus den Produkten und Dienstleistungen sind dann die Werte- und Leistungsversprechen abgeleitet, wie z. B. qualitativ hochwertige Ausbildung, Noten, gesellschaftliche
Anerkennung (im Falle eines Abschlusses), Zeugnisse, Austausch mit der Industrie sowie
die HTW-Student-Card (die die Mensakartenfunktion ebenso beinhaltet wie den Biblio-
theksausweis, die Kopierkarte und auch eine Zahlungsfunktion). Insgesamt ließe sich
auch diese Liste noch vervollständigen. Begrenzen Sie sich innerhalb der Brainstorming-
Session nicht hinsichtlich der Anzahl an Begriffen, sondern begrenzen Sie sich in der Zeit,
um diszipliniert zu arbeiten.

Die Prozesse und Aktivitäten sind sowohl mit ihren Produkten/Dienstleistungen als
auch mit ihren Werte- und Leistungsversprechen verzahnt. In dem aufgeführten Beispiel
lösen die aufgeführten Aktivitäten Prozesse aus. Wie bereits weiter oben angeführt, müssen Sie hier nicht zu tief in die Prozessebene eintauchen. Weitere Diskussionen sind wünschenswert, um ein gemeinsames Verständnis der gefundenen Ergebnisse zu erhalten.

Die Ableitung der datengetriebenen/bzw. digitalisierten Prozesse und Werte ist – bedingt durch die geführten Diskussionen – relativ einfach.

▶   Die Kenntnisse der Story-Mapping-Karte können in Bezug auf die Blockchain-
     Technik zeigen, welche der Aktivitäten beispielsweise als Transaktionen ausgeführt

bzw. mithilfe eines Smart Contract durchgeführt werden können. Werte hingegen könnten als Coin oder Asset im zukünftigen Geschäftsmodell ihren Einsatz finden.

Als Erweiterung zu den gefundenen Erkenntnissen soll das Value-Stream-Mapping herangezogen werden. Value-Stream-Mapping (VSM) ist eine Methode aus dem Lean Management.

Mithilfe dieses Verfahrens werden Abläufe systematisch erfasst und können dann neu gestaltet werden. In der Literatur wird darauf verwiesen, dass für Unternehmen Reaktionsfähigkeit sowie Flexibilität nahezu lebensnotwendig sind, um am Markt bestehen zu können. Es steht neben Kosten und Qualität auch die Fähigkeit im Fokus, sich als Unternehmen zügig auf sich permanent verändernde Markt- und Kundenanforderungen einstellen zu können.[10]

Zunächst sollte der Gesamtprozess im Vordergrund stehen, ehe die Einzelprozesse in Hinblick auf die richtigen Zielvorgaben definiert werden. Für traditionell produzierende Industrieunternehmen ist dieser Ansatz sehr geläufig, denn die notwendigen Prozessschritte werden definiert, analysiert und durch Neuordnung optimiert.[11]

Ähnlich wird auch in diesem hier beschriebenen Ablauf vorgegangen.

Auf der Basis des bisher von Ihnen Erarbeiteten lautet die Aufgabe nun, sinnvolle Kombinationen von Stakeholder- und datengesteuerten Aktivitäten zu finden.

Ein Beispiel illustriert diesen Ansatz (vgl. Abb. 4.9).

In diesem Beispiel gibt es zwei Teilnehmer, die über eine Applikation in Interaktion treten (können). Die Hochschule betreibt die App und hat Zugriff auf ein entsprechendes Portfolio an Apartments zur Vermietung und Überlassung an Studierende. Über die App gewährt die Hochschule jedem Berechtigten (potenzielle bzw. schon vorhandene Kunden) den Zugriff auf das vorhandene Portfolio im Austausch von persönlichen Daten des Nutzers sowie einem Entgelt. Die Tarifgestaltung ist momentan nicht Gegenstand der Diskussion. Der Kunde/Student gibt seine persönlichen Daten, auch, um sich hinsichtlich der Bonität überprüfen zu lassen. Über die App bekommt der Student Zugang zum Apartment-Portal der Hochschule und kann sich die verfügbaren Objekte ansehen. Denkbar wäre es auch, Untervermietungsoptionen anzubieten.

Bucht der Studierende das Apartment, beinhaltet das Dienstleistungen, die die Hochschule anbietet. Das ist neben einem Reinigungsdienst (z. B. Endreinigung) ein Versicherungspaket sowie die Bonitätsprüfung. Einige dieser Prozesse könnte man noch weiter aufsplitten und schauen, welche weiteren Geschäftsmöglichkeiten sich noch dahinter verbergen.

Wie viel Zeit im Workshop für diese Phase verwendet wird, hängt von der insgesamt dem Workshop zur Verfügung gestellten Zeit ab. Allein, auch diese Untersuchung lohnt,

---

[10] Pfeffer (2014), S. 7.
[11] Kletti/Schumacher (2014), S. 140.

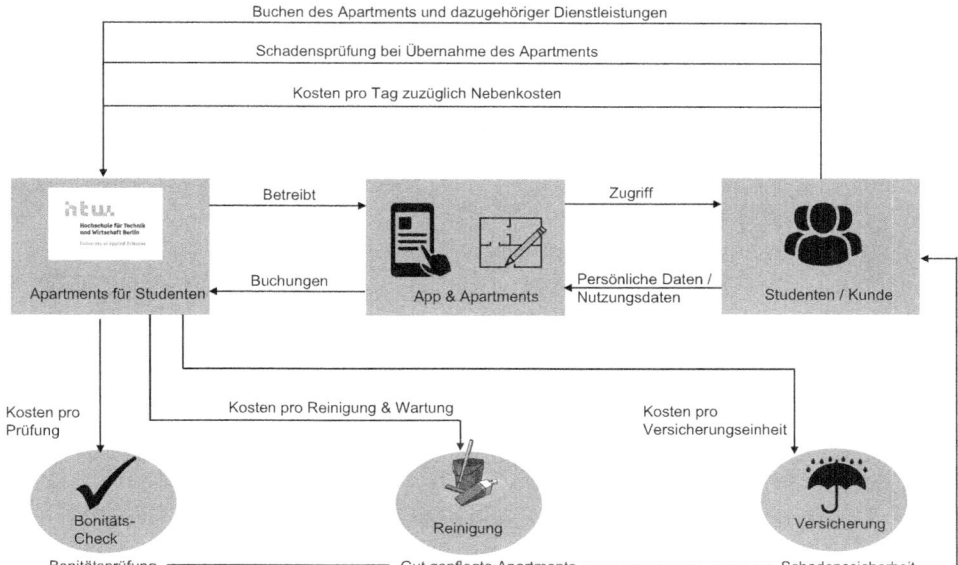

Abb. 4.9 Beispiel Value Stream Mapping

um sich über eigene vorhandene und mögliche Produkte und Dienstleistungen zu ver-
ständigen.

▶   Im Zusammenhang mit einer sich langsam abzeichnenden Blockchain-Anwendung
    wird in diesem Teilschritt betrachtet, was Sie als Unternehmen bieten und welchen
    „Return" Sie von Ihren Stakeholdern erhalten. Diese Returns sind mögliche weitere
    Elemente Ihrer Blockchain-Lösung.

4.6   Entscheidungspfad

Nach so viel Vorarbeit hat man das Gefühl, schon längst einen validen Ansatz für eine
Problemlösung gefunden zu haben.

   Bevor man jetzt aber in die Falle tappt und am Ende doch nur eine Blockchain-Lösung
um der Technik Willen gefunden hat, empfiehlt es sich, sich selbst über einen Entscheidungspfad zu prüfen.

   Im Laufe der letzten 10 Jahre haben sich verschiedene Modelle bzw. Herangehensweisen herauskristallisiert, die nun nachfolgend (gemäß ihrer zeitlichen Entstehung) vorgestellt werden.

4.6.1   Entscheidungspfad nach Birch-Brown-Parulava

Dieses Modell orientiert sich an den Vorteilen der verteilten Register (Distributed-Ledger-Technologie, kurz DLT) und ist empfehlenswert, wenn die Entscheidung für eine Blockchain bereits gefallen ist. Dieser Ansatz hilft, herauszufinden, welche Blockchain-Art (öffentlich, private, konsortial im Zusammenhang mit erlaubnispflichtigem Zugang oder ohne) zu verwenden ist. In diesem Modell erfolgt die Entscheidungsfindung mit dem Fokus auf die Benutzergruppen und dadurch, wie Datenintegrität gewährleistet wird (vgl. Abb. 4.10).

Anlass zu diesem Modell ist für die Autoren die Idee, auf dem Finanzmarkt Finanzdienstleistungen besser zu organisieren und ein Institutionen übergreifendes Kassenbuchsystem (Ledger) zu etablieren. Die Kommunikation zwischen Technologie, Unternehmen und Regulierungsbehörden in der Welt der Finanzdienstleistungen soll erleichtert werden, indem eine mehrschichtige Architektur eines gemeinsamen Hauptkassenbuchs vorgeschlagen wird.[12]

Dazu muss entschieden werden, wer dieses Hauptkassenbuch nutzen kann. Im Zuge eines Top-down-Ansatzes stellt sich die Frage, ob jedermann Einsicht in dieses Hauptkassenbuch haben und sich am System beteiligen kann, oder ob es nur für einige ausgewählte Personen/Gruppen zugängig ist.

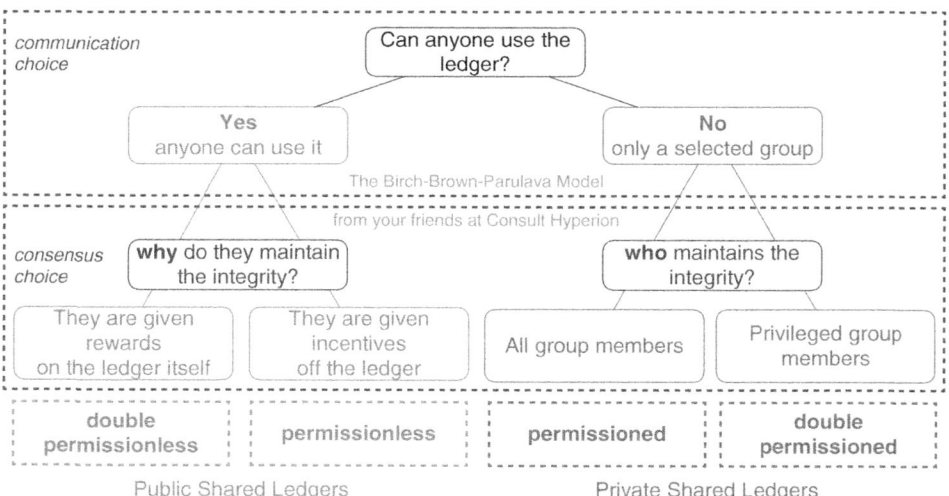

Abb. 4.10 Entscheidungspfad nach Birch-Brown-Parulava (mit freundlicher Genehmigung von © dwgbirch.com 2016. All Rights Reserved)

---

[12] https://www.finyear.com/Blockchain-A-legacy-of-transparency_a36758.html; zugegriffen am 18. September 2019.

Die Beantwortung dieser Frage führt dann in die Konsensusebene, auf der schon die Ansätze in Bezug auf öffentliche und zulassungsfreie Netzwerke bzw. private und damit mit Zulassungsberechtigungen agierende Netzwerke festgelegt werden.

Bei den zulassungsfreien Netzwerken entsteht zu Recht die Frage, warum sich Netzteilnehmer um die Pflege des Netzwerkes und um die Datenintegrität kümmern sollten. Die Anreizmechanismen werden in folgende zwei Kategorien eingeteilt: Entweder ein Netzteilnehmer erhält eine Belohnung für das Pflegen des Hauptkassenbuch oder die Teilnehmer bekommen Anreize aus dem Hauptkassenbuch. Im ersteren Fall führt die Entscheidung zu zweifach zulassungsfreiem Zugang zum Netzwerk und damit zum Ledger (Hauptkassenbuch) und ist mit dem Mining der Bitcoin-Blockchain vergleichbar.[13] Der zweite Fall, in dem die Netzteilnehmer Anreize aus dem Ledger erhalten, zielt auf eine Governance-Struktur innerhalb dieses Netzwerkes ab.[14] Die Architekten, die sich für dieses System entscheiden, können überlegen, welche Anreize sie in ihren eigenen Governance-Strukturen bieten möchten. Das kann von Mitbestimmungsrechten bezüglich notwendiger Updates bis hin zu Validierungsmechanismen reichen.

Bei den zulassungsbeschränkten Netzwerken stellt sich die Frage, wer innerhalb dieses Netzwerkes die Datenintegrität garantiert und somit auch die durchzuführenden Transaktionen validieren darf. Das können einerseits alle Teilnehmer dieser privaten Blockchain sein oder anderseits auch nur ein vorab ausgewählter Personenkreis, der als besonders vertrauenswürdig gilt. Letztere sind dann „Primus-Inter-Pari", die Ersten unter Gleichen, denn sie haben (noch einmal) besondere Rechte und Pflichten. Die Initiatoren der privaten Blockchain wählen diese Validatoren aus und bestimmen deren Rechte und Pflichten.

4.6.2   Entscheidungspfad nach Suichies

Bei diesem Ansatz steht eher die Frage nach der Blockchain-Art im Vordergrund: Benötige ich eine öffentliche oder doch besser eine private Blockchain-Lösung, eine hybride Lösung oder vielleicht doch gar keine Blockchain-Lösung?

Sie beantworten entlang dieses Entscheidungspfades mehrere Fragen und „erhalten" dann eine der vier möglichen Ausprägungen: öffentliche Blockchain, hybride Blockchain, private Blockchain oder keine Blockchain. Die Schlüsselfragen hier sind: Sind Autoren oder diejenigen, die Daten hinzufügen, bekannt und vertrauenswürdig? Wenn Sie die Per-

---

[13] Die Miner der Bitcoin-Blockchain erhalten für ihre Pflege der Blöcke im Erfolgsfalle die vereinbarte Menge ab Bitcoins.

[14] Normen legen fest, wie der Umgang miteinander gestaltet werden soll, unabhängig davon, ob man dies auf die digitale oder reale Welt bezieht. Damit ein Governance-Prozess effektiv funktionieren kann, müssen Regeln, Verantwortliche und Teilnehmer gut miteinander umgehen. So sollten beispielsweise die Regeln mit den Zielen der Gesamtteilnehmer abgestimmt sein, und diejenigen, die Regeln erlassen können, sollten positive und negative Aktionen innerhalb dieser Führungsstruktur durchsetzen.

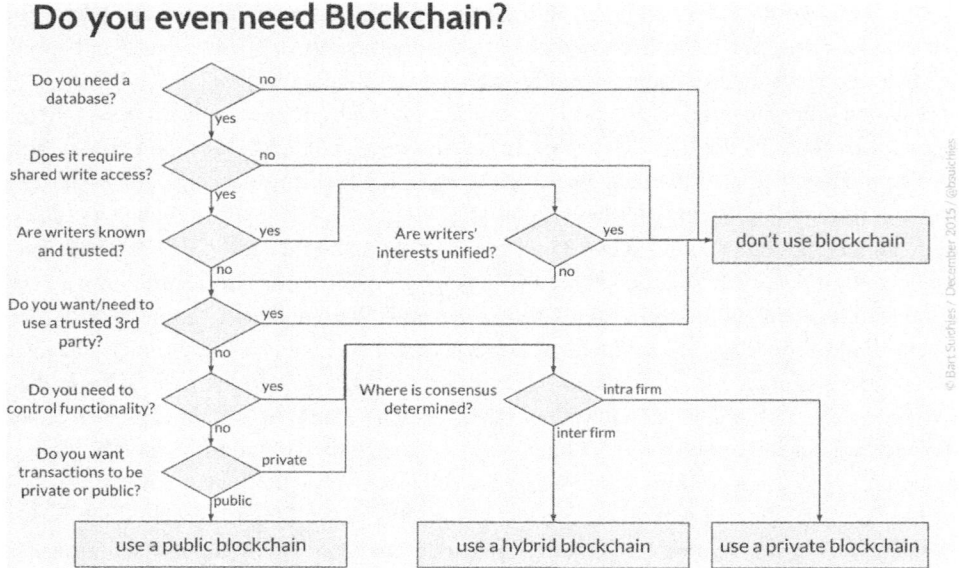

Abb. 4.11 Entscheidungspfad nach Suichies (Aus Suichies 2016: „When do you need a Block-chain?"; mit freundlicher Genehmigung von © Suichies 2016 All Rights Reserved)

sonen kennen und ihnen vertrauen, die Daten in Ihre Datenbanken schreiben, dann kann es sinnvoll sein, keinen Blockchain-Ansatz zu verwenden (vgl. Abb. 4.11).

Sie beginnen damit, sich zu fragen, ob Sie überhaupt ganz allgemein eine Datenbank benötigen. Dass diese Frage heutzutage mit 99 %iger Wahrscheinlichkeit von allen Nutzern dieses Modells mit „Ja" beantwortet werden wird, erscheint logisch. Sollte sich jedoch der Fall einstellen, dass keine Datenbank vonnöten ist, dann endet bereits hier der Entscheidungspfad, denn er führt zur Aussage, dass keine Blockchain-Lösung notwendig ist.

Im zweiten Schritt werden Sie gefragt, ob ein gemeinsamer Schreibzugriff benötigt wird. Es wird gefragt, ob unterschiedlichen Personen Schreibrechte auf der Datenbank gewährt werden (sollen). Ist das nicht der Fall, dann endet der Pfad bei der Empfehlung, keine Blockchain-Lösung einzusetzen. Bejahen Sie hingegen diese Frage, wird als nächstes gefragt, ob die Personen mit Schreibrechten bekannt und vertrauenswürdig sind. Diese Frage ist nicht so einfach zu beantworten. Ja, in den meisten Fällen werden Sie die Personen kennen, denen Sie Schreibrechte auf Ihrer Datenbank eingeräumt haben. Die Frage der Vertrauenswürdigkeit hingegen wird in der Mehrzahl der Unternehmen vorausgesetzt – ein Restrisiko ist immer da. Daher ergänzt der Erfinder des Modells diese Frage, in dem er hinterfragt, ob die Interessen der Schreibberechtigten als einheitlich angesehen werden können. Wenn Sie in Ihrem Unternehmen nicht alles selbst machen, dann empfiehlt es sich, diese Frage lieber kritischer zu beantworten und den nächsten Schritt in der Abfolge zu durchlaufen.

Haben sich alle Erkundigungen bisher auf die internen Abläufe bezogen, so wendet sich diese Frage an externe Dritte: Möchten/müssen Sie einen vertrauenswürdigen Drittanbieter verwenden? Sofern Sie einen solchen Anbieter nutzen, ihm vertrauen, können Sie hier erneut abbrechen und auf eine Blockchain-Lösung verzichten. Sollten Sie jedoch einen Drittanbieter benötigen, dem Sie nur bedingt (oder gar nicht) vertrauen, dann nähern Sie sich der Frage, ob und wenn ja, welche Funktionalitäten[15] Sie innerhalb der Datenbank kontrollieren möchten. Für den Fall, dass Sie auf (zentralisierte) Kontrollmechanismen verzichten (können), führt die letzte Frage zur Entscheidung, ob Sie Transaktionen innerhalb der Datenbank a) transparent und für jedermann öffentlich sichtbar gestalten wollen oder dies b) lieber nur ausgewählten Nutzern der Datenbank ermöglichen möchten. Hiermit lässt sich ableiten, ob Sie besser eine öffentliche oder eher eine private Blockchain-Lösung anstreben sollten. Für den Fall, dass dieser Entscheidungspfad Ihnen eine private Blockchain-Lösung nahelegt, müssen Sie entscheiden, wo der Konsens ermittelt wird. Basiert das Konsensmodell auf einem reinen firmeninternen Ansatz, dann ist die private Blockchain das Resultat dieses Entscheidungspfades. Sollte der Konsens zwischen Unternehmen erschaffen und angewandt werden, dann ist die Empfehlung, eine Mischung zwischen einer privaten und einer öffentlichen Blockchain zu wählen. Inwieweit dieser hybride Ansatz welche Elemente aus dem privaten und öffentlichen Blockchain-Ansatz mixt, ist nicht erkennbar.

4.6.3 Entscheidungspfad nach IBM

Beim IBM-Modell stehen ganz klar die Bedürfnisse des Marktes im Vordergrund. Es definiert die Blockchain als gemeinsam genutztes, nicht veränderbares Journal (vgl. Abb. 4.12).

Interessanterweise „eröffnet" IBM die Überlegungen, ob eine Blockchain-Lösung notwendig ist oder nicht, mit der Frage nach dem geschätzten Transaktionenvolumen pro Sekunde und high Performance. Steht dieser Anspruch im Vordergrund, dann empfiehlt IBM, sich nach Alternativen umzusehen. Wenn Sie Vertragsverhältnisse verwalten und Ihre Geschäftslogik[16] eher komplex ist, dann fordert IBM Sie auf, mit IBM ins Gespräch zu kommen, um gemeinsam über Lösungsansätze nachzudenken.

Ein weiterer Anhaltspunkt, um über eine Blockchain-Lösung nachzudenken, könnte sich abzeichnen, wenn Identität innerhalb der von Ihnen verwalteten Vertragsverhältnis

---

[15] In der Informationstechnologie ist die Funktionalität (lateinisch functio bedeutet „ausführen") die Summe oder ein beliebiger Aspekt dessen, was ein Produkt, wie beispielsweise eine Softwareanwendung oder ein Computergerät, für einen Benutzer leisten kann. Die Funktionalität eines Produkts wird von Vermarktern genutzt, um Produkteigenschaften zu identifizieren, und ermöglicht es einem Benutzer, über eine Reihe von Funktionen zu verfügen. Die Funktionalität kann einfach zu bedienen sein oder auch nicht.

[16] Dieser Begriff wird in der Software-Technik als abstrakter Begriff genutzt, um die in einer Aufgabenstellung innewohnendeLogik von der technischen Implementierung abzugrenzen.

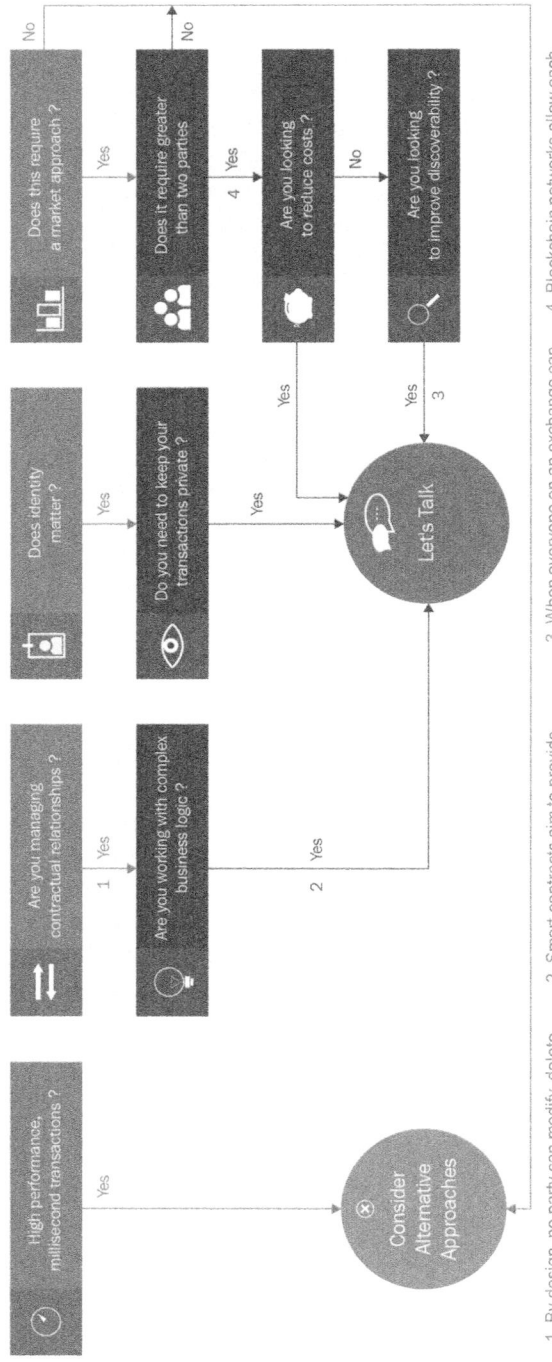

Abb. 4.12 Entscheidungspfad nach IBM (mit freundlicher Genehmigung von © IBM 2018 All Rights Reserved)

und Ihrer Geschäftslogik eine wichtige Rolle spielt. Müssen Sie Ihre Transaktionen vertraulich behandeln? Erneut Anzeichen dafür, das Gespräch mit IBM zu suchen.

In der nächsten Iterationsstufe fragt IBM, ob die beiden vorherigen Aspekte einen Marktzugang voraussetzen. Falls nicht, dann können Sie den Gedanken an eine Blockchain verwerfen. Bejahen Sie hingegen auch die letzte Frage, dann führt Sie IBM über den Hinweis, ob dazu mehr als zwei Parteien erforderlich sind, zur (ultimativen) Kostenfrage: Wollen Sie Kosten senken? Diese Frage ist ein Selbstläufer, genau wie die sich daran anschließende, in der Sie entscheiden sollen, ob Sie für Ihr Unternehmen mehr Sichtbarkeit (im Sinne von Unique Selling Proposition) generieren wollen. Beides wird von Unternehmen bejaht werden, und somit erfolgt die Aufforderung, sich mit IBM zu einem Gespräch zusammenzusetzen.

Grundsätzlich basiert eine Entscheidung für eine Blockchain auf den typischen Merkmalen, die in diesem Entscheidungspfad wie folgt benannt werden:

1. Keine Partei kann ohne Konsens einen Datensatz ändern, löschen oder anhängen, was das System wertvoll macht, um die Unveränderlichkeit von Verträgen und anderen Rechtsdokumenten zu gewährleisten.
2. Smart Contracts zielen darauf ab, eine Sicherheit zu bieten, die dem traditionellen Vertragsrecht überlegen ist, und andere Transaktionskosten im Zusammenhang mit der Vertragsgestaltung zu senken.
3. Wenn jeder an einer Börse das gleiche Hauptbuch einsehen kann, ist es einfach, eine Absicht (oder ein Angebot) durch Anhänge zu übertragen. Beispielsweise wären in Handelsnetzwerken alle Anfragen und Gebote für jeden Netzwerkteilnehmer sichtbar.
4. Blockchain-Netzwerke ermöglichen es jedem Teilnehmer, eine maßgeschneiderte Lösung mit seiner eigenen proprietären Geschäftslogik zu erstellen.

4.6.4 Entscheidungspfad nach Lewis

Ein weiteres Modell basiert auf den Fragestellungen von Antony Lewis (vgl. Abb. 4.13).

Die Reise durch diese Fragen beginnt mit einer eher ungewöhnlichen und selbstironischen Feststellung, da es sich tatsächlich um die ultimative Idee handeln muss.

Lewis bringt Sie dann aber auf den Boden der Tatsachen zurück, indem er von Ihnen verlangt, ein reales Problem in der Geschäftswelt zu benennen. Als veraltet betrachtet er dabei Probleme der unterschiedlichen Standards, die darauf basieren, dass alle Teilnehmer unterschiedliche Technologien verwenden.

Auch wenn er dies eher als den Beginn zu einer Konversation über das Thema verpackt, so folgt bei der Bejahung, ein real existierendes Problem aus der Geschäftswelt gefunden zu haben, die Frage, ob dieses nicht auch auf anderem Wege als per Blockchain gelöst werden kann. Sollte das der Fall sein, dann empfiehlt sich eine der herkömmlichen Datenbanken.

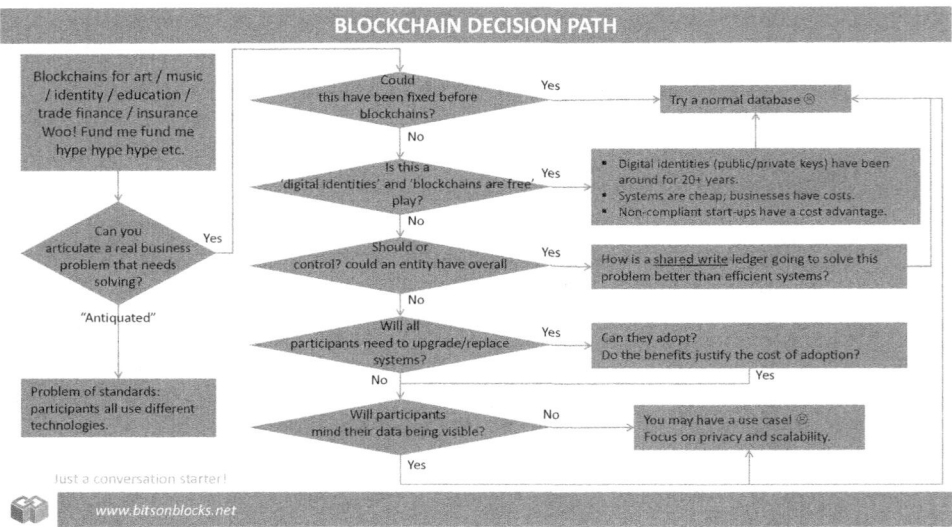

Abb. 4.13 Entscheidungspfad nach Lewis (mit freundlicher Genehmigung von Antony Lewis ©
www.bitsonblock.net 2018 All Rights Reserved)

Mit der anschließenden Frage, ob es sich um den Ansatz „digitaler Identitäten" und/
oder „Blockchains are free" handelt, macht dieses Modell darauf aufmerksam, dass es
digitale Identitäten mit den asymmetrischen Schlüsselpaaren (Public und Private Key) seit
mehr als 20 Jahren gibt. Systeme dieser Art sind günstig. Unternehmen hingegen haben
bei eigener Erzeugung mehr Kosten. Start-ups dagegen könnten über einen Kostenvorteil
verfügen. Herkömmliche Datenbanken sind besser geeignet, diesen eher schon bekannten
Ansatz zu be- und verarbeiten.

Sofern es sich nicht um „Blockchain for free" bzw. „digitale Identitäten" handelt,
hinterfragt dieser Modellansatz, ob ein Unternehmen die alleinige, übergeordnete Kontrolle haben sollte oder könnte? Sofern dies mit „Ja" beantwortet wird, sieht man sich
mit der Frage konfrontiert, wie ein gemeinsames Schreib-Ledger dieses Geschäftsproblem besser lösen kann als existierende effiziente Systeme. Sofern man keine gute Antwort hat, verweist das Modell dann wieder auf die Nutzung herkömmlicher Datenbanken.

Falls die Frage nach der Kontrolle in einer Hand/Organisation verneint wurde, hinterfragt das Modell, ob die Teilnehmer Systeme aktualisieren/ersetzen müssen? Falls ja, können die Teilnehmer es übernehmen? Und, rechtfertigen die Vorteile die Kosten der Übernahme (wie auch immer diese Kosten aussehen mögen)? Sofern angenommen werden
kann, dass die Teilnehmer nichts gegen die Sichtbarkeit ihrer Daten haben, dann könnte es
ein lohnender Use Case sein. Bei der weiteren Entwicklung des Geschäftsmodells sollte
der Fokus auf Privatsphäre und Skalierbarkeit gelegt werden.

Sollten potenzielle Teilnehmer jedoch Einwendungen hegen, ihre Daten transparent zu machen, dann empfiehlt dieses Modell, erneut über die Verwendung herkömmlicher Datenbanken nachzudenken.

4.6.5   Entscheidungspfad nach Meunier

Der Verfasser dieses Modellansatzes hat es als Check-Box aufgebaut. Wie schon vertraut, sieht man sich als potenzieller Nutzer einigen Fragen ausgesetzt, auf die es gilt, Antworten zu finden (vgl. Abb. 4.14).

Folgende Thesen bzw. Behauptungen in Bezug auf Netzwerk, Performance (Leistung), Geschäftslogik (im Sinne von Software-Technik) sowie Konsens werden gestellt. Der Nutzer des Modells soll entscheiden, ob er diesen Thesen zustimmen kann oder nicht. Meunier als Verfasser dieses Modells nimmt an, dass, wenn man weniger als sieben zustimmende Aussagen hat, sich eine Blockchain-Lösung für das entsprechende Unternehmen nicht lohnt, da zu viele Kompromisse und Anpassungen vorgenommen werden müssen, um es überhaupt irgendwie „Blockchain-kompatibel" zu gestalten. Es wird sich dann aber weniger um eine echte Blockchain-Lösung handeln, sondern vielmehr um eine gemeinsam genutzte herkömmliche Datenbank .

Zu den Annahmen:

Das Netzwerk betreffend:

- Eine signifikante Anzahl von Teilnehmern wird im Netzwerk Transaktionen durchführen (>100).
- Es ist weder nötig, den Teilnehmern im Netzwerk zu trauen, noch besteht Anlass, die Teilnehmer zu kennen.

	Assertion	Answer	
Networks	A significant number of participants will be transacting on the network (>100)	Agree / Yes	☐
	You don't trust the participants in the network and you don't need / have to know them	Agree / Yes	☐
Performance	A limited amount of data needs to be stored for every transaction (a new fields)	Agree / Yes	☐
	The business process doesn't requires a high throughput (scalability)	Agree / Yes	☐
Business Logic	The business logic is simple	Agree / Yes	☐
	Privacy of transaction is not an important feature	Agree / Yes	☐
	The system will be standalone, it doesn't need to access external data or be integrated in IT legacy	Agree / Yes	☐
Consensus	No arbitrator shall be involved in case of a dispute	Agree / Yes	☐
	All participants can be involved in the validation of transaction (vs. only a group of known validator)	Agree / Yes	☐
	You need strictly immutability of the record (no amend & cancel, even by admin)	Agree / Yes	☐

Abb. 4.14 Entscheidungspfad nach Meunier (Aus Meunier 2016, „When do you need a Blockchain?"; mit freundlicher Genehmigung von © Meunier 2016 All Rights Reserved)

Die Leistungsfähigkeit betreffend:

• Für jede Transaktion muss eine begrenzte Datenmenge gespeichert werden.
• Der Geschäftsprozess erfordert keine hohe Auslastung (Skalierbarkeit).

Die Geschäftslogik betreffend:

• Die Geschäftslogik ist einfach.
• Die Vertraulichkeit von Transaktionen ist kein wichtiges Merkmal.
• Das System wird eigenständig sein, und es muss nicht auf externe Daten zugreifen oder in das bestehende IT-Umfeld integriert werden.

Den Konsens betreffend:

• Im Falle einer Streitigkeit darf kein Schiedsrichter eingeschaltet werden.
• Alle Teilnehmer können an der Validierung von Transaktionen beteiligt sein (vs. nur eine Gruppe bekannter Validierer).
• Strikte Unveränderlichkeit des Datensatzes ist Voraussetzung (keine Änderung und Kündigung, auch nicht durch den Administrator ist möglich).

Noch einmal: Je mehr Sie von diesen Annahmen zustimmen können, umso eher deutet dieses auf eine Blockchain-Lösung.

4.6.6   Entscheidungspfad nach Wüst & Gervais[17]

Auch diese Autoren befassen sich mit der Frage, ob eine Blockchain-Lösung tatsächlich nötig ist. Als Ausgangspunkt ihrer Betrachtung unterscheiden Sie nach privater und öffentlicher bzw. „permissionless" und „permissioned" Blockchain-Varianten. Sie verweisen darauf, dass die Nutzung einer öffentlichen oder zulassungsbeschränkten Blockchain nur dann empfehlenswert erscheint, wenn mehrere sich gegenseitig misstrauende Einheiten interagieren und den Zustand eines Systems ändern wollen. Im Zuge dieser Rahmenbedingungen sind die Teilnehmer dieses Systems nicht bereit, sich auf einen vertrauenswürdigen Online-Dritten zu einigen, und benötigen daher eine Blockchain-Lösung (vgl. Abb. 4.15).
Dieses Model ist sehr übersichtlich als Flussdiagramm aufgebaut und startet mit der Frage, ob Sie einen wie auch immer gearteten Status speichern müssen. Wenn dies nicht der Fall ist, dann können Sie den Pfad bereits hier verlassen, denn es stellt sich für Sie nicht die Frage nach einer Blockchain-Lösung.

---

[17] Wüst & Gervais (2017), S. 3.

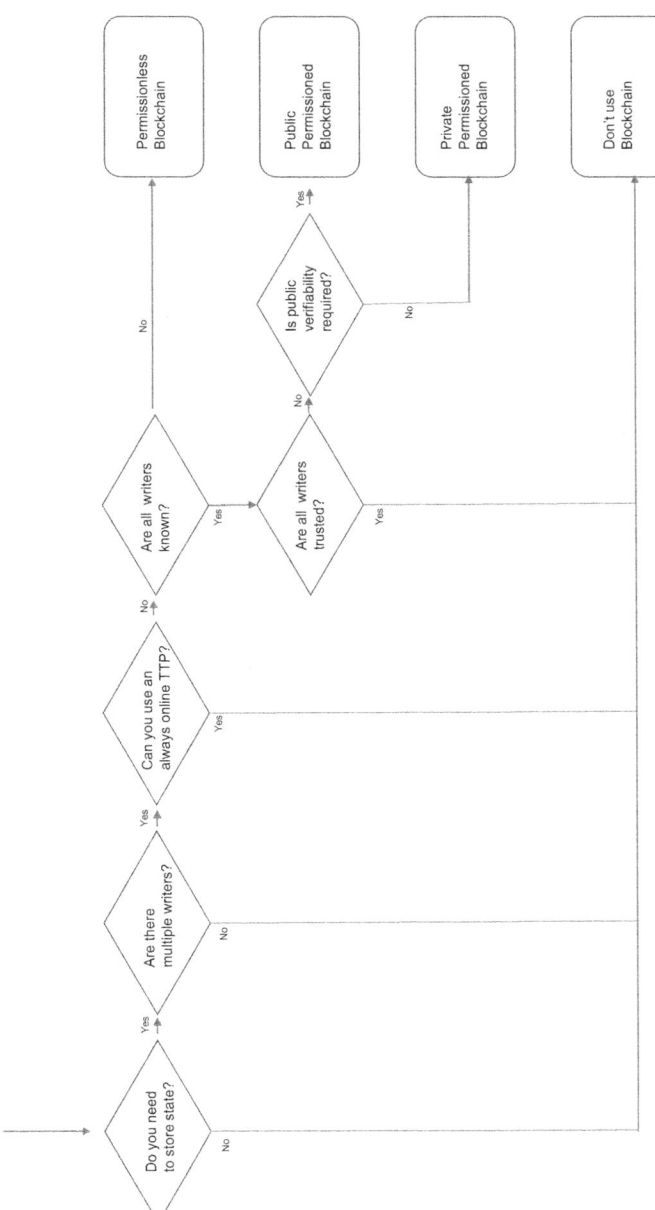

Abb. 4.15 Entscheidungspfad nach Wüst & Gervais (Aus Wüst und Gervais 2017; mit freundlicher Genehmigung von © Wüst & Gervais 2018. All Rights Reserved)

Sofern Sie aber doch einen Status speichern wollen (z. B. Kontostände, Eigentumsrechte etc.), müssen Sie sich fragen, ob mehrere Autoren an diesem Status schreiben können. Definiert werden diese Autoren als Entitäten mit Schreibzugriff auf die Blockchain/Datenbank und entsprechen somit einem Konsensteilnehmer. Erneut steht die weichenstellende Frage, ob Ihr System dies zulassen soll oder nicht. Bei einem „Nein" werden Sie keine Blockchain-Art nutzen, sondern herkömmliche Datenbanken verwenden.

Ein „Ja" führt Sie zur Frage nach dem Einsatz sogenannter Trusted Third Party (vertrauenswürdige Drittanbieter; TTP). Sofern Sie diese vertrauenswürdige Instanz in Ihrem Geschäftsmodell/Idee zu einer Blockchain-Lösung eingeplant haben und die vertrauenswürdige Instanz permanent online ist, dann wird von einer Blockchain-Lösung abgeraten. Wüst und Gervais erläutern in ihrem Paper, dass eine Trusted Third Party verfügbar sein kann, ohne jedoch immer online zu sein. In diesem Fall kann die TTP als sogenannte Zertifizierungsstelle fungieren. Aus dieser Annahme wird dann die Frage abgeleitet, ob die Autoren/Schreiber bekannt oder unbekannt sind. Sind sie unbekannt, dann führt dies zur Empfehlung, eine zulassungsfreie, öffentliche Blockchain-Lösung zu durchdenken, die es jedem ermöglicht, Inhalte zu lesen und die Gültigkeit der gespeicherten Daten zu überprüfen.

Sind die Autoren bekannt und vertrauenswürdig, dann ist erneut kein Blockchain-Modell notwendig. Im entgegengesetzten Fall, dass die Autoren weder bekannt noch vertrauenswürdig sind, führt der Pfad über die Nachfrage, ob eine öffentliche Überprüfbarkeit erforderlich sei, zu folgenden zwei Ausprägungen:

Bei einem „Ja, eine öffentliche Überprüfbarkeit ist erforderlich" empfiehlt das Modell eine öffentliche Blockchain-Variante mit Zulassungsauflagen für entsprechend potenzielle Teilnehmer.

Bei einem „Nein, eine öffentliche Überprüfbarkeit ist nicht erforderlich" empfiehlt diese Vorgehensweise eine private Blockchain, die es nur einer begrenzten Anzahl von Teilnehmern erlaubt, die Chain zu lesen und zu nutzen.

4.6.7 Entscheidungspfad nach Peck[18]

Nur kurze Zeit nach der Veröffentlichung des Modells von Wüst und Gervais führt Morgan E. Peck durch seinen Entscheidungspfad. Auch hier geht es lediglich darum zu klären, auf welcher Grundlage ein Unternehmer oder sonstiger Blockchain-Verfechter zu seiner Annahme kommt, diese Art der Datenverwaltung nutzen zu wollen. Peck verweist darauf, dass relationale Datenbanken, die Informationen in aktualisierbaren Tabellen von Spalten und Zeilen ausrichten, die technische Grundlage für viele Dienste sind, die wir heute nutzen. Allein, die Aufgabe der Speicherung und Aktualisierung von Einträgen ist in die

---

[18] Peck (2017).

Abb. 4.16 Entscheidungspfad
nach Peck (mit freundlicher
Genehmigung von © Spectrum
IEEE 2018. All Rights
Reserved)

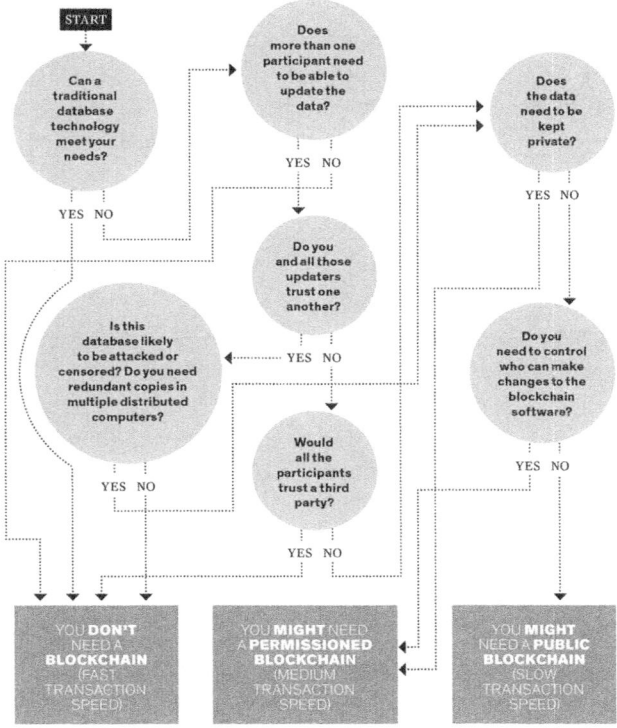

Hände einer oder einiger weniger Einheiten gelegt, denen es gilt zu vertrauen, dass sie die
Daten nicht manipulieren. Und, so begründet Peck seinen Ansatz, das führt in der Kon-
sequenz zur Neuorganisation von Datenverwaltung mittels geeigneter Technik (vgl.
Abb. 4.16).

Die Einstiegsfrage des Entscheidungspfads ist – wie schon in den anderen Ansätzen
gesehen – eine Frage, die bei der positiven Beantwortung zur Empfehlung führt, eine Lösung ohne Blockchain-Technik zu erwägen.

Da dieses Flowchart etwas unübersichtlicher als beispielsweise der Pfad von Wüst &
Gervais ist, wird nachfolgend aufgezeigt, welchen Fragen man sich stellen sollte, um zu
einer Entscheidung zu kommen:

- Nach der Einstiegsfrage stellt sich die Frage, ob mehr als ein Teilnehmer in der Lage
  sein muss, die Daten zu aktualisieren.
- Vertrauen sich diese „Updater" untereinander?
- Ist es wahrscheinlich, dass diese Datenbank angegriffen oder zensiert wird? Benötigen
  Sie redundante Kopien in mehreren verteilten Computern?
- Würden alle Teilnehmer einem vertrauenswürdigen Dritten vertrauen?
- Sind die Daten vertraulich zu behandeln?
- Müssen Sie kontrollieren, wer Änderungen an der Blockchain-Software vorneh-
  men darf?

Je nachdem, welche dieser Fragen Sie mit „Ja" oder „Nein" beantworten, führt Sie dies zu den Entscheidungen, ob eine Blockchain benötigen oder eher eine hohe Transaktionsgeschwindigkeit. Oder, Sie benötigen eine Blockchain mit Teilnehmern, die eine Erlaubnis erhalten, mitzuwirken. Innerhalb dieses Ansatzes ist die Transaktionsgeschwindigkeit geringer als bei den herkömmlichen Datenbanken, aber noch immer höher als bei der letzten Variante einer öffentlichen Blockchain, die systembedingt über eine sehr langsame Transaktionsgeschwindigkeit verfügt (Anmerkung der Autorin: Im Jahr 2017 stimmte diese Aussage).

4.6.8   Entscheidungspfad nach United States Department of Homeland Security (DHS)[19]

Das Forscher-Team um Dylan Yago nutzt ein Flussdiagramm des United States Department of Homeland Security (DHS) Science & Technology Directorate, das ebenfalls die Blockchain-Technik untersucht hat (vgl. Abb. 4.17).

Interessant an diesem Ansatz ist, dass die verneinenden Antworten auf Aussagen und Erläuterungen treffen, welche Alternativen es gibt.

Beginnend mit der Frage, ob ein gemeinsamer, konsistenter[20] Datenspeicher benötigt wird, zeigt die rechte Seite als Alternative die Nutzung von E-Mail oder Tabellenkalkulation auf, sofern man keinen historisch konsistenten Datenspeicher benötigt.

Wird mehr als ein Teilnehmer benötigt, Daten in diesen Datenspeicher zu speichern? Ja? Dann schließt sich die Überlegung an, ob diese in dem Datenspeicher gespeicherten Datensätze weder aktualisiert noch gelöscht werden. Sofern jedoch nur ein Teilnehmer die Daten speichert, dann ist das ein starkes Indiz gegen eine Blockchain-Anwendung, denn Blockchains werden üblicherweise eingesetzt, wenn die relevanten Daten von vielen verschiedenen Teilnehmern stammen. Daher ist bei nur einem Nutzer der Datenbank keine Blockchain-Lösung notwendig, sondern dieser Ansatz empfiehlt herkömmliche Datenbanken. Jedoch, ein Warnhinweis wird gegeben: Bitte gestatten Sie sich eine Überprüfung Ihres Use Case.

Eventuell sind es Datensätze, die einmal geschrieben wurden, nie aktualisiert worden. Dann sind Sie zurück „im Spiel". Blockchains erlauben keine Änderungen an historischen Daten; das ist bestens nachprüfbar.

---

[19]Yaga et al. (2018), S. 42.

[20]Im Sinne von „In sich widerspruchsfrei": Konsistenz in Datenbanksystemen bezieht sich auf die Anforderung, dass bestimmte Datenbanktransaktion betroffene Daten nur auf zulässige Weise ändern darf. Alle in die Datenbank geschriebenen Daten müssen nach allen definierten Regeln gültig sein, einschließlich Einschränkungen, Kaskaden, Triggern und Kombinationen daraus. Dies garantiert nicht die Richtigkeit der Transaktion in jeder Hinsicht, die sich der Anwendungsprogrammierer gewünscht hätte (das liegt in der Verantwortung des Codes auf Anwendungsebene), sondern lediglich, dass eventuelle Programmierfehler nicht zur Verletzung definierter Datenbankbeschränkungen führen können.

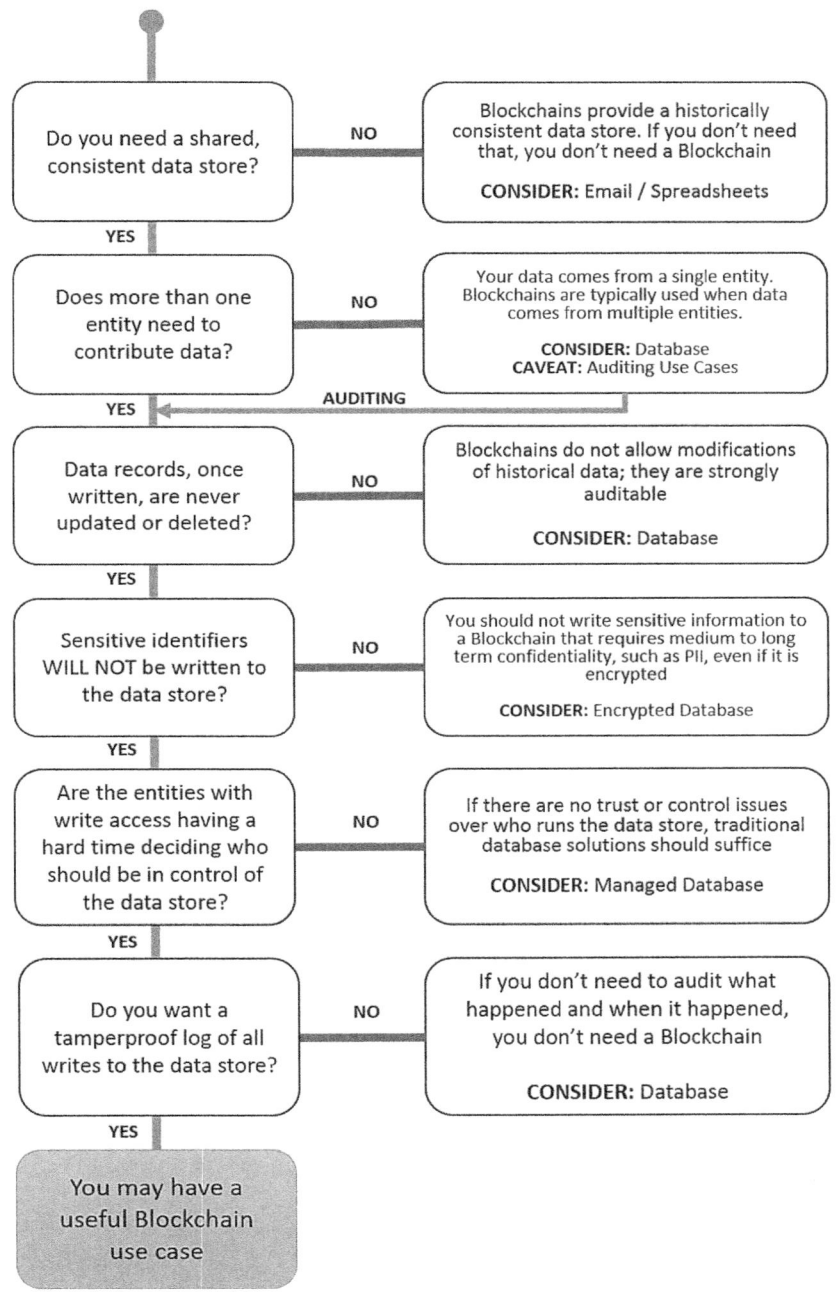

Abb. 4.17 Entscheidungspfad nach DHS (Aus „Blockchain-Technology Overview“; mit freundlicher Genehmigung von © NISTIR 2018. All Rights Reserved)

Sollten sensible Informationen von Teilnehmern nicht in dem Datenspeicher geschrieben und gespeichert werden, weil diese mittel- bis langfristige Vertraulichkeit erfordern, selbst wenn sie verschlüsselt sind, dann schlägt dieses Modell verschlüsselte herkömmliche Datenbanken vor.[21] Ansonsten bleibt man auf dem „Blockchain-Pfad".

Das Modell fragt im nächsten Schritt, ob es Hürden in den Entscheidungen für die schreibberechtigten Teilnehmern gibt, wer Kontrolle über die Daten haben soll. Wenn es keine Vertrauens- oder Kontrollprobleme darüber gibt, wer den Datenspeicher betreibt, sollte eine traditionelle Datenbanklösung ausreichen.

Benötigen Sie hingegen ein manipulationssicheres Protokoll aller Schreibvorgänge in den Datenspeicher, dann sollten Sie über eine Blockchain-Lösung nachdenken. Wenn Sie nicht überprüfen müssen, was wann passiert ist, dann brauchen Sie keine Blockchain.

4.6.9   Entscheidungspfad nach Mulligan[22]

Die Autorin Cathy Mulligan ist Expertin und Fellow des Blockchain-Rates des Weltwirtschaftsforums und hat 2018 diesen nachfolgenden Ansatz veröffentlicht, um Unternehmen die Entscheidungsfindung zu erleichtern. Dazu hat Cathy Mulligan analysiert, wie Blockchain in einer Vielzahl von Projekten auf der ganzen Welt eingesetzt wird. Zusätzlich hat sie mit einem Forscherteam Interviews mit ausgewählten CEOs geführt und für sich festgestellt, dass es höchstens 11 Fragen gibt, die Unternehmen beantworten müssen, um zu sehen, ob Blockchain eine Lösung für einige ihrer Probleme ist.

Die von Mulligan dargestellte Route beginnt mit der Überlegung, ob Unternehmen Intermediäre als Zwischenhändler aus ihren Geschäftsprozessen entfernen wollen.

Arbeitet ein Unternehmen darüber hinaus auch mit digitalen Vermögenswerten und kann das Unternehmen für diese Werte zusätzlich eine dauerhafte Referenz erstellen, dann empfiehlt Mulligan, keine Blockchain zu verwenden. Ergänzend zu dieser Empfehlung stellt Mulligan innerhalb ihres Entscheidungspfades an dieser Stelle die Frage, ob das betreffende Unternehmen leistungsstarke, sehr schnelle (im Millisekundenbereich befindliche) Transaktionen benötigt. Da die 2018 auf dem Markt existierenden Blockchains (z. B. Bitcoin Blockchain, Ethereum Blockchain, IBM Hyper Ledger Blockchain) noch keine Massentransaktionen abwickeln können, rät Mulligan von der Nutzung einer Blockchain-Lösung ab.

Erstmals ist hier bei dem Modell zu sehen, dass 2018 noch diese Einschränkung besteht, aber es erfolgt der Hinweis, dass innerhalb der Community sehr intensiv an der

---

[21] Anmerkung der Autorin: Ob dies eine bessere Alternative darstellt, darf bezweifelt werden. Die Sicherheitsanforderungen an einen zentralen Datenspeicher müssen extrem hoch sein, um sensible Daten hinreichend zu schützen. Es ist für Hacker viel einfacher, einen Datenspeicher zu knacken, als die dezentral verteilten Ledger, die synchron aktualisiert werden.

[22] Mulligan (2018).

Lösung dieses Problems gearbeitet wird. (Auch die Autorin dieses Buches ist der Meinung, dass es lediglich eine Frage der Zeit ist, wann die Transaktionsrate pro Sekunde auf einer Blockchain ähnlich hoch ist wie auf einer herkömmlichen Datenbank.) In eine deckungsgleiche Kategorie fällt die nächste Nachfrage: Haben Sie vor, große Mengen an nicht transaktionsbezogenen Daten als Teil Ihrer Lösung zu speichern? Auch dies ist derzeit mit den bestehenden Blockchain-Lösungen als eher schwierig anzusehen.

Sofern ein Unternehmen den Hauptfokus nicht auf die vorgehenden Fragen legt, wird anschließend hinterfragt, ob das Unternehmen sich auf einen vertrauenswürdigen Partner verlassen will bzw. muss (z. B. in Hinblick auf Compliance- oder Haftungsgründe). Dies ist der erste Hinweis, dass eine Blockchain-basierte Lösung in Betracht zu ziehen ist. Fast schon rhetorisch mutet die nachfolgende Frage innerhalb des Entscheidungspfades an, mit der geklärt werden soll, ob das entsprechende Unternehmen, das für sich den Einsatz einer Blockchain-Lösung prüft, ein Vertragsverhältnis oder einen Warenaustausch managt. In Zusammenhang mit den bereits abgearbeiteten Fragen schlägt Mulligan vor, tiefer in die Recherche einzutauchen, denn auch wenn es auf den ersten Blick nicht so scheint, als ob hier zwingend eine Blockchain-Lösung entsteht, so könnte dennoch Potenzial vorhanden sein.

Aufbauend auf den bisherigen Kenntnisstand wird nun innerhalb des Entscheidungspfades abgefragt, ob das Unternehmen einen gemeinsamen Schreibzugriff auf zu speichernde Transaktionen benötigt. Sofern ein gemeinsamer Schreibzugriff benötigt wird, ist es naheliegend zu fragen, ob sich die Mitwirkenden gegenseitig kennen und vertrauen. Darauf aufbauend ist dann noch zu klären, ob die Interessen und Motive der Mitwirkenden gut aufeinander abgestimmt und einheitlich sind. Angenommen, das entsprechende Unternehmen bejaht dies, dann sieht Mulligan hinreichend Anhaltspunkte für eine tiefere Prüfung, da ein Blockchain-Einsatz wahrscheinlich mehrwertschaffend ist.

Mit den Fragen am Schluss ihres Entscheidungspfades lenkt Mulligan den Nutzer des Pfades in Richtung Blockchain-Art: Ein Indikator für eine öffentliche Blockchain-Lösung ist für Mulligan, wenn das Netzwerk in der Lage sein muss, Transaktionen öffentlich nachvollziehen zu können. Zugleich ist es in diesem Fall eher von untergeordneter Bedeutung, dass das Netzwerk Funktionalitäten (z. B. für Updates) kontrollieren kann.

Die Empfehlung für eine private und zugangsbeschränkte Lösung ergibt sich für Mulligan, wenn das entsprechende Netzwerk Wert darauf legt, diese Funktionalitäten (z. B. Updates) zu kontrollieren und zentral zu orchestrieren sowie nur gezielt ausgewählten Teilnehmern einen Zugang zum Netzwerk und damit zu den Transaktionen zu gewähren.

4.6.10 Entscheidungspfad nach Gardner

Jeremy Gardner eröffnet seinen Fragenkatalog, indem er hinterfragt, ob Sie ein echtes Geschäftsproblem benennen können, das gelöst werden muss. Diesen Einstieg konnte man auch beim Modell von Lewis – und in abgewandelter Form bei IBM sowie Mulligan – sehen. Damit liegt der Fokus bei diesem Ansatz auf den Bedürfnissen des Marktes (vgl. Abb. 4.18).

Sofern Sie ein echtes Problem identifiziert haben, sehen Sie sich der hypothetischen Frage gegenübergestellt, ob dieses Problem (falls erkannt) vor der Blockchain-Ära hätte gelöst werden können.

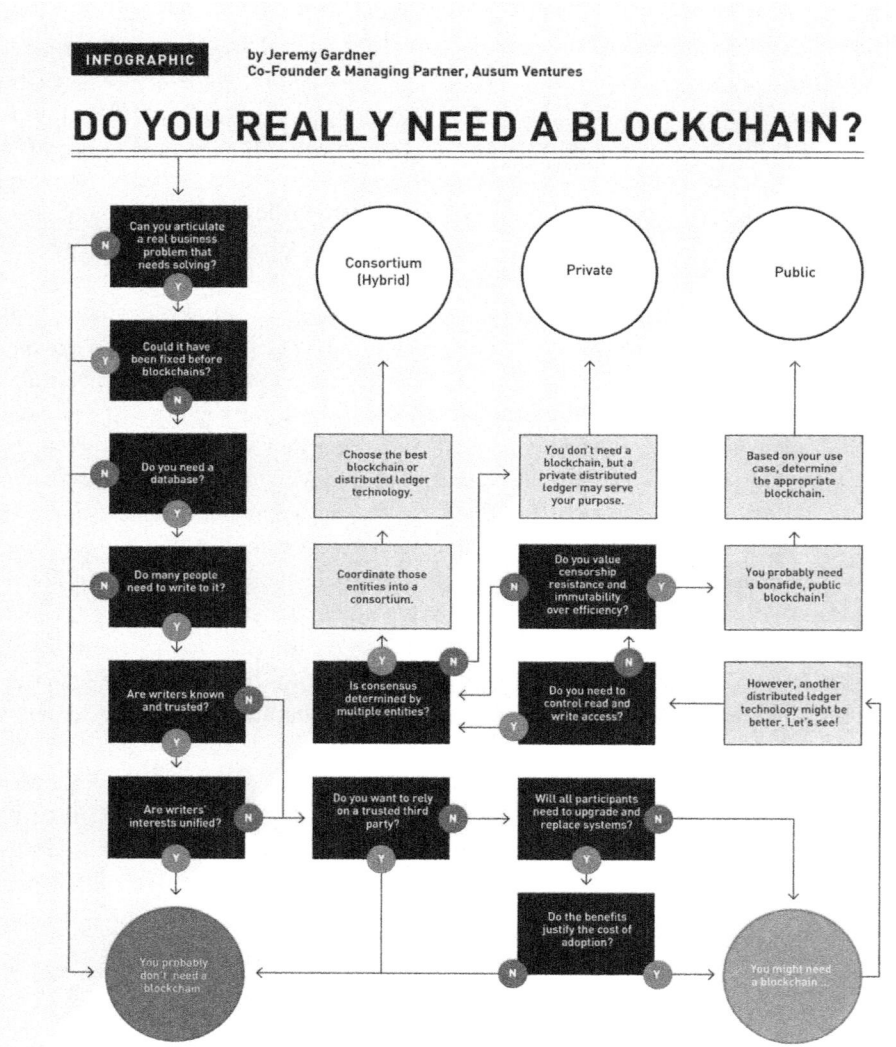

Abb. 4.18 Entscheidungspfad nach Gardner (mit freundlicher Genehmigung von © Gardner 2017. All Rights Reserved)

Anschließend kommt die übliche Frage nach der Notwendigkeit einer Datenbank sowie der Nachfrage, ob es mehrere Schreibberechtigte geben soll. Sind diese Schreibberechtigten bekannt und wird ihnen vertraut? Verfolgen die Schreibberechtigten einheitliche Interessen? Dann ist eine Blockchain-Lösung eher zu verwerfen, da nicht zwingend notwendig, um dieses Geschäftsproblem zu lösen.

Wie auch in einigen anderen Modellen wird die Überlegung aufgeworfen, ob evtl. ein vertrauenswürdiger Dritter einzusetzen ist. Falls nein, stellt sich die Frage, inwiefern die Teilnehmer des Netzwerkes das System zu aktualisieren haben. Da das mit Kosten verbunden ist, schließt sich die Frage an, ob sich das für die Teilnehmer lohnt. Es wird demnach indirekt nachgefragt, welche Belohnungen für die Teilnehmer, die das System aktualisieren, denkbar sind.

Insgesamt kommt man gemäß dieser Vorgehensweise zur Erkenntnis, dass eine Blockchain-Lösung von Interesse sein könnte.

Um das besser beurteilen zu können, zeigt der Autor mit den sich abzweigenden Fragen auf, welcher Blockchain-Ansatz der wahrscheinlich beste ist, um das eingangs aufgeworfene Geschäftsproblem zu lösen. Das kann ein hybrid-konsortialer Ansatz oder eine öffentliche Blockchain-Lösung sein.

Ist es innerhalb Ihres Geschäftsproblems notwendig, den Schreib- und Lesezugriff zu kontrollieren? Wer bestimmt den Konsens und seine Entstehung? Ein oder mehrere/viele Teilnehmer? In diesem Fall zeichnet sich eine konsortiale Blockchain-Lösung ab, in der das Konsortium entsprechend dem Problem-Lösung-Ansatz organisiert wird unter Einsatz der bestmöglich am Markt verfügbaren Blockchain-Anwendung.

Ist Zensurresistenz und Unveränderlichkeit wichtiger als Effizienz? Das bedeutet auch in diesem Modellansatz die Verwendung einer öffentlichen Blockchain.

Die Nutzung einer privaten Blockchain wird in diesem Modell nicht ausgesprochen, vielmehr kann ein privates verteiltes Ledger auch den Zweck erfüllen.

4.6.11   Entscheidungspfad nach Koens & Poll[23]

Ebenfalls eine aktuelle Weiterentwicklung aus dem Jahr 2018 liefern Tommy Koens und Erik Poll, die in ihrem Paper über den Einsatz dieser Technik eine Vielzahl an Modellen vergleichen, um anschließend einen eigenen Ansatz zu liefern. Nach ihrer Herangehensweise wird eine Blockchain nur dann benötigt, wenn es eine Gruppe von unbekannten Teilnehmern gibt, die einen Konsens anstreben, sowie ein Bedarf an einer Datenbank vorhanden ist.

Somit sehen diese Autoren ihren Ansatz als „Schema zur Bestimmung des geeigneten Datenbanktyps" (vgl. Abb. 4.19).

---

[23] Koens & Poll (2018).

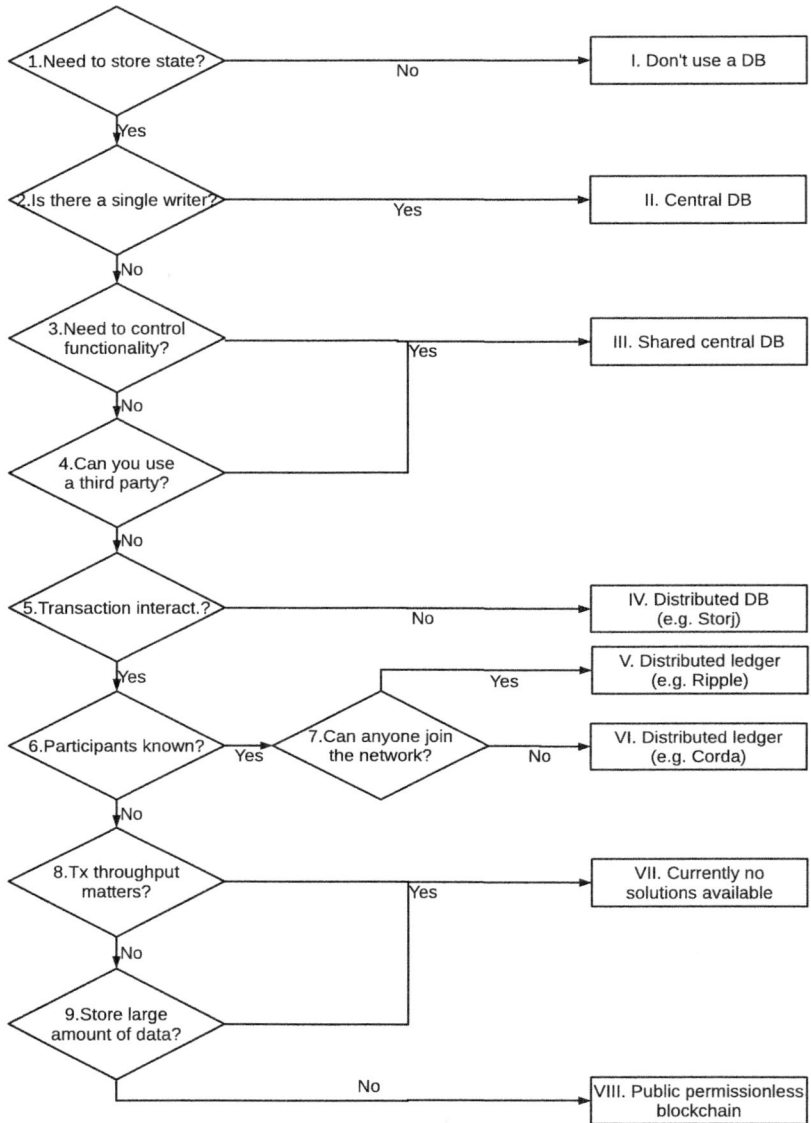

Abb. 4.19 Entscheidungspfad nach Koens & Poll (Aus Koens & Poll 2018, „What Blockchain Alternative do you need?"; mit freundlicher Genehmigung von © Koens & Poll 2018 All Rights Reserved)

Der Einstieg in diesen Modellansatz ähnelt sehr dem von Suichies (2016), Wüst & Gervais (2017) sowie dem DHS Model (Ende 2017).

Bestehen der Anlass und Bedarf, dass Daten gespeichert werden? Gibt es jemanden, der die alleinige Schreibbefugnis hat? Muss die Funktionalität kontrollieren werden[24]? Ist es möglich, einen vertrauenswürdigen Dritten zu beauftragen?

Diese Fragen und die sich daraus ergebenden weiteren Schritte haben die angesprochenen Modelle gemeinsam.

Nun aber beginnen die Erweiterungen bzw. das Lenken des Fokus auf „neue" Aspekte und die sich daraus ergebenen Ansätze:

Ist die Notwendigkeit vorhanden, dass Transaktionen miteinander interagieren? Sollte dies nicht der Fall sein, empfehlen die Autoren eine verteilte Datenbank (und liefern auch gleich einen konkreten Anbieter.) Soll hingegen eine Wechselwirkung zwischen den Transaktionen möglich sein, dann führt das zur Frage, ob die Teilnehmer, die sich dieser Datenbank innerhalb des zu schaffenden Netzwerkes bedienen sollen/wollen, bekannt sind. Diese Frage nach den Teilnehmern wird verfeinert durch die Frage, ob jeder diesem Netzwerk beitreten und somit zum Teilnehmer werden kann. Da, wie in allen gezeigten Modellen, die Antwort immer nur als „Ja" oder „Nein" erfolgen kann, leiten diese Autoren, je nach Ausprägung, zwei Empfehlungen ab: Wenn die Teilnehmer bekannt und einfach dem Netzwerk beitreten können, dann wird ein verteiltes Register (im Sinne eines gemeinsamen Kassenbuchs) empfohlen wie z. B. das Zahlungsnetzwerk Ripple. Sind hingegen die Teilnehmer bekannt, aber es gibt Beschränkungen in der Form, ob und in welchem Umfang man dem Netzwerk beitreten kann, dann empfehlen die Autoren noch einen weiteren Ansatz eines verteilten Netzwerkes, dass diese Eigenschaften berücksichtigen kann, z. B. Corda.

Abschließend werden die Fragen aufgeworfen, ob sowohl der Transaktionsdurchsatz (also wie viele Transaktionen pro Sekunde tatsächlich abgewickelt werden können) als auch das Speichern von großen Datenmengen von hoher Bedeutung ist, verbunden mit dem Hinweis, dass aktuell keine der existierenden Blockchain-Lösungen diesen Anforderungen gerecht wird. Signifikante Verbesserungen in Bezug auf die Skalierbarkeit sind jedoch relativ zeitnah zu erwarten.

4.6.12 Zusammenfassung

Die Blockchain-Technik ist noch relativ neu, und viele Unternehmen suchen nach Möglichkeiten, sie in ihr Unternehmen zu integrieren. Die Angst, diese Technologie zu

---

[24] Die Steuerung der Datenbankfunktionalität kann das Festlegen von Regeln beinhalten, wie Datenbankberechtigungen gesetzt werden (z.B. Erstellen, Speichern, Löschen), wie die Daten in der Datenbank gespeichert werden (eine relationale Datenbank oder eine objektorientierte Datenbank) oder wie die Datenbank abgefragt werden kann (z.B. ServerSQL oder MySQL).

verpassen, ist ziemlich groß und viele Organisationen nähern sich dem Problem, diese Technik „irgendwie" einzusetzen. Dies führt zu Enttäuschungen und Frustrationen, denn die Blockchain-Technik ist nicht universell einsetzbar.

Mit der Vorstellung der sogenannten Entscheidungspfade, die für Entscheider als Handreichung zu verstehen sind, ist es möglich, sich dem Thema zu nähern. Diese Fragen müssen beantwortet werden. Zu sehen ist bei der Vielzahl die unterschiedliche Annäherung an die übergeordnete Frage, ob der Einsatz einer Blockchain tatsächlich sinnvoll und „Mehrwert versprechend" ist. Es ist festzustellen, dass von den elf vorgestellten Modellen fünf die Datenspeicherung als Ausgangspunkt gewählt haben (vgl. Suichies, Wüst & Gervais, Peck, DHS sowie Koens & Poll). Vier Ansätze stellen den Markt und seine Bedürfnisse in den Mittelpunkt, um die eigene Idee auch auf Marktakzeptanz zu prüfen (Lewis, IBM, Mulligan und Gardner). Das Modell von Birch-Brown-Parulava konzentriert sich eingangs auf die Frage nach dem Zugang, um darauf die verschiedenen Möglichkeiten aufzuzeigen. Meuniers formuliert Anforderungen, um die Implementierung einer Blockchain zu rechtfertigen.

All die verschiedenen vorgestellten Modelle haben ihre Vor- und Nachteile. Die meisten dieser Modelle sind jedoch darauf reduziert, einen Entscheidungsalgorithmus zu präsentieren, der durch Fragen zum analysierten Use Case schließlich dazu führt, ob eine Blockchain angewendet werden sollte oder nicht. Es ist in all diesen Modellen der binäre Ansatz sichtbar: Ja oder Nein. Allein, allen Modellen fehlt die detaillierte Analyse des Entscheidungsprozesses, um den (evtl. auch Teil-)Prozess herauszufiltern, der den entscheidenden Mehrwert für das Unternehmen bringt.

Daher geht es letztlich um nachfolgende Kernfragen:

- Wer hat wie Zugriff auf Ihre Daten?
- Welche Daten in Ihren Systemen können durch wen verändert oder gar manipuliert werden? Welche Auswirkungen hat das in Ihrem Unternehmen?
- Welche Prozesse involvieren zu viele Stakeholder?
- Für welche Prozesse/Services zahlen Sie zu viel?
- Welcher Intermediär stört Sie am meisten? Warum?
- Muss eine Echtzeitüberwachung von Aktivitäten zwischen z. B. den Regulierungsbehörden und Ihrem Unternehmen ermöglicht werden?

Mit diesen Kenntnissen „im Gepäck" ist es Ihnen möglich, eine kritische Selbstanalyse vorzunehmen.

▶   Bitte hinterfragen Sie bei sich selbst und auch innerhalb des Teams die Motivation, warum Sie an eine Blockchain-Lösung glauben. Welche Blockchain-Art mit welcher Ausrichtung hilft Ihnen am ehesten, die gestellten Kernfragen zu beantworten? Haben Sie den Mut, eine Blockchain-Lösung auch zu verwerfen, wenn kein Mehrwert erkennbar ist. Vielleicht sind Sie mit einigen Prozessen noch nicht so stark digitalisiert. Die Implementierung eines Blockchain-Ansatzes könnte bedeuten, dass Sie Schritt Drei vor Schritt Eins gehen!

Nachdem Sie einen Entscheidungspfad durchlaufen sowie die Beantwortung der Kernfragen vollzogen haben, können Sie die sich immer mehr herauskristallisierenden Prozesse und Eigenschaften in die Nutzwertanalyse überführen.

▶ Sie haben die verschiedenen Ansätze der Entscheidungspfade betrachtet und beim Lesen sicher schon ein für Sie und Ihre Geschäftsidee passendes Modell entdeckt. Schreiben Sie sich bitte noch einmal die Fragen zu dem von Ihnen präferierten Ansatz heraus und diskutieren Sie diese im Team. Legen Sie Ihre „Story-Mapping-Karte" dagegen und überprüfen Sie Ihre Erkenntnisse und bisherigen Ergebnisse.

4.7   Nutzwertanalyse

Ihre Story-Mapping-Karte hat Ihnen erste Kenntnisse geliefert, welche der von Ihnen als relevant (oder interessant) eingestuften Werte auch digitale Werte darstellen können. Doch wie können Sie entscheiden, welche der Werte und Werteversprechen sowie Prozesse und Aktivitäten der vielversprechendste Ansatz ist? Die Nutzwertanalyse, oder auch Punktbewertungsverfahren, hilft bei der Auswahl von Alternativen, indem sie das Gesamtproblem auf Teilaspekte herunterbricht.

▶ Kühnapfel macht darauf aufmerksam, dass wir bei komplexen, vielschichtigen Themen dazu neigen zu vereinfachen. Die Konsequenz daraus ist einerseits eine höhere (als notwendige) Fehlerquote sowie der Hang zum Verharren, um keine Entscheidung fällen zu müssen.[25] Aus diesem Grunde sollten Sie die nachfolgenden Schritte dieser Analyse *immer* durchlaufen!

Eine Nutzwertanalyse ist immer dann sinnvoll, wenn

* viele Aspekte zu berücksichtigen sind,
* Annahmen über qualitative und quantitative Aspekte getroffen werden müssen,
* es schwer ist, eine adäquate Reihenfolge zu bestimmen,
* das Risiko von Fehlentscheidungen reduziert werden soll und
* Entscheidungen objektiviert nachvollziehbar aufbereitet werden sollen (z. B. für die Geschäftsleitung und/oder den Aufsichtsrat).

Prinzipiell wird in einer Nutzwertanalyse wie folgt vorgegangen:[26]

1.) Auswahl des Entscheidungsproblems (in unserem Fall erfolgt, da Sie die Produkt- und Dienstleistungs-Map erstellt haben).

---

[25] Kühnapfel (2019), S. 2.

[26] Kühnapfel (2019): S. 6.

2.) Auswahl der Alternativen (ebenfalls durch die Produkt- und Dienstleistungs-Map herausgefunden).

3.) Konkretisierung von Entscheidungskriterien.

4.) Untergliederung der Kriterien und Vorauswahl.

5.) Gewichtung der Kriterien.

6.) Bewertung der Alternativen.

7.) Ermittlung der Nutzwerte.

8.) Entscheidung.

Durch die schon geleistete Vorarbeit haben Sie Kenntnisse über Punkt 1 + 2 vorliegen. Nun gilt es, die Entscheidungskriterien genau festzulegen. Hierzu eignet sich ein streng hierarchisches Zielsystem, bei dem Oberziele, die eher allgemein zu halten sind, formuliert werden, um daraus Teil- und Unterziele abzuleiten. Unterziele sind dabei immer Bestandteil des nächsthöheren Ziels (vgl. Abb. 4.20)

Unter Verwendung des fortlaufenden Beispiels der Hochschule ließe sich beispielsweise die Zielpyramide folgendermaßen aufsetzen:[27]

Strategisches Oberziel: Effizientere Verwaltungsabläufe mit

Teilziel (1): Prozessdurchlaufzeiten reduzieren,

Teilziel (2): Personalentlastung durch Automatisierung,

Teilziel (3): Kostenreduktion.

Aus diesen Teilzielen lassen sich nunmehr Unterziele bestimmen. Hierzu wird nun „nur" das Teilziel (1) in zwei Unterziele aufgeteilt, um als Beispiel zu dienen. Somit könnte Unterziel 1.1 lauten „Digitale Lohnabrechnungen (keine papierenen Ausdrucke)" und Unterziel 2.2 „digitale Zeugnisse".

Nachdem Sie Ihre Oberziele und Unterziele in der Gruppe diskutiert und definiert haben, braucht es nun Zielkriterien sowie Bewertungskriterien, die aufzustellen sind. Es gibt dabei sogenannte Muss-Kriterien (also unumgänglich oder auch KO-Kriterium genannt)[28]

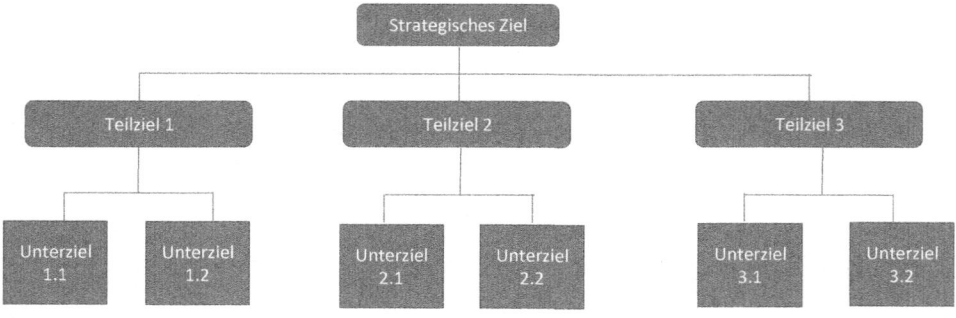

Abb. 4.20 Zielpyramide

---

[27] Anmerkung der Autorin: Dies sind fiktive, nicht mit der Hochschule abgestimmte Annahmen; sie dienen lediglich zur Anschauung.

[28] Hinweis: jede Alternative, die ein Muss-Kriterium nicht erfüllt, scheidet aus.

Prozesse	Name P1				
	Name P2				
	Name P3				
	Name P4				
	Name P5				
	Name P6				
	Name P7				
		Wertungsskala			
Kriterium	Ermittlungs-methode	3	2	1	0
Kriterium K1					
Kriterium K2					
Kriterium K3					
Kriterium K4					
Kriterium K5					

Abb. 4.21 Nutzwertanalyse I

als Mindest- bzw. Höchstbedingung sowie Soll-Kriterien, deren Erfüllung wünschenswert ist. Es empfiehlt sich, auch für Soll-Kriterien genau zu definieren, wann das Kriterium vollständig, teilweise oder inakzeptabel erfüllt ist.

Als fünften Schritt in diesem Durchlauf gewichten Sie die gefundenen Kriterien. Nicht alle definierten Kriterien sind gleich wichtig, um den Gesamtnutzen zu erreichen. Die Festlegung der Gewichtung wird immer subjektiven Charakter haben und sollte deshalb innerhalb der Gruppe abgestimmt sein (vgl. Abb. 4.21).

Die Gewichtung wird entlang der Bedeutung der einzelnen Kriterien ausgewiesen und kann von 1 (wenig wichtig) bis 5 (sehr wichtig) aufgestellt werden. Möglich ist auch eine prozentuale Gewichtung. Dann muss allerdings die Summe aller Einzelfaktoren 100 % ergeben. Um Ober- und Unterziele gleichwertig zu gewichten, wird schrittweise das Gesamtgewicht auf die entsprechenden Zielebenen verteilt.

Als nächstes steht die Bewertung der Alternativen an (Schritt 6). Dabei ordnet man den Alternativen Punkte zu, die angeben, wie gut oder schlecht diese das Zielkriterium erfüllen. Als Bewertungssysteme können z. B. Schulnoten von 1 (sehr gut) bis 6 (ungenügend) oder ein Ranking von Platz 1 bis Platz n oder Punktewerte 0 bis 3 etc. gewählt werden (vgl. Abb. 4.22).

▶ Die Vergabe der Punkte ist nicht immer einfach und wird heftige Diskussionen im Team auslösen. In der Praxis löst man das Problem, evtl. doch zu sehr mit einem Bias zu arbeiten, indem man über die Szenariotechnik die Bewertung in drei Kategorien teilt: „best case", „base case" und „worse case" als Annahme unter besten Bedingungen, Annahme und normal üblichen Bedingungen sowie Annahme unter schlechten Bedingungen.

Kriterien-Gewichtung durch paarweisen Vergleich								Legende:
Kriterien	Kriterium K1	Kriterium K2	Kriterium K3	Kriterium K4	Kriterium K5			2 - Spalte wichtiger als Zeile
Kriterium K1		k.A.	k.A.	k.A.	k.A.			1 - Spalte und Zeile gleich wichtig
Kriterium K2			k.A.	k.A.	k.A.			0 - Spalte weniger wichtig als Zeile
Kriterium K3				k.A.	k.A.			
Kriterium K4					k.A.			
Kriterium K5								
Summe	0	0	0	0	0			
Bedeutung	0%	0%	0%	0%	0%			

Bewertungskriterien bestimmen							
Kriterium \ Prozess	Name P1	Name P2	Name P3	Name P4	Name P5	Name P6	Name P7
Kriterium K1							
Kriterium K2							
Kriterium K3							
Kriterium K4							
Kriterium K5							

Abb. 4.22 Nutzwertanalyse II

Nutzwertermittlung								
Bezeichnung	Name P1	Name P2	Name P3	Name P4	Name P5	Name P6	Name P7	Bedeutung
Kriterium K1	LEER	LEER	LEER	LEER	LEER	LEER	LEER	0%
Kriterium K2	LEER	LEER	LEER	LEER	LEER	LEER	LEER	0%
Kriterium K3	LEER	LEER	LEER	LEER	LEER	LEER	LEER	0%
Kriterium K4	LEER	LEER	LEER	LEER	LEER	LEER	LEER	0%
Kriterium K5	LEER	LEER	LEER	LEER	LEER	LEER	LEER	0%
Gesamtergebnis	0	0	0	0	0	0	0	
Gewichtetes Ergebnis	0	0	0	0	0	0	0	
Rangfolge	1	1	1	1	1	1	1	

Hinweis zu Fehlermeldung:
LEER = "Bewertungskriterien bestimmen" und "Wertungsskala" sind unvollständig
FEHLER = Eingabe in "Bewertungskriterien bestimmen" und "Wertungsskala" stimmen nicht überein

Abb. 4.23 Nutzwertanalyse III

Es lässt sich so der Bereich, in dem die Nutzwerte liegen, abgrenzen. Sie können die Überlappungsebenen feststellen und hätten hier daher relativ sichere Gesamtannahmen.

Mithilfe der Kreuztabelle lassen sich nun die Nutzwerte bestimmen und der Prozess herausfiltern, bei dem der höchste Nutzen für das Unternehmen erzielt wird (vgl. Abb. 4.23).

Sie können die in Abb. 4.21, 4.22 und 4.23 gezeigte Nutzwerttabelle als Excel-Sheet abrufen unter: https://www.springer.com/de/book/9783662607183

Wie das Beispiel der Hochschule fortgeführt wird, können Sie Abb. 4.24 entnehmen.
Sie können der Tabelle entnehmen, dass gemäß Rangfolge die Bereitstellung des Abschlussnachweises der schlechteste Prozess ist und aus Unternehmens- bzw. Hochschulsicht derjenige, der den meisten Mehrwert stiftet, wenn er verbessert wird.

▶ Der Einsatz von Blockchain-Technologie soll einen Mehrwert für das Unternehmen schaffen. Die Nutzwertanalyse ermöglicht es, diejenigen Prozesse herauszufiltern, die aus den vorab ausgewählten Anwendungsfällen identifiziert wurden und für die die Blockchain-Technologie einen echten Mehrwert schaffen kann. Darüber hinaus dient die Bewertung später der Ermittlung der Wertschöpfung.

Prozesse	Abschlussnachweis bereitstellen
	Studentenstatus bestätigen
	Forschungsergebnisse dokumentieren

		Wertungsskala			
Kriterium	Ermittlungs-methode	3	2	1	0
Transparenz	Befragung	alle	extern + intern	intern	keiner
Fälschungssicherheit	Test	sehr hoch	hoch	niedrig	sehr niedrig
Kosten	Schätzung	< 1 €	1 - 10 €	10 - 100 €	> 100 €

Kriterien-Gewichtung durch paarweisen Vergleich

Kriterien	Transparenz	Fälschungssicherh	Kosten
Transparenz		1	0
Fälschungssicherheit	1		1
Kosten	2	1	
Summe	3	2	1
Bedeutung	50%	33%	17%

Bewertungskriterien bestimmen

Kriterium \ Prozess	Abschlussnachwei	Studentenstatus b	Forschungsergebnisse dokumentieren
Transparenz	intern	extern + intern	extern + intern
Fälschungssicherheit	sehr niedrig	sehr niedrig	hoch
Kosten	10 - 100 €	< 1 €	< 1 €

Nutzwertermittlung

Bezeichnung	Abschlussnachwei	Studentenstatus b	Forschungsergebn	Bedeutung
Transparenz	1	2	2	50%
Fälschungssicherheit	0	0	2	33%
Kosten	1	3	3	17%
Gesamtergebnis	2	5	7	
Gewichtetes Ergebnis	0,67	1,50	2,17	
Rangfolge	3	2	1	

Abb. 4.24 Nutzwertanalyse am Beispiel der Hochschule

4.8   Business Modell Canvas[29]

Sie haben aus der Nutzwertanalyse eine oder evtl. sogar zwei Prozesse/Use Cases gefunden, die in dem von Ihnen gewählten Setting dringend einer Lösung bedürfen. Sie können Ihr Ergebnis nun noch erweiternd über das Business-Modell Canvas abbilden, um den Gesamtkontext besser einordnen zu können.

Denken Sie systematisch über Ihr Geschäftsmodell nach!

Das Business-Modell Canvas von Alexander Osterwalder verfügt über neun Felder, um die Geschäftsidee kompakt auf einer „Leinwand" zu beschreiben. Wie bei einer Leinwand eines Malers möglich, so können Sie auch diese Leinwand immer wieder „übermalen".

---

[29] Osterwalder/Pigneur (2004).

Gestalten Sie Ihr eigenes Geschäftsmodell

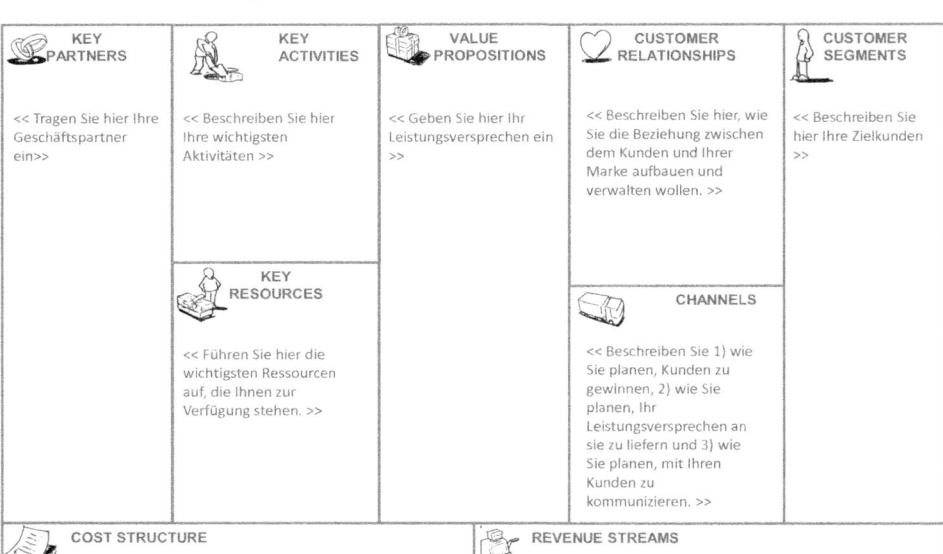

Abb. 4.25 Business-Modell Canvas nach Osterwalder

Mit Post-its lassen sich Stichworte in die Felder einfügen und auch schnell wieder entfernen, wenn man innerhalb der Team-Diskussion feststellt, dass der Begriff nicht passt oder nicht an dieser Stelle passt (vgl. Abb. 4.25).

Bevor Sie beginnen, diese „Leinwand" mit Begriffen zu füllen, stellen Sie sich bitte im Team folgende Fragen:

Wie gewinnt man Kunden?

Nachdem Sie einen neuen Kunden gewonnen haben, wie planen Sie, sich mit diesem Kunden zu identifizieren und die Beziehung zu verwalten (wenn überhaupt)?

Wie belasten Sie Ihre Kunden? Was ist Ihr Umsatzmodell?

Wie viel verlangen Sie von Ihren Kunden? Können Sie Ihre Umsätze für den nächsten Monat, das nächste Quartal und Jahr berechnen?

Welche Vermögenswerte stehen Ihnen zur Verfügung oder unterliegen Ihrer Kontrolle?

Wer sind Ihre wichtigsten Partner?

Welche Schlüsselaktivitäten müssen Sie durchführen, um Ihr Leistungsversprechen zu erfüllen?

Welches sind Ihre Fixkosten?

Welches sind Ihre variablen Kosten? Können Sie Ihre Gesamtkosten für den nächsten Monat, das nächste Quartal und Jahr berechnen?

Zeigt Ihre Umsatzprognose eine erhöhte Rentabilität gegen Ende des Prognose-zeitraums?

So gerüstet können Sie loslegen, sich dem Modell zuzuwenden.

Man „liest" die Karte des Modells von rechts nach links, daher ist das erste zu betrachtende Feld das Feld Kundensegmente. Hier sollen Sie sich fragen, welche Kunden Sie in Ihrem Unternehmen bedienen?

Betrachten wir hier erneut das Beispiel Hochschule, so lässt sich festhalten, dass drei Kundensegmente als Anspruchsgruppen zu benennen sind:

a) die Studierenden,
b) die Wirtschaft,
c) und übergeordnet die Gesellschaft an sich.

Sind die Lehre und das Lehrangebot attraktiv, werden sich viele Studierende für die Hochschule und einen entsprechenden Studiengang entscheiden. Dafür gibt es u. a. Rankings, was auch als Ansporn für die Lehrenden zu sehen ist.

Die Wirtschaft erwartet gut ausgebildete Absolventen, die den gestellten Anforderungen gerecht werden.

Übergeordnet auf der Metaebene, aber dennoch nicht zu vernachlässigen ist die Gesellschaft. Je höher das Bildungsniveau einer Gesellschaft, desto besser geht es einer Volkswirtschaft.[30]

Demnach haben wir es hier mit drei verschiedenen Kundensegmenten und mit drei unterschiedlichen Aufgabenstellungen zu tun. Für die verschiedenen Segmente und Aufgabenstellungen haben Sie jeweils ein anderes Leistungsversprechen.

Nachdem Sie für sich herausgefunden haben, wer ihre Kunden sind und was Sie ihnen anbieten wollen (also welche Dienstleistung oder welches Produkt), dann müssen Sie sich überlegen, wie Sie Ihre Kunden erreichen bzw. wie wollen Ihre Kunden über welchen Kanal erreicht werden? Über welchen Kanal möchten meine Kunden mit mir als Unternehmen oder Organisation kommunizieren? Auf welchem Weg sollen sie ihre Waren erhalten? Ist dies ein realer oder digitaler Kanal? Sprechen wir über Geschäfte im Sinne von stationären Verkaufseinheiten oder reden wir über direkte oder indirekte Vertriebskanäle? Bitte fragen Sie sich daher, wie die von Ihnen identifizierten Kundensegmente erreicht werden wollen.

Um das Beispiel Hochschule zu ergänzen, so lässt sich sagen, dass es nicht mehr nur um die physische Präsenz der Hochschule geht. Online-Kurse und E-Learning usw. werden immer wichtiger, um das Segment Studierende anzusprechen. Hochschulen twittern ihre Botschaften und Events ebenso wie profitorientierte Unternehmen. Hochschulmarketing ist mittlerweile ein Studienfach. Es gilt, die Erkenntnisse des Konsum- und Industriegütermarketing auf Hochschulen zu übertragen.

---

[30]OECD (2019), Bildung auf einen Blick, S. 77.

Das nächste Feld befasst sich mit der Kundenbeziehung, die aufgebaut werden soll. Vielleicht baut Ihr Geschäftsmodell sehr stark auf persönliche Beziehungen auf. Das hätte dann weiterführende Auswirkungen auf die anderen Bereiche in diesem Modell. Bauen Sie ein stark personenbezogenes Geschäftsmodell auf, liegt der Vorzug auf dieser persönlichen Ebene, jedoch ist so ein Ansatz nicht sehr skalierbar. Nehmen Sie als Gegenbeispiel eine der großen Internet-Plattformen wie z. B. Amazon, Alibaba, Google etc. Glauben Sie, diese Unternehmen haben eine persönliche Beziehung zu uns als Kunden? Vielleicht nicht persönlich im Sinne eines Unternehmens, das jeden Kunden persönlich kennt. Aber diese Unternehmen haben zu uns eine personalisierte Beziehung, weil sie z. B. unser Kaufverhalten verstehen und uns Bücher oder elektronische Geräte etc. empfehlen können. Diese Art von Unternehmen baut eine automatisierte Beziehung zu ihren Kunden auf, die auf Systemen, Computern und Servern basieren. Ein ganz anderer Ansatz wird hier verfolgt, der viel mehr skalierbar ist.

Sie können das Feld Kundenbeziehung aber auch nur nutzen, um zu beschreiben, wie Sie Kunden gewinnen und halten. Kunden müssen zuerst gewonnen werden, doch sobald Sie sie gewonnen haben, ist es wichtig herauszufinden, wie Sie sie behalten werden. Und sollten Sie nicht genügend Kunden haben, sind Sie „verdammt" dazu zu wachsen – oder vom Markt zu verschwinden.

Daher ist die nächste wichtige Frage, wofür sind Menschen oder Unternehmen, denen Sie dienen, wirklich bereit zu bezahlen? Was glauben Sie, wie wollen Ihre Kunden für etwas bezahlen, das sie kaufen? Wollen sie das Abonnement bezahlen oder doch lieber eine Lizenzgebühr. Welches sind die notwendigen Preismechanismen? Nehmen Sie Google als weiteres Beispiel: Google versteigert seine Suchbegriffe für Werbung. Sie verkaufen sie nicht nur. Das macht sie viel erfolgreicher, als wenn Google sie nur verkaufen würden.

Beim Hochschulbeispiel ist es nicht ganz so einfach zu erläutern, wie die Kunden bereit sind zu zahlen. Es gibt staatliche Hochschulen, deren Angebot trotz höchstem Niveau kostenlos für die Studierenden angeboten wird. Es muss lediglich eine Verwaltungsgebühr entrichtet werden. Für die weiteren Kosten zahlt der Staat und somit die Gesellschaft. Allein nun aber anzunehmen, Hochschulen seien rechenschaftspflichtig, ist falsch. Hier ist jedoch nicht die richtige Stelle, um die Fiskalpolitik von Bund, Ländern und Kommunen zu erläutern.

Sie sehen, dass bisher die rechte Seite des Modells näher beleuchtet wurde. Also der Teil, der zeigt, welchen Wert Sie für wen schaffen und wie Sie diesen liefern. Und zusätzlich, wie Sie den Wert für sich selbst als Organisation erfassen.

Wenden wir uns nun der linken Seite zu. Hier wird hinterfragt, wie der Wert geschaffen wird. Was wird tatsächlich benötigt, um den Wert zu schaffen, den die rechte Seite des Canvas verspricht? Es stellen sich Fragen nach den Ressourcen wie z. B., ob man Fabriken benötigt, oder vielleicht eine Marke/Brandname? Braucht es geistiges Eigentum oder einen Server? Welches sind die wichtigsten Dinge, die nötig sind, um diesen Wert zu schaffen?

Die selbstkritische Frage, was getan werden muss, um wirklich gut in dem eigenen Geschäftsmodell zu sein, schließt sich an. Welche Aktivitäten müssen wir besonders beachten? Ist es Marketing im Vertrieb, Forschung und Entwicklung, oder vielleicht die Verwaltung von Servern? Der Treiber hinter diesen Fragen ist, herauszufinden, welche Aktivitäten für unser Geschäftsmodell entscheidend sind. Und: Können Aktivitäten ausgelagert werden? Dazu können Partnerschaften eingegangen werden. Damit stellt sich neben dem Angebot (von der rechten Seite) die Frage, wer die wichtigsten Partner sind, die Ihr Geschäftsmodell nutzen können. Das kann Ihr Geschäftsmodell in etwas Mächtigeres verwandeln.

Als ein interessantes Beispiel dafür sei das Social-Gaming-Unternehmen Zynga genannt, das einen großen Teil seines Geschäftsmodells auf dem Rücken von Facebook aufgebaut hat. Diese Partnerschaft hat dazu beigetragen, dass Zynga so schnell skalieren konnte und von mehr als 100 Millionen Spielern genutzt wird.[31]

Wenn Sie alle drei Elemente auf der linken Seite Ihrer Leinwand kennen, können Sie sehr schnell herausfinden, was für Kosten Sie haben. Insgesamt schaffen Sie sich einen Überblick, um in Ihrem Unternehmen Werte zu schaffen, zu liefern und zu erfassen, und Sie können die Logik Ihres Geschäftsmodells darlegen.

Testen Sie das Modell im Team und füllen Sie die Felder entsprechend Ihrer Geschäftsidee aus.

Dann überdenken Sie Ihr Geschäftsmodell:

Funktioniert es? Überwiegen die Erlöse die Kosten? Versuchen Sie, Erlöse und Kosten für den nächsten Monat („oder den ersten Monat des Verkaufs", wenn Sie vorerst ohne Erlöse sind) zu schätzen.

Welches sind die Risiken für Ihr Geschäftsmodell? Welche Teile Ihres Geschäftsmodells sind am wichtigsten für Ihr Unternehmen, um profitabel zu wachsen?

Gibt es Dinge, die geändert werden können oder sollten, um das Geschäftsmodell zu stärken oder das Risiko zu reduzieren?

Anschließend empfiehlt es sich, jede Antwort in dem Canvas-Modell anhand der folgenden Kriterien in der nachstehenden Tabelle zu überprüfen (vgl. Abb. 4.26):

- Woher wissen Sie, dass Ihre Annahmen korrekt bzw. wahr sind?
- Haben Sie eine Annahme getroffen oder haben Sie solide Beweise, z. B. in Form von dokumentierten Fakten?
- In den Fällen, in denen Sie Fakten haben, kennzeichnen Sie die Antwort als „Tatsache" und notieren Sie sich Ihre Beweise.
- In den Fällen, in denen Sie Annahmen getroffen haben, kennzeichnen Sie die Antwort mit „Annahme".

---

[31] Golem Plattform (2019) Vgl. https://www.golem.de/specials/zynga/ eingesehen am 12. September 2019.

Klärung der Annahmen für Ihr Geschäftsmodell

Verwenden Sie die gestellten Fragen und prüfen Sie, welche sich mit Annahmen
und welche der Fragen sich mit Fakten beantworten lassen.

Nr.	Frage	Tatsache / Fakten	Annahme
1			
2			
3			
4			
5			
6			

Abb. 4.26 Überprüfungsfragen zum Business-Modell Canvas

Abdruckrechte: Nicht notwendig

Sie bekommen ein Gespür für die Geschäftsidee, die Sie verfolgen, und je mehr Ihre
Kenntnisse auf Fakten beruhen, desto sicherer werden Ihre Modellannahmen.

Weiterführende Fragen entwickeln das Modell weiter in Richtung Praxistauglichkeit.
Hilfreich ist dabei, z. B. die Vertriebs-Roadmap zu dokumentieren, indem Sie die folgenden Fragen beantworten:

• Wer sind die Stakeholder, die in den Kaufprozess des Kunden eingebunden sind?
• Wer spielt typischerweise die Rolle des Influencers und des wirtschaftlichen Käufers?
• Wie ist die Länge des Verkaufszyklus?
• Wie sind die Phasen innerhalb des Verkaufszyklus?
• Wie sieht das Profil des typischen Käufers aus?
• Welche ist die beste Verkaufsstrategie?

Viele Fragen! Aber Fragen zwingen zur Reflexion. Und wenn man sich traut, über den
eigenen Horizont zu denken und kritische Fragen zuzulassen, dann offenbaren sich oft
Ansätze ungeahnten Ausmaßes.

▶ Als Entrepreneur oder angehender Gründer sollten Sie stets das Business-Modell
    Canvas durchdenken und die Antworten für die Segmente finden. In einem beste-
    henden Unternehmen wird dieses Modell immer da anzuwenden sein, wenn Sie sich
    in einen neuen Markt hineinwagen. Eventuell können Sie auf den Durchlauf dieses
    Modells verzichten, wenn Sie ein etabliertes Unternehmen repräsentieren, das „le-
    diglich" bestehende Prozesse verbessert (und z. B. digitalisiert).

4.9   Individualisiertes Blockchain-Modell

Sie haben mittlerweile aus vielen Blickwickeln Ihre Geschäftsidee beleuchtet. Daher ist es nun an der Zeit, ein zumindest papierbasiertes Blockchain-Modell als Grundlage für Ihren Prototyp zu entwickeln.

4.9.1   Blockchain-Rahmenbedingungen

Hier legen Sie die Rahmenbedingungen fest, die Sie für Ihr Modell benötigen (vgl. Abb. 4.27).

Sie sehen, dass es um den Rahmen geht, in dem sich Ihr Modell bewegen soll. Da spielt es eine große Rolle, für welchen Konsensmechanismus und für welche Blockchain-Art Sie sich aus welchen Gründen entschieden haben. Mit Ihren vorab getroffenen Einschätzungen haben Sie Prozesse analysiert und einen lohnenden Use Case herausgefunden. Die Stakeholder, die Sie ganz zu Beginn unter Berücksichtigung ihres Einflusses bestimmt haben, werden jetzt wichtig. Sie können in dem digitalen Blockchain-Umfeld zu den Knoten werden, die die Transaktionen validieren können.

Auch Ihr Werteversprechen muss in das Modell Eingang finden. Um dies deutlicher herauszuarbeiten, haben Sie das Business-Modell Canvas bearbeitet und dabei Ihre sogenannte Value Proposition bestimmt.

Welche Vertragsmodalitäten beeinflussen Sie und Ihre Prozesse?

Diese Punkte sollen in die digitale Welt übertragen werden. Welche neuen Prozesse lassen sich aus dem Use Case ableiten, welcher Stakeholder wird in Bezug auf den

Abb. 4.27 Blockchain-Framework

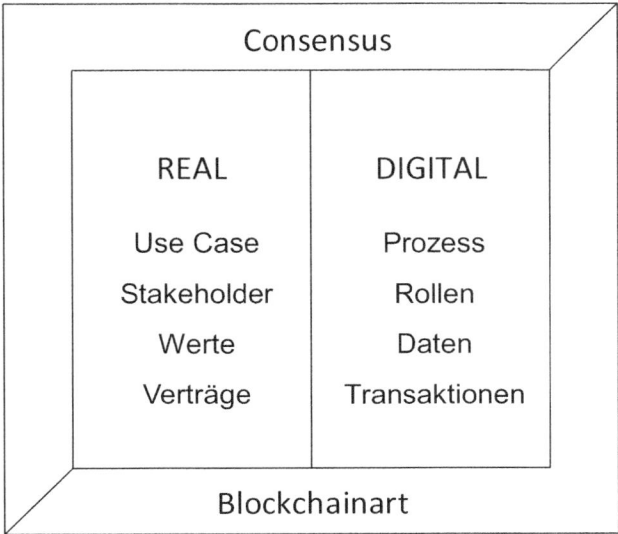

Konsens welche Rollen einnehmen? Kann das Werteversprechen in ein mathematisch erfassbares Konstrukt überführt werden, sodass digitale Daten entstehen? Aus Verträgen werden in der digitalen Welt Transaktionen, die über die gewählte Blockchain abgewickelt werden.

Füllen Sie die Tabelle in Abb. 4.28 mit Ihren gewonnenen Erkenntnissen aus, wobei es keine Rolle spielt, ob Sie top-down (von oben nach unten) oder bottom-up (von unten nach oben) vorgehen (vgl. Abb. 4.28).

Sie werden voraussichtlich bei der Zuordnung von Rollen und Incentives ins Stocken geraten. Sie bestimmen hier, welche Teilnehmer welchen Umfang an Zugriffsrechten haben und vor allem, wie Sie diese Teilnehmer Ihres Netzwerkes motivieren, ihren Beitrag zu leisten – und sei es auch nur, dass sie die von Ihnen erdachte Lösung nutzen. Sie haben z. B. Rollen wie „User", also einfach jemand, der lediglich das Netzwerk nutzt, ohne Teil desselben zu sein. Beispiel: Sie können Bitcoin auf der Bitcoin-Blockchain von Ihrem Konto auf ein anderes transferieren, ohne selbst Miner zu sein. Sie benötigen lediglich Ihre Wallet mit den asymmetrischen Schlüsselpaaren, um die Transaktion durchführen zu können. Eine weitere Rolle kann der Miner sein (nicht zwingend nötig, hängt von der gewählten Blockchain-Art ab). Welche Aufgabe soll z. B. ein Miner in Ihrem System haben? Nur Blöcke erstellen oder auch Transaktionen validieren? Das Validieren der Blöcke könnte eine weitere Rolle sein. Sie können in Ihrem Netzwerk Teilnehmern diese Rolle zuweisen. Welche Voraussetzungen sollen diese Validierer erfüllen? Legen Sie das fest. Und, es kann auch sein, dass Sie einen zentral übergeordneten Administrator einsetzen

USE CASE				
Rolle	Rolle	Rolle	Wert	Wert
Rechte & Pflichten	Rechte & Pflichten	Rechte & Pflichten	Transfer	Transfer
Incentive	Incentive	Incentive	Datentyp	Datentyp
Consensus				
Blockchainart				

Abb. 4.28 Blockchain-Map

wollen, was Sie dann schon vom klassischen Ansatz einer Blockchain entfernt. Aber vielleicht liegt das Hauptaugenmerk Ihrer Lösung in der Rückverfolgbarkeit und somit in der Echtheitsprüfung, um Betrug zu verhindern. Dann führt Sie das in den Ansatz einer privaten bzw. konsortialen Blockchain-Lösung.[32]

Ähnlich diskussionswürdig ist die Übertragung des Werteversprechens in Transaktionen. Noch einmal: Wie kann Ihr Werteversprechen digital ausgedrückt werden? Welcher Algorithmus ist notwendig, um Transaktionen auf Grundlage welchen Datentyps zu ermöglichen. Wird die Transaktion auf Basis der asymmetrischen Verschlüsselung durchgeführt oder müssen Dateiformate wie z. B. ein PDF-Dokument in einen Hash-Wert umgewandelt werden usw.

Insgesamt ist viel Diskussion im Team notwendig, um hier Klarheit für alle Beteiligten zu schaffen.

Ein Algorithmus ist eine Schritt-für-Schritt-Anleitung zur Lösung mathematischer Probleme. Solange ein Problem mathematisch ausgedrückt werden kann, ist es auch als Algorithmus darzustellen. In der Informatik bilden Algorithmen die allgemeine Grundlage für das Schreiben von Computerprogrammen.

Es gibt verschiedene Darstellungsformen für Algorithmen:

- Bei der algebraischen Darstellung wird die Datenstruktur streng mathematisch als Algebra beschrieben, und die Rechenverfahren sind Verknüpfungsvorschriften aus der Algebra.
- Die boolesche Algebra basiert auf den Zeichen „0" und „1" als Grundlage der digitalen Elektronik.
- Bei der Diagrammdarstellung kann z. B. ein Flussdiagramm eingesetzt werden, um die Schritt-für-Schritt-Anleitung zu beschreiben.
- Die sogenannte Pseudocode-Darstellung kommt in seiner Schreibweise einem Computerprogramm sehr nah. Der Algorithmus wird als formalisierte Sprache dargestellt.

Das erweiterte Vorgehensmodell, welches Sie in Abb. 4.29 sehen, erweitert den Blick aus Ihrer „Map".

Von Ihrem Use Case ausgehend haben Sie die wichtigsten Stakeholder und ihre Rollen erfasst. Sie haben sich erste Gedanken zur Motivation und Incentivierung gemacht, um die Stakeholder zur Teilhabe zu animieren.

Diese Motivation zur Teilhabe ist in der Literatur (und Praxis) vielfach beschrieben. Kurz sollen hier ein paar gängige Modelle vorgestellt werden, die die Schnittstelle zwischen Psychologie und Ökonomie beschreiben, und wie dieses Wissen für unsere Modellannahmen weiter genutzt werden kann.

---

[32] Innerhalb der Blockchain-Community gibt es so etwas wie einen „Richtungsstreit": Bitcoiner der ersten Stunde werden sich immer für ein öffentliche Blockchain als die einzig Wahre aussprechen, da sie die Teilhabe aller ermöglicht. Dies macht sie aber auch langsam. Businessorientierte Blockchainer hingegen bevorzugen die privaten bzw. konsortialen Blockchains als Mittel der Wahl, denn in diesem Ansatz können die Modelle viel leichter und besser skalieren.

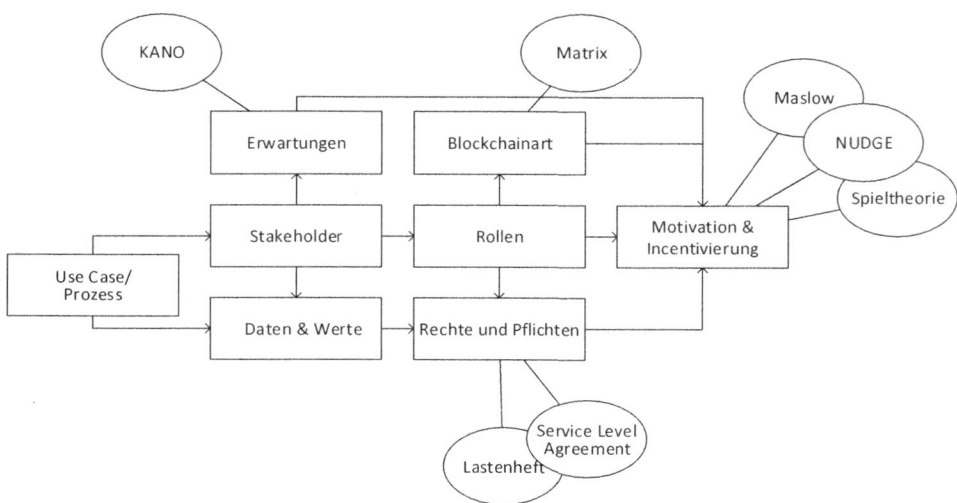

Abb. 4.29 Erweiterte Vorgehensweise

4.9.1.1 Verhaltensökonomie

Die Verhaltensökonomie beschäftigt sich mit der Frage, wirtschaftliches Verhalten und die daraus resultierenden Folgen besser zu verstehen. Warum kauft jemand den Pullover einer bestimmten Marke, fährt mit der Bahn (und nicht mit dem Auto), raucht, macht Sport usw.

Menschen müssen permanent Entscheidungen treffen. Viele Entscheidungen werden bewusst getroffen, mindestens aber ebenso viele Entscheidungen werden unbewusst getroffen.

Der Ökonom Adam Smith hat bereits 1776 in seinem Werk von der „unsichtbaren Hand" gesprochen, die jeden Wirtschaftsteilnehmer dazu bringt, seine wirtschaftlichen Interessen so zu verfolgen, dass seine Bedürfnisse bestmöglich unter Berücksichtigung des gesellschaftlichen Interesses nach optimaler Güterversorgung erfüllt werden. Smith legt dar, dass der Eigennutz des Individuums zum Wohl einer Gemeinschaft führt.[33]

Verstärkt in den Blickwinkel ist die Verhaltensökonomie erst wieder in den 60-er Jahren des letzten Jahrhunderts gekommen, als das rationale Verhaltensmuster des Homo oeconomicus mehr und mehr in Frage gestellt wurde. Wie gelangen Menschen zu Entscheidungen, wenn sie unter Unsicherheit entscheiden müssen?

Tversky und Kahneman beschreiben in ihrem Aufsatz eben diese Problematik: „Über die Definition Rationalität wurde viel diskutiert. Es gibt eine allgemeine Übereinstimmung, dass rationale Entscheidungen einigen grundlegenden Anforderungen an Konsistenz und Kohärenz genügen müssen. In diesem Artikel beschreiben wir Entscheidungsprobleme, in welchen Menschen systematisch die Anforderungen der Konsistenz und

---

[33] Smith (2009), S. 271 ff.

Kohärenz verletzen. Wir führen diese Verletzungen auf die Verletzung von psychologischen Prinzipien, der subjektiven Wahrnehmung von Entscheidungsproblemen und der damit verbundenen systematisch falschen Bewertung der verschiedenen Optionen zurück."[34] Dies führt zu Verhaltensweisen, die sich schädlich auswirken können. Berk/De-Marzo verweisen auf die Arbeit von Shefrin und Statman, die belegt haben, dass Aktienbesitzer sich nicht von ihren Aktien trotz möglicher hoher Verluste trennen können, weil dies einhergehen würde mit dem Eingeständnis, einen Fehler gemacht zu haben.[35]

Sie werden menschliches Denken nicht aus Ihren Annahmen und Ihrem Ansatz heraushalten können. Jedoch können Sie unter Berücksichtigung menschlicher Schwächen Ihr Anreizsystem zielgruppengerecht strukturieren.

4.9.1.2 Spieltheorie

Auch die Spieltheorie liefert Antworten auf menschliches Verhalten und ergründet die Entscheidungsfindung unter Berücksichtigung der Reaktion anderer Teilnehmer (im Spiel, in dem entsprechenden Zusammenhang). Eine Kernerkenntnis ist, dass der Verzicht auf Optionen einen Teilnehmer erfolgreicher sein lassen kann.[36] Einschränkend ist zu sagen, dass die Spieltheorie, die in den 20-er Jahren des letzten Jahrhunderts ihre Anfänge hat, noch immer eine hinreichende Rationalität der Teilnehmer annimmt.

Johann von Neumann gilt als Begründer des mathematischen Modells, das die Modellierung interaktiver Phänomene beschreibt.[37]

Blockchain nutzt diesen Ansatz in Form der Byzantine-Fault-Toleranz. In der Informationstechnik wird mit dem „byzantinischem Problem" der Fehler beschrieben, dass sich ein System falsch bzw. völlig unerwartet verhalten kann.[38] Es geht um Entscheidungen und Einschätzungen von Verhaltensweisen unter Unsicherheit mit unvollkommenen Informationen.

Sie könnten diesen Ansatz nutzen, um über die Motivierung zur Teilnahme an Ihrem Modell Annahmen aufzustellen. Je besser Sie die Motivation einschätzen, desto eher gelingt es, die richtigen Anreize zu setzen, damit die Stakeholder im gewünschten Sinne teilnehmen.

4.9.1.3 Maslow'sche Bedürfnispyramide

Als einen weiteren Erklärungsansatz kann die Bedürfnispyramide nach Maslow herangezogen werden. Maslow legt dar, dass es neben dem Anreiz „Geld" andere Gründe gibt, sich am Wirtschaftsleben zu beteiligen. Die Motivation wird durch den Begriff „Bedürfnis" ersetzt. Der pyramidale Aufbau hingegen weist auf die hierarchische Struktur hin.

---

[34] Tversky/Kahneman (1981), S. 453.

[35] Berk/DeMarzo (2019), S. 454.

[36] Blanchard/Illing (2006), S. 704.

[37] von Neumann (1928).

[38] Erstmalig wurde dieses Problem 1975 von Akkoyunly/Ekanadham und Huber aufgeworfen, detailliert von Lamport/Shostak/Pease 1982 beschrieben.

Erst wenn die erste Stufe an Bedürfnissen (Hunger, Durst etc.) befriedigt ist, dann wird die nächsthöhere Stute aktiviert. Die letzte Stufe der Selbstverwirklichung kann nur dann realisiert werden, wenn die vorherigen Stufen erfolgreich abgeschlossen sind.

Auch aus diesem Ansatz kann man innerhalb des eigenen Konzeptes überlegen, wie die Stakeholder eingebunden werden können. Auf welcher Stufe mit welchen dahinter liegenden Bedürfnissen befinden sich die entsprechenden Stakeholder. Aus dieser Erkenntnis lassen sich die passenden Anreize zur Teilnahme formulieren. Auch wenn sich die Industriegesellschaft insgesamt eher auf den Stufen 3 und 4 (also soziale Bedürfnisse und Wertschätzung) befindet, hilft die Kenntnis über diese Kategorisierung, die passenden Anreizsysteme zu entwickeln.

4.9.1.4 Nudge

Thaler und Sunstein hingegen wollen Menschen in die richtige Richtung „stupsen", damit sie für sich bessere Entscheidungen treffen können.

Fast ein wenig ketzerisch formulieren sie, dass der „Homo oeconomicus denkt wie Albert Einstein, Informationen speichert wie IBMs Supercomputer Big Blue und eine Willenskraft hat wie Mahatma Gandhi".[39] Die meisten Personen, die ich kenne, verfügen definitiv nicht über alle drei Eigenschaften auf einmal. Und alle Personen, die ich kenne, lassen sich gern von ihrer irrationalen Seite beeinflussen. Bedenken Sie einmal die irrationale Kraft und Macht von Werbung! Jeder ist beeinflussbar – auch zu guten Entscheidungen. Thaler und Sunstein erläutern in ihrem Buch mithilfe von Vorschlägen, Hinweisen oder auch der Änderung der Umgebungsinformationen, wie Menschen in ihrer Entscheidungsfindung beeinflusst werden können.

Um das in dem Blockchain-Kontext zu verwenden, muss man sich mit den Motiven seiner Stakeholder auseinandersetzen. Warum reagieren Ihre Stakeholder auf gewisse Anreize, und gibt es Möglichkeiten, Entscheidungen zu beeinflussen? Der Ansatz des Nudging erfolgt ohne „Bestrafung", Zwang oder Verbote.

Schauen wir wieder zu der Darstellung der erweiterten Vorgehensweise, dann ist sichtbar, dass Interaktionen zwischen den Stakeholdern und den aus dem Use Case abgeleiteten Werteversprechen bestehen. Besteht ein Werteversprechen, aus dem sich Daten und Transaktionen ableiten lassen, dann geht das auch immer einher mit einem Erwartungsmanagement.

Nutzer einer von Ihnen konzipierten Blockchain-Lösung haben Erwartungen vielfältigster Art. Es gilt, diese Erwartungen zu kennen und zu erfüllen.

Das sogenannte KANO-Modell unterstützt Sie dabei, herauszufinden, was sich ein User/Nutzer/Kunde/Stakeholder von Ihrem Angebot erhofft.

---

[39] Thaler/Sunstein (2015), S. 16.

4.9.1.5 KANO-Modell

Dieses Modell lässt sich dem Qualitätsmanagement zuordnen, denn es beschreibt den Zusammenhang zwischen Kundenzufriedenheit und Kundenanforderung (vgl. Abb. 4.30).

Das Modell besteht aus zwei Achsen. Die y-Achse stellt die Kundenzufriedenheit von höchst zufrieden (oben) bis enttäuscht (unten) dar, während die x-Achse die realisierten Qualitätseigenschaften widerspiegelt, also wie gut das Produkt wahrgenommen wird (ganz rechts) oder wie schlecht (ganz links).

Die indifferente Zone um den Schnittpunkt sagt aus, dass der Kunde noch nicht genau einzuschätzen vermag, ob ihm das Produkt gefällt oder nicht.

Die Kurve in den oberen Quadranten beschreibt die Begeisterungsanforderungen, die Gerade als proportionale Steigerung stellt die Qualitäts- und Leistungsanforderungen dar, und die Kurve in den unteren Quadranten ist der Repräsentant der Basis- und Grundanforderungen.

Basisanforderungen sind demnach so grundlegend und selbstverständlich, dass sie den Kunden erst bei Nichterfüllung bewusst werden (implizite Erwartungen). Werden diese Grundforderungen nicht erfüllt, so entsteht Unzufriedenheit. Werden sie erfüllt, entsteht aber dennoch nicht automatisch Zufriedenheit. Die Nutzensteigerung im Vergleich zur Differenzierung gegenüber Wettbewerbern ist sehr gering.

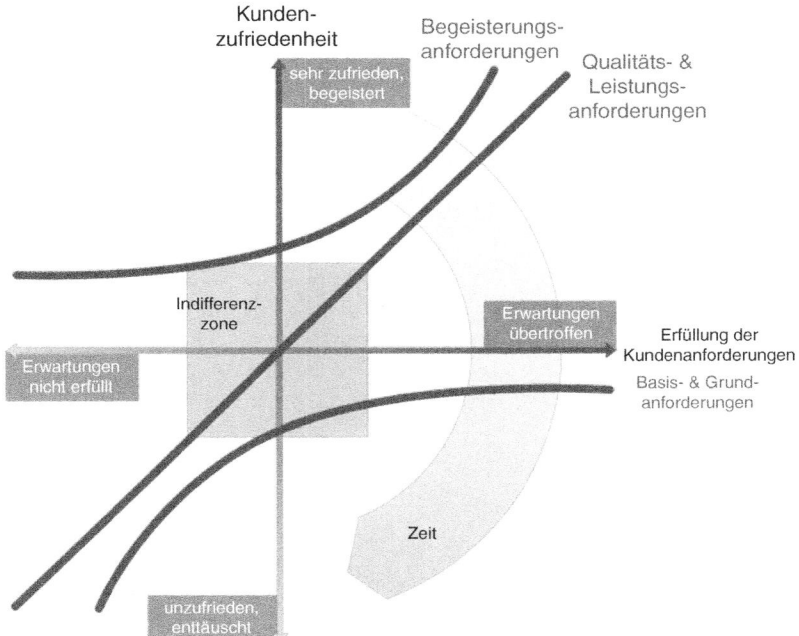

Abb. 4.30 KANO-Modell (Aus Ronald Jochem „Was kostest Qualität"; mit freundlicher Genehmigung © Carl Hanser Verlag München 2019 All Rights Reserved)

Die Leistungsmerkmale beseitigen die Unzufriedenheit der Kunden. Diese Merkmale schaffen Kundenzufriedenheit und sind dem Kunden bewusst. Das heißt, je mehr von diesen Leistungsmerkmalen erfüllt sind, um so zufriedener ist der Kunde. Es ist, wie die Gerade auch zeigt, eine proportionale Steigerung.

Die Begeisterungsmerkmale sind dagegen Nutzen stiftende Merkmale, mit denen der Kunde nicht unbedingt rechnet. Diese Merkmale sind nicht selbstverständlich. Sie zeichnen das Produkt gegenüber der Konkurrenz aus und rufen Begeisterung hervor. Eine kleine Leistungssteigerung kann zu einem überproportionalen Nutzen führen. Die Differenzierungen gegenüber der Konkurrenz können gering sein, der Nutzen aber enorm. Und auch hier gilt, je mehr, desto besser.

Jedoch hat nicht jeder Kunde die gleichen Erwartungen, und nicht jeder Kunde lässt sich von den gleichen Merkmalen beeinflussen. Die Prioritäten werden unterschiedlich gesetzt. Zusätzlich gibt es eine Dynamik in den Merkmalen, d. h. das, was heute noch als Begeisterungsmerkmal erfahren wird, kann morgen schon Standard sein und sogar auf ein Basismerkmal „abrutschen".[40]

Zwei weitere Merkmale weist dieses Modell noch auf: Einerseits sogenannte unerhebliche Merkmale, die bei Vorhandensein als auch bei Fehlen ohne Belang für den Kunden sind. Sie können daher keine Zufriedenheit stiften, führen aber auch zu keiner Unzufriedenheit. Andererseits gibt es dann noch sogenannte Rückweisungsmerkmale, die bei Vorhandensein zu Unzufriedenheit, bei Fehlen jedoch nicht zu Zufriedenheit führen.

Um herauszufinden, wie diese Merkmale aus Kundensicht einzusortieren sind, hat der Erfinder des Modells eine Befragung mit positiv oder negativ formulierten Fragestellungen vorgesehen:

- Funktional – also positiv formuliert: Was würden Sie sagen, wenn das Produkt über „xyz" verfügt?
- Dysfunktional – also negativ formuliert: Was würden Sie sagen, wenn das Produkt nicht über „xyz" verfügt?

Kano setzt für beide Fragestellungen Antwortmöglichkeiten in folgender Ausprägung fest, um daraus eine Einstufung der Merkmale abzuleiten:
Die Antwortmöglichkeiten lauten:

- „Das würde mich sehr freuen"
- „Das setze ich voraus"
- „Das ist mir egal"
- „Das akzeptiere ich noch"
- „Das würde mich sehr stören"

---

[40] Als Beispiel sei hier ein Smartphone von Apple genannt. Der Touchscreen war bei der Einführung etwas völlig Neues und hat Begeisterung ausgelöst. Heute haben alle Smartphone einen Touchscreen, sodass das zur Basisanforderung geworden ist.

Je nachdem, ob Sie die Frage positiv oder negativ formuliert haben, ergeben sich die Merkmale wie folgt:

- Basismerkmale => Funktional „Das setze ich voraus" & Dysfunktional „Das würde mich stören"
- Leistungsmerkmal → funktional „Das würde mich sehr freuen" & dysfunktional „Das würde mich sehr stören".
- Begeisterungsmerkmal → funktional „Das würde mich sehr freuen" & dysfunktional „Das ist mir egal".
- Unerhebliches Merkmal → funktional „Das ist mir egal" & dysfunktional „Das ist mir egal".
- Rückweisungsmerkmal → funktional „Das würde mich sehr stören" & dysfunktional „Das setze ich voraus"

Die Interpretation dieses Modells lässt sich abfragen über Kundentests und/oder Kundeninterviews. Mit einer hinreichend großen Menge an Testern erhalten Sie gute Auskünfte über Ihre Prototypen sowie auch über existierende Produkte.

Sämtliche Erkenntnisse, die aus dem Ansatz gewonnen werden, lassen sich gut nutzen, um die Incentivierung und Motivation der Teilnehmer so einmalig zu gestalten, dass die entsprechenden Stakeholder tatsächlich bereit sind, teilzunehmen in den von Ihnen dafür vorgesehenen Rollen mit den entsprechenden Aufgaben. Je nach Ausprägung werden Sie die zu nutzende Block-Art gestalten.

Zu guter Letzt können wir nun noch überlegen, wie Daten und Werte in ein Lastenheft bzw. als Merkmale in Service Level Agreements übertragen werden können. Die benötigen Sie, um dem Entwickler Ihre Erwartungen zu erläutern.

In einen Software-Lastenheft sind die Anforderungen aufgelistet, die Sie an die Umsetzung dieses Projektes haben. Sie werden in dem Dokument verbindlich beschrieben. Dazu gehören neben funktionalen und nicht funktionalen Systemanforderungen die Richtlinien für das technische Framework sowie weitere daraus resultierende Vorgaben. Ebenso sollen Lieferbedingungen und Abnahmekriterien aufgeführt sein. Ein Aufbau zur Beschreibung der Anforderungen kann folgendermaßen aussehen:

- Zielbestimmung: Hier erfolgt die Beschreibung des Ziels, das durch den Einsatz des Produktes erreicht werden soll.
- Produkteinsatz: Hier stellen Sie dar, für welche Zielgruppen das Produkt vorgesehen ist und welche Anforderungen es erfüllen muss.
- Produktfunktionen: Hier werden die Kernfunktionen formuliert und aus Sicht des Auftraggebers beschrieben.
- Produktdaten: Es erfolgt die Festlegung der Daten, die zu speichern sind.
- Produktleistungen: Zeit, Datenumfang und Genauigkeit in Bezug auf die Hauptfunktionen werden hier festgelegt.

- Qualitätsanforderungen: Die wichtigsten Qualitätsanforderungen wie z. B. Zuverlässigkeit, Benutzbarkeit, Effizienz werden festgelegt.
- Unter Ergänzungen können alle Besonderheiten, die über das bisher festgelegte hinausgehen, erfasst werden (z. B. erweiterte Anforderungen an die Benutzerschnittstelle etc.).

Neben dem Lastenheft ist auch ein Service Level Agreement eine Möglichkeit, Vereinbarungen mit einem Anbieter zu treffen.

Weitere Ausführungen zum Lastenheft und zum Service Level Agreement finden Sie in Abschn. 2.10.

4.9.2 Erstellung des ersten Prototyps

Nachdem Sie die ganzen Übungen durchgeführt haben, kommt es jetzt fast schon zur „Kür". Sie sollen mittels eines von Ihnen erstellten „Flowcharts"[41] den Ablauf Ihres Prozesses darstellen.

▶   Bitte bearbeiten Sie anfänglich immer nur einen Prozess nach dem anderen. Es ist empfehlenswert, nicht zu komplex zu werden, da Sie sonst evtl. Details übersehen. Dies führt bei den nachgelagerten Prozessen zu Problemen. Neben einer Kostenexplosion kann auch der Zeitrahmen gesprengt werden, und schlimmstenfalls können Sie Ihre neue Anwendung trotz Ankündigung nicht rechtzeitig auf den Markt bringen.

Die Elemente einer Blockchain (Transaktionen, Knoten, Ledger, User, Smart Contracts) stehen nicht nur für sich selbst, sondern erfüllen auch bestimmte Aufgaben. Suchen Sie sich aus der beigefügten Symbolliste diejenigen heraus, die Sie für die erste (evtl. auch grobe) Darstellung benötigten. Unter Zuhilfenahme des Glossars können Sie den entsprechenden Symbolen ihre Rollen und Aufgaben zuordnen.[42]

Bitte gehen Sie folgendermaßen vor:

- Ordnen Sie die von Ihnen einbezogenen Interessengruppen auf der Karte ein.
- Welche Rollen/Aufgaben sollen Ihre Stakeholder innerhalb Ihrer Blockchain-Lösung wahrnehmen? Beschreiben Sie kurz, welcher Input von welchem Stakeholder erwartet wird.

---

[41] Es ist der Vorläufer eines „echten" technischen Flowcharts. Jedoch hilft Ihnen diese Beschreibung, nun zum Ende aller Übungen das gemeinsame Verständnis innerhalb der Gruppe aufzugreifen und in diese grafischen Darstellung zu überführen.

[42] In der Vorlage sind nur einige Symbole als Icon abgebildet, um zumindest den ersten Rahmen abbilden zu können. Sie können selbstverständlich jederzeit mehr Icon definieren und in Ihr System einbinden.

- Entscheiden Sie, welche Stakeholder die Blockchain „hosten" und die Transaktionen validieren.
- Markieren Sie den Datenfluss.
- Beschreiben Sie Ihr Blockchain-Modell in Worten, um sicherzustellen, dass die Gruppe das gleiche Verständnis hat.

Exemplarisch sehen Sie in der nachfolgenden Grafik (vgl. Abb. 4.31), wie so eine Darstellung am Beispiel der Hochschule und Zeugniserstellung aussehen kann (im Zuge der Nutzwertanalyse ist offensichtlich geworden, dass die potenzielle Zeugnisfälschung ein sogenannter Pain Point aller Hochschulen ist).

Wir Sie der Abbildung entnehmen können, ist der Ansatz der Blockchain ein sogenannter konsortialer. Die Entscheidung gegen eine öffentliche Blockchain ist darin begründet, dass es sich zumindest anfänglich „nur" um diese eine Aufgabe, nämlich Zeugnisse fälschungssicher abzulegen, handeln wird. Je mehr Verwaltungsakte über Blockchain-Lösungen abgewickelt werden, umso eher bietet sich dann die Zusammenführung hin zu einer öffentlichen, permissionless Variante.

Zurück zum jetzigen Ansatz: Hier ist als Konsensmechanismus der Proof of Authority gewählt worden (vgl. Abschn. 2.4). Betreiber der Blockchain sind demnach die Hochschulen, die über die Hochschulverwaltungen die Hochschulen als Validatoren bestimmen (möglich ist es, dass anfänglich nur eine beschränkte Anzahl an Hochschulen die Rolle ausüben, weil man zu Beginn nicht jede Hochschule eingebunden bekommt). Diese

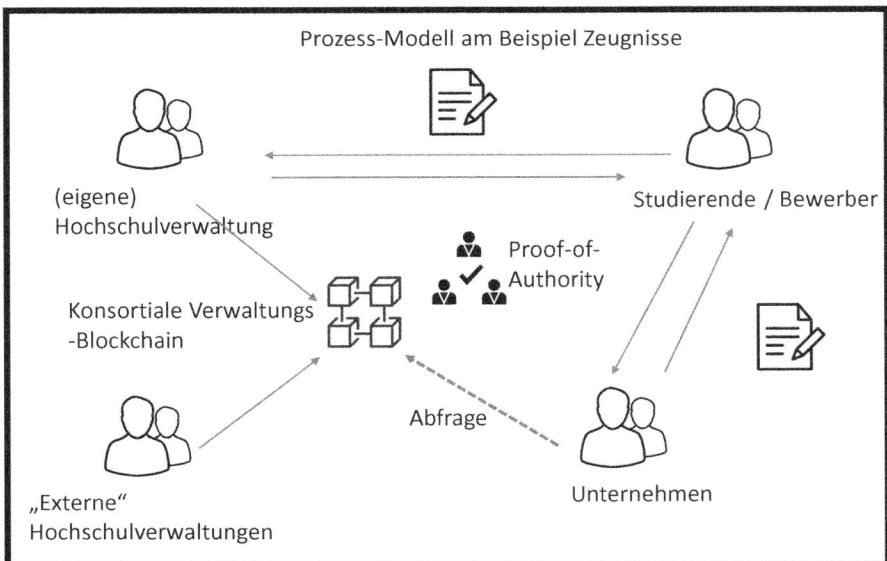

Abb. 4.31 Prozess-Mapping am Beispiel von Hochschulzeugnissen

Hochschulen müssen keinen Stake halten, um Blöcke zu schaffen und zu validieren. Sie sind qua Amt glaubwürdig und können somit den reibungslosen Ablauf innerhalb dieser Blockchain gewähren.

User des Systems sind neben den Hochschulen (Doppelrolle) die Studierenden, Bewerber auf Studienplätze sowie Arbeitgeber.

Bewerber auf Studienplätze bewerben sich online zweimal im Jahr auf die von der Hochschule zur Verfügung gestellten Plätze. Dazu geht ein Interessent auf die Startseite der „Digitalorientieren Serviceverfahren" (DoSV) und erfährt die notwendigen Details, um sich zu bewerben.[43] Bei einer sich an diesem Verfahren beteiligenden Hochschule kommen die Bewerbungsanfragen von ca. Mitte November bis Mitte Januar (für das jeweilige Sommersemester) und von ca. Mitte Mai bis Mitte Juli für das Wintersemester an. Zwar ist das Bewerbungsverfahren dem Anschein nach digitalisiert, aber selbst, wenn der Bewerber all seine bisherigen Nachweise über die DoSV-Plattform einreicht – der Sichtungsprozess an den Hochschulen ist händisch. Speziell geschulte Mitarbeiter der Verwaltung prüfen die eingehenden Unterlagen auf Glaubwürdigkeit und schicken im Erfolgsfalle die Zulassung an den Bewerber. (Ob dieser sie annimmt oder lieber an eine andere Hochschule geht, soll in diesem Prozessabschnitt ohne Bedeutung sein). Dieser Prozess wird der Einfachheit halber nicht weiter in dieser Beschreibung verfolgt.

Studierende erhalten am Ende ihres Studiums ihr Abschlusszeugnis.[44] Nimmt man nur einmal den Prozess zur Erstellung dieses Abschlusszeugnisses, dann wird offensichtlich, wie viel Handarbeit noch immer in einen eigentlich automatisierbaren Prozess steckt. Darüber hinaus gibt es keine Gewähr, dass ein unzufriedener Student seine Ergebnisse optimiert. Spektakuläre Zeugnisfälschungen gab es in der Vergangenheit zur Genüge. Hier setzt auch das Beispiel an. Eine Hochschule erstellt das Abschlusszeugnis für den Absolventen. Der Inhalt des Zeugnisses wird als Hash-Wert auf einer konsortial betriebenen Blockchain gespeichert. Obwohl der Absolvent sein Zeugnis sowie eine Urkunde ausgestellt bekommt, ist der Inhalt des Zeugnisses mit der Speicherung auf der Blockchain überprüfbar und verifizierbar geworden. Bewirbt sich der Absolvent mit seinem Zeugnis bei einem Unternehmen, dann kann dieser potenzielle Arbeitgeber über den (hoffentlich) beigefügten Hash-Wert nachprüfen, ob das Dokument echt ist. So ein Überprüfungsprozess kann wie folgt aus Sicht des potenziellen Arbeitgebers aussehen:

---

[43] https://sv.hochschulstart.de/index.php?id=8, Zugegriffen: 03. Oktober 2019.

[44] Studierende haben auch während ihres Studium die Möglichkeit, sich ihre Semesterbescheinigungen über die absolvierten Kurse erstellen zu lassen. Die ist z.B. immer dann notwendig, wenn Studierende sich auf einen Praktikumsplatz bewerben, weil dies Bestandteil ihres Studiums ist. Auch hierbei gibt es Möglichkeiten, das bestehende System zu überwinden und individualisierte Anpassungen vorzunehmen. Auch dieser Teil-Prozess bleibt erneut außen vor, um das Schema zunächst so einfach wie möglich zu halten.

- Nachfrage, ob dieses Zertifikat auf der „Hochschul-Blockchain" existiert.
- Hash-Werte prüfen: Stimmen die Hash-Werte überein, dann ist keine Änderung am Dokument erfolgt. Hierzu wird der potenzielle Arbeitgeber das ihm vorliegende Zeugnis über einen vorgegebenen Hash-Generator in eben diesen Wert umwandeln und anschließend prüfen, ob sein erzielter Wert mit dem auf der „Hochschul-Blockchain" übereinstimmt.

Die Konsequenzen aus so einer Lösung sind vielfältig.

Das Unternehmen kann sich sicher sein, dass der Bewerber auch tatsächlich die Studienleistung erbracht hat, die auf seinem Zeugnis stehen.

Hochschulen gewinnen in zweierlei Hinsicht: Einerseits werden die Zeugnisse sehr wertvoll, weil sie auf Echtheit überprüfbar sind, und andererseits kann durch konsequente Automatisierung des (gesamten) Prozesses eine echte Entlastung der Mitarbeiter in der Verwaltung erfolgen.

Für Unternehmen ist die Echtheitsprüfung ebenfalls bedeutsam, da sie sich sicher sein können, tatsächlich den Kandidaten mit dem „echten" Leistungsversprechen vor sich zu haben.

4.9.3 Weitere Hinweise

Die Möglichkeiten der Darstellung sind vielfältig, und sicher haben Sie weitere Ideen, wie Sie grafisch vorgehen wollen (vgl. Abb. 4.32).

Bei Prozessmodellen werden sogenannte Konformitätsprüfungsszenarien verwendet, um das zulässige Verhalten eines Prozesses festzulegen. Eine entscheidende Voraussetzung für die Prüfung ist, dass die Ereignisse in Ereignisspuren mit den Aktivitäten eines Prozessmodells in Beziehung gesetzt werden können. So müssen beispielsweise bei einer Ereignisverfolgung t (time) = <Ereignis 1, Ereignis 2, … Ereignis n> und dem in der Abbildung dargestellten Prozessmodell die Ereignisse in t auf Aktivitäten im Modell abgebildet werden. Anderenfalls ist es unmöglich zu verstehen, welche Aktivitäten in der Realität stattgefunden haben und ob t mit M übereinstimmt oder nicht. Auch hierfür gibt es frei zugängliche Test-Software.

Alle diese Darstellungsweisen dienen der Verdeutlichung Ihres analysierten Prozesses sowie dem Herausfinden der Engpässe. Bei der Prüfung Ihrer Prozesse können Sie sich überlegen, an welcher Stelle Ihr Smart Contract sinnvoll ist.

4.9.3.1 Smart Contract

Smart Contracts sind Software-basierte Computer-Programme, die Verträge abbilden oder überprüfen können (Vgl. Abschn. 3.2).

Bitte schauen Sie sich Ihre identifizierten Prozesse an und hinterfragen Sie, wie Smart Contracts sinnvoll zum Einsatz kommen. Durch den Einsatz von Smart Contracts können Sie nicht nur eventbasierte „Wenn-dann-Abfragen" erzeugen, sondern Sie können ein

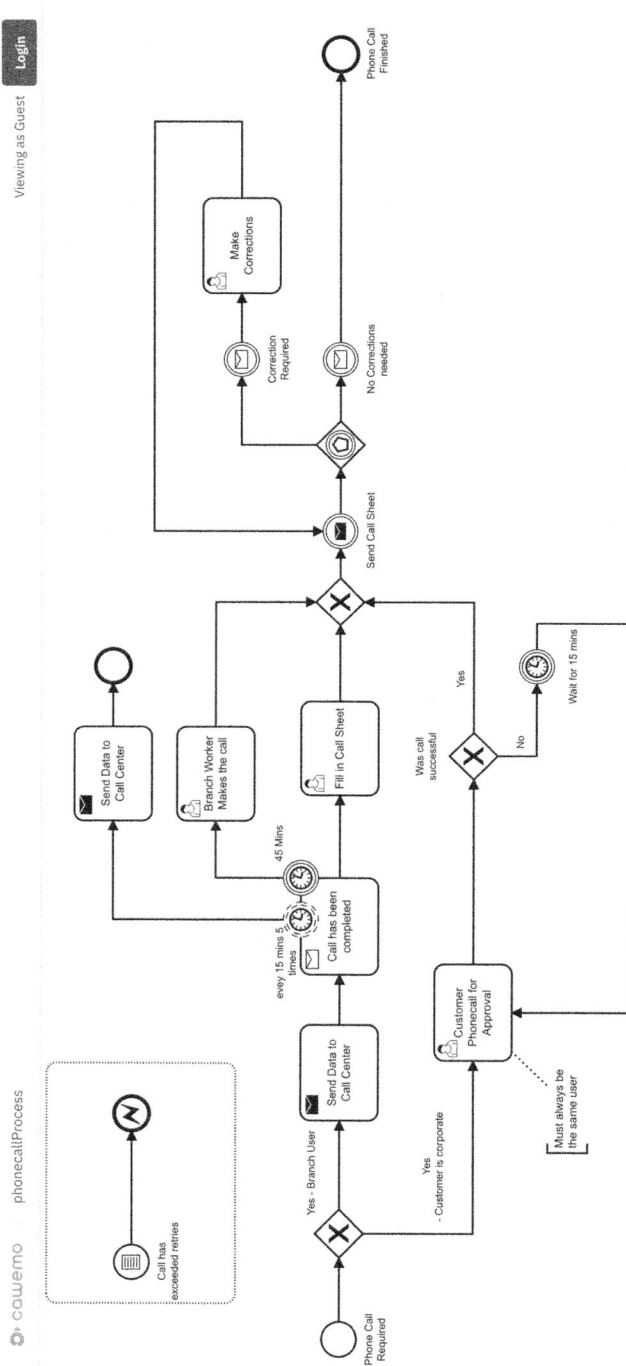

Abb. 4.32 Prozessdarstellung (mit freundlicher Genehmigung von © Camunda 2020 All Rights Reserved)

Event entsprechend formulieren und programmieren, um dieses auf die Blockchain transferieren zu lassen. Smart Contracts verfügen über andere – z. T. für ein aus der analogen Welt gewachsenes Verständnis – ungewöhnliche Eigenschaften. So können Smart Contracts eine größere Anzahl von Informationen erfassen. Darüber hinaus sind sie dynamisch, d. h. sie können Informationen übertragen und bestimmte Arten von Entscheidungen treffen. Darin unterscheiden sie sich vom Papiervorgänger.[45]

▶   Stellen Sie im Team eine Liste zusammen, in der Sie aufführen, was Ihr Smart
    Contract mit all seinen Facetten im Prozessablauf idealerweise können sollte.
    Diese Liste wird dann Bestandteil dessen, was Sie mit den von Ihnen beauftrag-
    ten Entwicklern abklären.

Als klassisches Beispiel wird in diesem Zusammenhang gern das Leasen eines Kfz angeführt. Bereits 2016 war dies ein erster Anwendungsfall zwischen Visa und DokuSign. Demnach wird ein potenzieller Kunde nach seiner getroffenen Entscheidung für ein Auto und den Leasing-Vertrag erweiterte Optionen wie z. B. Anzahl der zu fahrenden Kilometer pro Jahr etc. treffen. Diese Angaben sowie Zahlungskonditionen werden im Leasing-Vertrag festgehalten, der dann codiert als Smart Contract auf einer Blockchain gespeichert wird. Sollte der Kunde nun seine vereinbarte Leasing-Rate nicht oder unpünktlich zahlen, dann ist dies ein Event, das gemäß Smart-Contract-Logik „Action" auslöst. Zunächst kann das eine Mahnung sein. Sollte die Rate innerhalb der Mahnfrist nicht beim Leasing-Geber eingehen, dann sperrt der Smart Contract das Fahrzeug.

Somit wird das Auto zu einem „Smart Device", das durch Sensoren mit der Umwelt interagiert. Weitere Szenarien sind denkbar: Stellen Sie sich vor, der Fahrer des Leasing-Fahrzeuges missachtet mit seinem Fahrstil die Verkehrsregeln. Eine automatisierte Geschwindigkeitsregulierung könnte dann in Kraft treten. Falls es sich um ein E-Car handelt, könnte der zu beziehende Strom direkt über eine Smart-Contract-Vereinbarung vom Bankkonto des Fahrers eingezogen werden, wenn der Fahrer seinen Strom tankt. Hält sich der Fahrer an die Wartungsintervalle und die Vertragswerkstatt, könnte es auch dafür eine Belohnung über den Smart Contract geben.

Sie sehen, der Fantasie sind kaum Grenzen gesetzt.

Nachdem Sie Ihre Anforderungen für den Smart Contract beschrieben haben, stellt sich die Frage, einerseits welche Auswirkungen haben diese auf Ihr sogenanntes Front-End (das ist das, was ein Nutzer Ihrer potenziellen Anwendung sieht). Andererseits müssen Sie das Back-End berücksichtigen, in dem Ihre Blockchain läuft. Diese beide Ebenen müssen miteinander verbunden werden, um die entsprechende Kommunikation der beiden Ebenen zu ermöglichen.

4.9.3.2 Front-End

Unter Front-End versteht man Software-Komponenten, die dem Benutzer eine Bedienungsoberfläche für die dahinterliegende Datenbank/Server (somit die Verknüpfung zum Back-End) visualisiert und bereitstellt.[46] In diesem Zusammenhang spricht man dann auch

---

[45] Tapscott/Tapscott (2016), S. 101.

[46] Kersken (2019), S. 208.

von einer GUI (graphical User Interface). Dieses graphical User Interface macht mittels grafischer Symbole oder Steuerelementen die Anwendungs-Software bedienbar. (Entweder kann diese über eine Maus als Steuergerät erfolgen, oder, wie bei Smartphones, durch Berührung).

Um dieses benutzerfreundlich zu gestalten, kann man über free Software sogenannte Mock-up-Versionen erstellen, anhand derer man das Navigieren in der App simuliert. Geben Sie lediglich „mockup generator for free" in Ihren Browser ein, und Sie erhalten eine Vielzahl an Angeboten. Damit können Sie testen, ob Ihre Annahmen sich intuitiv für einen Nutzer bedienen lassen. Sie erhalten ein Gefühl dafür, ob die von Ihnen gewählte Reihenfolge sinnvoll ist oder ob es „hakt". Auch können Sie Designs testen.

▶ Wenn Sie festgelegt haben, welcher Ihrer geeigneten Prozesse als neues Produkt angeboten werden soll und Sie dazu eine nutzerfreundliche Oberfläche benötigen, empfiehlt es sich, Ihre Vorstellung über die kostenlosen Portale zunächst nur zu entwerfen. Die endgültige Umsetzung ist besser einem Web-Designer und/oder einem Front-End-Programmierer zu übertragen.

Das Frontend ist als grafische Benutzeroberfläche zu verstehen, die es dem Nutzer so ermöglicht, auf eine (im Backend gelagerte) Datenbank zuzugreifen.

4.9.3.3 Back-End

Während Front-End das ist, was der Nutzer auf seinem Bildschirm sieht, ist das Back-End sozusagen der Maschinenraum, in dem „alles" geschieht und funktionieren muss. Hier erfolgen die Datenverarbeitung und Datenspeicherung, basierend auf der zugrunde liegenden Geschäftslogik. Nimmt man die in Abschn. 1.3 erwähnte „Client-Server-Struktur", dann verweist das Back-End auf die Server-Seite. Das beinhaltet im Allgemeinen einen Webserver, der mit der Datenbank kommuniziert, um die Anforderung zu bedienen, die das Front-End präsentiert (vgl. Abb. 4.33).

Datei:

Aus der Abbildung ist zu entnehmen, dass der Nutzer im Front-End die Kalenderfunktion aufrufen kann. Dazu ist diese Anwendung mit dem Back-End verbunden. Im Back-End sind die verschiedenen Server, die unterschiedliche Aufgaben erfüllen, zu sehen.

Man kann somit sagen, dass Front- und Back-End die zwei Seiten einer Medaille sind.

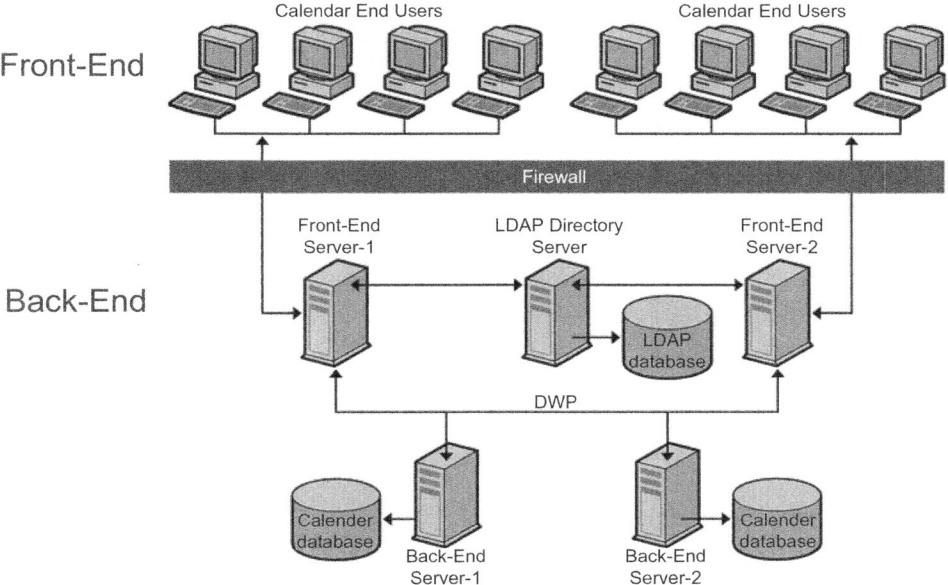

Abb. 4.33 Zusammenhang Front- und Back-End (mit freundlicher Genehmigung von © Oracle 2010 All Rights Reserved)

4.10   Erste Anforderungen an den Entwickler formulieren

Sie sind alle Ebenen dieses Verfahrens durchlaufen, haben sicher viel im Team diskutiert und auch verworfen. Sie haben sicher bei den Diskussionen auch festgestellt, dass das Verständnis für die eine oder andere Sache zum Teil höchst unterschiedlich ist. Das mag daran liegen, dass Sie ein interdisziplinäres Team zusammengestellt haben, dessen Teilnehmer gemäß ihrer Aufgabe auch eigene Sichtweisen und ein eigenes Verständnis zu gewissen Begrifflichkeiten mitbringen. Daraus lässt sich erahnen, wie schwer es für einen Programmierer ist, das digitale Produkt für Sie zu programmieren, das Sie gern hätten.

Ein zu holistischer Ansatz wird auf beiden Seiten Unzufriedenheit hervorrufen. Daher haben Sie sich die Mühe gemacht und sind durch so viele verschiedene Ebenen gegangen, um immer deutlicher herauszukristallisieren, wo bei Ihnen das Potenzial für Erneuerung liegt. Diese Kenntnisse, die Sie gesammelt haben, müssen Sie nun für Ihre Programmierer „aufbereiten".

Softwareentwicklung ist ein komplexer Vorgang. Für Nicht-Software-Entwickler besteht das Problem darin, zu verstehen, wie weit das Projekt umgesetzt ist, da Software ist ein zunächst unsichtbares Produkt ist.

Hilfreich kann es sein, den von Ihnen herausgefilterten Prozess als ein Ablaufdiagramm mit der von Ihnen gewünschten „Wenn-dann-Logik" zu beschreiben. Dies können Sie als erste Grundlage im Gespräch verwenden, um mit dem Entwickler und ggf. seinem Team zu klären, wie Ihre Vorstellungen in einen Software-Code umzusetzen sind. Vereinbaren Sie mit dem Entwicklerteam projektspezifische Strukturen und Skripte, die über eine vorgegebene Metrik prüfbar gemacht werden.[47] Bitte führen Sie von Anfang an ein Fehler- und Änderungsmanagement ein. Fehler, die zu spät im Projektfortlauf erkannt werden, verursachen neben einem überproportionalen Mehraufwand zur Behebung dieses Problems auch extreme Kosten. Schon 2001 haben die Wissenschaftler Barry Boehm und Victor R. Basilie eine auch heute noch gültige Top-10-Liste zum Thema Software-Fehler und Auswirkungen veröffentlicht.[48] So besagt Top 2 dieser Liste, dass 40–50 % des Aufwandes durch vermeidbare Nacharbeit entsteht.

Diese vermeidbare Nacharbeit lässt sich durch den Einsatz von Scrum-Werkzeugen reduzieren. Legen Sie fest, welche Bestandteile zu dem Produkt gehören und wie diese Bestandteile erfasst werden. Diese Dokumente und Daten können Sie über ein sogenanntes Repository (ein Verzeichnis zur Beschreibung und Speicherung von digitalen Objekten als Software-Bibliothek) verwalten.

Laut Popp gehören die in Tab. 4.2 zusammengefassten Elemente, die für die Entwicklung von Software notwendig ist, in das Verzeichnis.[49]

Tab. 4.2 Dokumentationsanforderung nach Popp

Element	Sinnvolle zusätzliche Dokumentation
Anforderungsdokument (z. B. Use Case); Architektur- und Design- dokument Benutzerdokumentation	– Bezugsquelle und Beschreibung der verwendeten Dokumentvorlage – Verweis auf Musterdokumente, die einen korrekten Einsatz der Vorlage demonstrieren – Richtlinien für die Erstellung von Diagrammen. Dies umfasst sowohl die zu verwendenden Tools als auch Hinweise zum Einfügen von Grafiken in die Dokumente
Build-Skript	– Allgemeine Beschreibung des Build-Prozesses – Dokumentation der Voraussetzungen zur Ausführung des Skriptes – Beschreibung der möglichen Kommandozeilenparameter
Meta- und Konfigurationsdaten	– Beschreibung, wer die Daten wann und wie ändern darf (nicht beschrieben werden sollten dagegen die Inhalte der Dateien – dies ist entweder Teil der Benutzer- oder der Betriebsdokumentation)
Quelltext	– Coding-Standards – Richtlinien zur Formatierung. Werden Tools zur automatischen Formatierung eingesetzt, sollten die Konfiguration und der Einsatz der Tools beschrieben werden – Richtlinien zur Dokumentation des Quelltextes
Werkzeug	– Eingesetzte Version und Bezugsquelle, am besten in Form von Links auf das Installationspaket – Installations- und Konfigurationsanleitung

[47] Popp (2013), S. 60 ff.

[48] Boehm/Basili (2001).

[49] Popp (2013), S. 31.

Diese Dokumentation ermöglicht es Ihnen als Nicht-Entwickler, besser nachzuvollziehen, was für Entwickler an Arbeit zu leisten ist bzw. was schon geleistet wurde.

4.11 Fazit

Die Erstellung von „Event-to-Activity"-Maps ist außerordentlich komplex und auch zurzeit nicht maschinell umsetzbar.

Sie haben sich mit so vielen verschiedenen Modellen vertraut gemacht und aus den unterschiedlichsten Blickwinkeln diverse Aspekte betrachtet. All diese verschiedenen Herangehensweisen ermöglichen es Ihnen, die Schwachstellen in Ihren Abläufen zu erkennen. Und in diesem Stadium haben Sie (Arbeits-)Zeit des Teams, Stifte und Papier verbraucht. Alles in allem noch überschaubare Ressourcen.

Leider ist es eine große Herausforderung, eine korrekte Zuordnung zwischen Ereignissen und Aktivitäten herzustellen. Bestehende Techniken, die sich dieser Herausforderung annehmen, können daher keine endgültige Lösung, aber eine hinreichend gute Tendenz liefern. Der Grund, warum Mapping-Techniken keine definitiven Lösungen bieten, liegt darin, dass die Informationen, die sie bei der Konstruktion von Mappings berücksichtigen können, oft nicht ausreichen, um Beziehungen mit Sicherheit zu identifizieren.[50]

Aus diesem Grunde sind wir durch diverse Mapping-Modelle gegangen, die sich zwar im Kern mit der Frage beschäftigen, ob Ihre Idee sinnvoll für eine Blockchain-Anwendung ist. Durch die verschiedenen Blickwinkel müssen Sie sich mit unterschiedlichen Fragestellungen auseinandersetzen. Hierin liegt ein großes Potenzial, da Ihnen die Fragen helfen, offener und „über den Tellerrand hinaus" zu denken.

Mit Ihrem Lösungsansatz und der dazugehörigen Dokumentation können Sie nun die nächste Ebene anstreben. Sie haben Flussdiagramme erstellt, um die Prozessabläufe durchzukonjugieren, Sie müssen dazu beschreiben, wie aus Ihrer Sicht die Blockchain-Technik, die im Hintergrund verankert ist, mit dem sogenannten Front-End verbunden sein wird. Und Sie haben sich überlegt, wie ein Nutzer Ihr Produkt verwenden kann.

Noch einmal: Die Aufgabe ist groß. Daher ist es empfehlenswert, wie bei Scrum erläutert, kleine Unterziele, die es zu erreichen gilt, zu definieren. Sie können dann viel schneller erkennen, wann das Projekt ergänzende Iterationen oder auch Neubeginne für Teilaufgaben braucht.

Und in vielen Fällen geht es nicht darum, das Rad neu zu erfinden. Die Herausforderung besteht darin, Vorhandenes neu zu denken und verschiedene Blickwinkel zuzulassen.

Sie sollten sich daher fragen, ob die Voraussetzungen für die Einführung einer Blockchain-Lösung erfüllt sind. Welche Blockchain wollen Sie verwenden? Eine öffentliche mit Zugang für jedermann oder als anderes Extrem eine private mit Zugang nur für

---

[50]Baier et al. (2014), S. 127 ff.

ausgewählte Teilnehmer? Welchen Mehrwert bringt die Verwendung eines verteilten (Kassenbuch-)Systems? Sowohl zentralisierte als auch verteilte Systeme haben ihre eigenen Vor- und Nachteile.[51]

Was ist der Nutzen der von Ihnen herausgefundenen Anwendung? Bedenken Sie, dass Ihre Idee und auch das Blockchain-System einen Mehrwert für seine Nutzer schaffen soll. (Technische Anmerkung: Dabei ist zu berücksichtigen, dass selbst eine sehr ausgeklügelte Systemarchitektur eine schwache oder schlechte Anwendungsidee nie kompensieren kann.)

Wie werden die Knoten für die Ressourcen, die sie zur Verfügung stellen, und die Aufrechterhaltung ihrer Integrität kompensiert? Die Integrität der Blockchain wird durch den Einsatz von Anreizsystemen auf der Grundlage von Gebühreneinnahmen und Arbeitsnachweisen gewährleistet. Die Kenntnis und das Verständnis einer solchen Kompensation zur Sicherstellung der Integrität ist ein entscheidender Aspekt der Analyse (vgl. Konsensmechanismen Kap. 2)

Hängt die Konsolidierung/Verankerung einer Blockchain von der Existenz einer Gemeinschaft von Entwicklern ab? Bestimmte Projekte, die die Entwicklung einer neuen Blockchain unterstützen, hängen für ihre Umsetzung von der Unterstützung durch eine offene Gemeinschaft ab, die sie unterstützt. Seine Existenz, Anzahl und Aktivität sind relevante Elemente zur Beurteilung seiner Lebensfähigkeit. Daher sollten Sie sich überlegen, welcher Blockchain-Anbieter Ihnen das für Sie benötigte „Gerüst" bieten kann bei gleichzeitiger Prüfung, wie groß und sicher die Gemeinschaft ist.

In Projekten, in denen die Lösung die Einführung ein Initial Coin Offering/Security Token Offering beinhaltet, ist es notwendig zu prüfen, ob deren Nutzung wirklich notwendig oder nicht mehr als eine Finanzierungsquelle für das Unternehmen ist oder überwiegend spekulativen Charakter hat. Weitere Informationen hierzu finden Sie in Kap. 6.

In welcher Phase befindet sich die von Ihnen entwickelte Geschäftsidee im Kontext zur gesamten Geschäftsentwicklung? Derzeit werden viele Projekte nur aus einer Idee heraus vorgeschlagen; andere Ideen werden durch einen Proof of Concept unterstützt, und wieder andere sind vielleicht noch nicht marktreif, aber haben zumindest einen Zugang zum Markt.

In diesem Zusammenhang können Sie Ihr Marketing und Ihre Marketingaktivitäten prüfen. Wie passt das neue Konzept in Ihre bisherigen Aktivitäten sowie zum Gesamtunternehmen? Wie können die Marketinginstrumente für die von Ihnen neu entwickelte Geschäftsidee eingesetzt werden, um die Ziele dieses Projektes bekannt zu machen (vgl. auch Abschn. 4.8)

Sie haben eine intensive Zeit mit und in Ihrem Team verbracht, um sich all diesen Fragen und Modellen zu stellen. Der Zweck ist, neben guten Argumenten für oder gegen eine Blockchain-basierte Lösung, festzustellen, ob die Geschäftsidee valide genug ist, um den weiteren Aufwand (einer Blockchain-Implementierung) zu rechtfertigen.

---

[51] Die zentralisierten Systeme sind nicht von Natur aus defizitär, sondern entscheiden sich für ein anderes Architekturkonzept, das einer großen Anzahl von Anwendungen einen guten Service bietet und auf diese Weise gewartet werden kann.

Literatur

Baier T, Mendling J, Weske M (2014) Bridging abstraction layers in process mining. Inf. Syst. 46:S123–S139

Berk J, DeMarzo, P (2019) Grundlagen der Finanzwirtschaft, Analyse, Entscheidung und Umsetzung. 4., akt. Aufl. Pearson Deutschland, Hallbergmoos

Blanchard O, Illing G (2006) Makroökonomie, 4., akt. u. erw. Aufl. Pearson, München

Boehm B, Basili VR (2001) Software defect reduction Top-10-List, IEEE Computer, Jg. 34, Heft 1, Januar 2001

Dillerup R, Stoi R (2013) Unternehmensführung, 4. Aufl. Verlag Franz Vahlen, München

Digitalorientiertes Serviceverfahren (o. J.) https://sv.hochschulstart.de/index.php?id=8

Freemann RE (2010) Strategic management: A stakeholder approach. University Press, Cambridge

Finyard. https://www.finyear.com/Blockchain-A-legacy-of-transparency_a36758.html. Zugegriffen am 18.09.2019

Gardner J (2017) Do you really need a blockchain? Distributed Magazine, Nashville

Gerzema J, Lebar (Hrsg) (2008) The brand bubble, the looming crisis in brand value and how to avoid it. Jossey-Bass, San Francisco

Golem Plattform (2019) https://www.golem.de/specials/zynga/. Zugegriffen am 12.09.2019

Hochschulstart (2019) https://sv.hochschulstart.de/index.php?id=8. Zugegriffen am 03.10.2019

Jochem R (2019) Was kostet Qualität? 2., überarb. Aufl. Carl Hanser, München

Kersken, Sascha (2019): IT-Handbuch für Fachinformatiker, der Ausbildungsbegleiter. 9., erw. Aufl. Rheinwerk, Bonn

Koubek A (Hrsg) (2015) Praxisbuch ISO 9001: 2015, Die neuen Anforderungen verstehen und umsetzen, 3. Aufl. Hanser, München

Kletti J, Schumacher J (2014) Die perfekte Produktion, Manufacturing Excellence durch Short Interval Technology (SIT), 2. Aufl. Springer Vieweg, Berlin/Heidelberg

Koens T, Poll E (2018) What blockchain alternative do you need? https://www.cs.ru.nl/E.Poll/papers/blockchain-alternative2018.pdf. Zugegriffen am15.09.2019

Kühnapfel JB (2019) Nutzwertanalysen in Marketing und Vertrieb, 2. Aufl. Springer Gabler, Wiesbaden

Lamport L, Shostak R, Pease M (2018) The Byzantine Generals Problem. ACM 4(3):382–401

Meunier S (2016) When do you need a blockchain, Medium. https://medium.com/@sbmeunier/when-do-you-need-blockchain-decision-models-a5c40e7c9ba1

Mintzberg H (1983) Power in and around organisations (The theory of management policy). Prentice Hall, Englewood Cliffs

Mulligan C (2018) Blockchain beyond the hype. https://www.weforum.org/agenda/2018/04/questions-blockchain-toolkit-right-for-business

von Neumann J (1928) Zur Theorie der Gesellschaftsspiele. Mathematische Analen, Band 100:295–325

NISTIR (Hrsg.) (2018) Yaga, Dylan/Well, Peter: Blockchain Technology Overview. https://doi.org/10.6028/NIST.IR.8202

OECD (2019) Bildung auf einen Blick 2019, OECD-Indikatoren, Bielefeld, wby Media

Oracle (2010) Multiple front-end servers with multiple back-end servers, Sun Java System Calendar Server 6 2005Q4 Administration Guide

Osterwalder, Pigneur (2004) Business Model Generation. Ein Handbuch für Visionäre, Spielveränderer und Herausforderer. Campus Verlag, Frankfurt/New York

Pastoski S (2004) Messung der Dienstleistungsqualität in komplexen Marktstrukturen. Deutscher Universitätsverlag, Wiesbaden

Peck ME (2017) Do you need a blockchain. https://spectrum.ieee.org/computing/networks/do-you-need-a-blockchain

Pfeffer M (2014) Bewertung von Wertströmen, Kosten-Nutzen-Betrachtung von Optimierungssszenarien. Springer Gabler, Wiesbaden

Popp G (2013) Konfigurationsmanagement mit Subversion, Maven und Redmine, Grundlagen für Softwarearchitekten und Entwickler, 4., akt. u. erw. Aufl. Heidelberg: dpunkt

Smith, A (1776/2009) Wohlstand der Nationen. Anaconda, Köln

Suichies B (2016) When do you need a Blockchain? (In: Meunier, Sebastian 2016). https://medium.com/@sbmeunier/when-do-you-need-blockchain-decision-models-a5c40e7c9ba1

Tapscott D, Tapscott A (2016) Blockchain revolution, how the technology behind bitcoin is changing money, business, and the world. Penguin Random House, New York

Thaler RH, Sunstein CR (2015) Nudge, Wie man kluge Entscheidungen anstößt, 5. Aufl. Ullstein Econ, Berlin

Thommen JP, Achleitner A-K, Gilbert DU, Hachmeister D, Kaiser G (2017) Allgemeine Betriebswirtschaftslehre, Umfassende Einführung aus managementorientierter Sicht, 8. Aufl. Springer Gaber, Wiesbaden

Tversky A., Kahneman D (1981) The framing of decision and the psychology of choice, Vol. 211, Science Magazine, Nr. 4481

Weidner GE (2017) Qualitätsmanagement, Kompaktes Wissen, Konkrete Umsetzung, Praktische Arbeitshilfen, 2., überarb. Aufl. Carl Hanser, München

Wüst K, Gervais A (2017) Do you need a blockchain? https://eprint.iacr.org/2017/375.pdf

Yaga D, Mell P, Roby N, Scarfone K (2018) Blockchain technology overview, National Institute of Standard and Technology, Nistir 8202. https://doi.org/10.6028/NIST.IR8202

The Code is the Law

Zusammenfassung

Soft- und Hardware regulieren die dem Internet zugrunde liegende Architektur. In der digitalen Welt bestimmt ein Stück Software den Lauf der Dinge. Zu Recht kann der Eindruck entstehen, dass ein Programmcode Bedingungen festlegt, die als unumstößlich gelten. Die Blockchain-Technologie als eine Facette der Digitalisierung kann sich nicht von diesem Ansatz ausnehmen. Und doch gehört mehr zur Technologie im weiteren Sinne als „nur" das Schreiben von Programmzeilen. Daher wird in diesem Kapitel über die Aussage nachgedacht, was „The code is the law" im Kontext der Blockchain-Technologie bedeutet.

Dieser Imperativ muss überdacht werden. Wenn man ihn mit dem Kant'schen kategorischen Imperativ[1] übersetzt, dann stellt sich die Frage, wie sich Programmierung richtig „verhalten" sollte. Kants Imperativ ist der Versuch, einen Maßstab für gerechtes Handeln zu finden – allein, kann Programmierung das überhaupt leisten?[2]

Darüber hinaus aber muss bedacht werden, dass weder das Internet noch eine Blockchain-Technologie im rechtsfreien Raum agieren.

Schon 2006 beschreibt Lessig in seinem Vorwort zu seinem Buch „Code" die Entwicklung von der 1. zur 2. Auflage sinngemäß dahingehend, dass man noch um die

---

[1] Kants kategorischer Imperativ: „Handle so, dass die Maxime Deines Willens jederzeit zugleich als Prinzip einer allgemeinen Gesetzgebung gelten könne".

[2] Die spannende Frage nach der Ethik innerhalb und hinter der Programmierung wird hier nicht weiter beleuchtet. Sie sollte aber unbedingt bei der Planung neuer Software-Lösungen einbezogen werden, da die Sensibilität weltweit steigt.

© Springer-Verlag GmbH Deutschland, ein Teil von Springer Nature 2020
K. Adam, *Blockchain-Technologie für Unternehmensprozesse*,
https://doi.org/10.1007/978-3-662-60719-0_5

Jahrtausendwende annahm, der Cyberspace sei ein rechtsfreier Raum, in dem das On-line-Leben vom Offline-Leben getrennt ist und Regierungen keine Möglichkeit haben, Rechte und Pflichten durchzusetzen. Diese Sichtweise hat sich in nur wenigen Jahren ge-ändert, und die Idee, dass das Internet ein nicht regulierter, rechtsfreier Raum ist, ist ver-schwunden.[3]

Daran muss sich auch ein Computerprogramm basierend auf einem (oder mehreren) Algorithmen messen lassen. Der Weg von der Beeinflussung zur Manipulation kann sehr kurz sein.

Sauerwein et al. zeigen in diesem Zusammenhang, wie hilfreich die algorithmische Selektion im Internet ist.[4] Algorithmische Selektion, als Input-Throughput-Output-Modell, basiert auf unterschiedlich relevanten Input-Daten (z. B. Benutzerprofil), die über z. B. Fil-terung im Throughput genutzt werden, um im Output unterschiedliche Ergebnisse anzu-zeigen (z. B. Empfehlungen, basierend auf dem Benutzerprofil und entsprechend genutz-ter Website-Aufrufe [auf diese Weise selektiert u. a. Amazon seine Kunden und spricht auf Basis der gewonnenen Erkenntnisse Empfehlungen aus]). Bei der Fülle an verfügbaren Informationen im Netz ist diese Form der Filterung einerseits hilfreich, andererseits je-doch stehen diesen Vorteilen auch beträchtliche Nachteile gegenüber. So sind durch diese Filterung diverse Gefahren zu befürchten, z. B. Wirklichkeitsverzerrung, Filterblase, Be-schränkung in der Kommunikationsfreiheit etc.[5] Der Algorithmus berechnet und weist Ergebnisse ohne „eigene" Wertung aus (dies würde ein Bewusstsein vergleichbar dem menschlichen bei Maschinen und Computern voraussetzen). Die Programmierung des Al-gorithmus und die daraus folgende Filterung ist von Menschen gemacht.

Die Blockchain-Technologie (im Metasinn) ermöglicht, dass sowohl öffentliche als auch private Akteure die Blockchain nutzen, um ein eigenes Regelwerk aufzubauen, das mit selbstausführenden, codebasierten Systemen umgesetzt wird. Hier entscheidet eine Gemeinschaft von Personen als Teilnehmer eines solchen Netzwerkes, welche Regeln wie einzuhalten sind. Mit der Blockchain-Technologie kann dies dann von allen nachvollzo-gen werden und gilt somit als vertrauenswürdig.

Die Kernfrage aber ist, was kann ein Code. Wie wird der Code weiterentwickelt und welche Implikationen sind damit verbunden? Kann und darf ein Code, der von einem (bisher noch menschlichen) Programmierer entwickelt wird, dem Gesetz gleichgesetzt und damit zum Gesetz werden?

Jeder Programmierer wird dem erst einmal zustimmen, denn was ein Programmierer in seinem Code festlegt, wird von denen, die sein Programm nutzen, befolgt; sei es nun die Art und Weise, wie wir durch eine Applikation geführt werden, oder wie der Code im Hintergrund tatsächlich abläuft.

---

[3] Lessig (2006), S. IX.

[4] Sauerwein, Florian/Just, Natascha/Latzer, Michael (2017), S. 1.

[5] Z. B. Eli Pariser, amerikanischer Politikaktivist und Blogger, der 2011 erkannte, dass verschiedene Nutzer bei gleicher Internet-Abfrage unterschiedliche Ergebnisse erhalten können.

Es besteht eine enge Wechselwirkung zwischen Risiken und Nutzen, denn wenn Risiken minimiert werden sollen, dann geht es zumeist einher mit einer Nutzeneinschränkung. Auch vor diesem Hintergrund erscheint eine Blockchain-basierte Lösung attraktiv, da mittels dieser Technologie die Interaktionen zwischen Technik und Umwelt auf Basis von Gesetzen und Vorschriften effizienter durch Automatisierung gestaltet werden kann. Weltweit ist eine Diskussion entbrannt über allgemeingültige Governance-Regeln für die Blockchain-Industrie. Kann die Blockchain-Technologie die bestehende IT-Governance verbessern?

Weill definiert IT-Governance folgendermaßen:

IT-Governance stellt den Rahmen für Entscheidungsrechte und Verantwortlichkeiten dar, um wünschenswertes Verhalten bei der Nutzung der IT zu fördern.[6]

Im Unternehmensmanagement wie auch im öffentlichen Sektor hat das föderale Entscheidungsmodell Tradition. Diese föderale Form der Entscheidungsfindung kann von einem Blockchain-Netzwerk hervorragend unter Zuhilfenahme der übergeordneten Ebene mit den relevanten Umweltfaktoren und den Wechselwirkungen auf die artifiziellen Sachsysteme abgebildet werden.

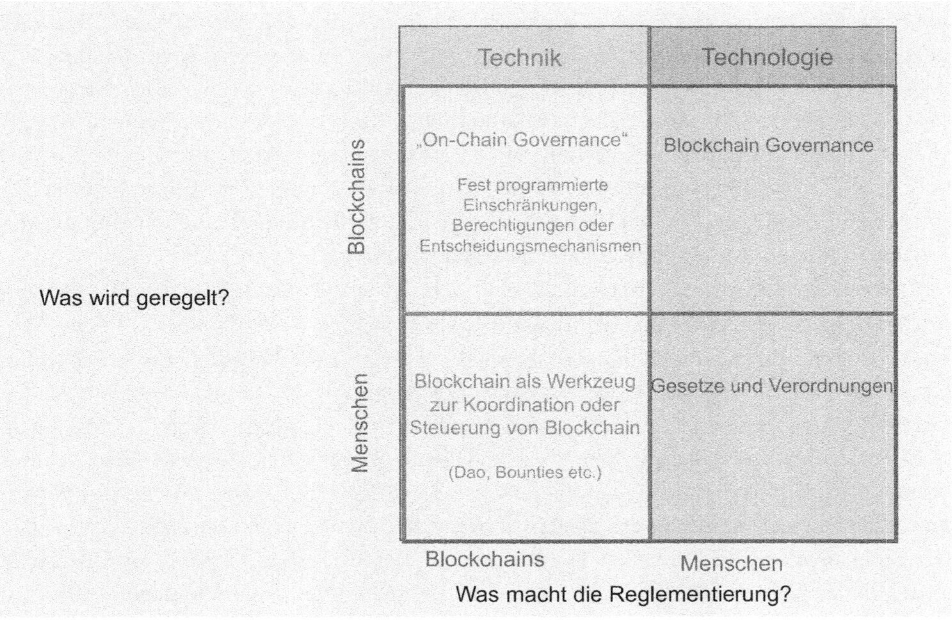

Abb. 5.1 Governance-Ebenen (eigene Darstellung in Anlehnung an Prewitt und McKie)

---

[6]Weill (2004), S. 3.

Daraus lässt sich der Umfang ableiten, wo und wie ein Code wirkt und über Governance-Ansätze orchestriert werden soll. In ihrem Medium-Artikel leiten Prewitt und McKie daher vier Quadranten ab, um eine Einordnung zu wagen (vgl. Abb. 5.1):[7]

Diese vier Quadranten werfen viele Fragen auf, die jedoch durch die Zuordnung in die Bereiche „Technik" und „Technologie" ein etwas einfacheres Clustern erlauben. Der Blick allein auf die Technik, insbesondere bei der Betrachtung des Programmcodes, kann immer nur der erste Schritt sein.

Bei der konzeptionellen Erstellung von Blockchain-basierten Lösungen ist es aber wichtig, von vornherein über die Governance nachzudenken, da einerseits die Funktionsweise von Blockchain-Modellen durch die Governance beeinflusst wird, z. B.: Welche Communities nutzen welche Blockchain warum? Gibt es auf der Blockchain-Token-Modelle und wenn ja, wie werden diese gemanagt? Andererseits hat diese Funktion Auswirkungen auf die Gesellschaft, da die Nutzer ein Teil dieser Gesellschaft sind.

In Bezug auf die Abbildung lassen sich unter dem technischen Layer (auf der linken Seite) Blockchain-Lösungen mit Einschränkungen abbilden (z. B. private Blockchains). Die Steuerung von Menschen bezieht sich auf Aspekte der Incentivierung: Durch welche Anreize (vgl. auch Abschn. 4.9.1) entsteht ein Interesse der Teilhabe? Dies kann von Investmentanreizen über Mitgestaltung bis hin zu Vergütungsmodellen reichen.

Erweitert man den technischen Layer und ermöglicht die Interaktion mit dem Umfeld, kann die Blockchain durch das „Eingreifen" des Menschen geändert werden. Dies wird beispielsweise regelmäßig bei Updates notwendig. Wer kann diese Updates anhand von welchen Regeln durchführen? Bei privaten Blockchains mag diese Frage eine untergeordnete Rolle spielen, spätestens jedoch bei öffentlichen Blockchains stellt dies einen Eingriff in das Protokoll samt Konsensmechanismus dar – und damit geht es dann um das Ganze!

Der letzte Quadrant zeigt das Verhältnis auf, wie Personen, z. B. Blockchain-Nutzer oder auch Blockchain-Entwickler durch übergeordnete Institutionen den analog existierenden Rechtsrahmen in der Blockchain-Welt adaptieren (müssen).

Insbesondere in diesem Bereich könnte sich zukünftig die Stärke von Blockchain-Technologie zeigen. Das reifende ökonomische Blockchain-System kann bei kluger Nutzung der Transparenz und der Manipulationssicherheit sowie der automatischen Ausführung von Smart Contract Codes sowohl Blockchain-inhärente als auch durch den Gesetzgeber vorgegebene Vorschriften und Regulierungen effizienter und sicherer gestalten.

Alle Blockchains haben Regeln, die ihre Abläufe organisieren. Wenn sich Blockchains weiterentwickeln, müssen sie möglicherweise diese Regeln ändern. Blockchain Governance bezieht sich somit auf das System, durch das Entscheidungen über die Entwicklung der Blockchain getroffen werden. Ein Blockchain-Netzwerk ist ein komplexes System, an dem eine Vielzahl von Akteuren beteiligt sind, die man nicht kennt und denen man nicht vertrauen kann – grundsätzlich. Das Protokoll einer Blockchain soll daher sicherstellen,

---

[7] Prewitt/McKnie unter https://medium.com/blockchannel/blockchain-communities-and-their-emergent-governance-fdf24329551f, zugegriffen: 12. Oktober 2019.

dass jeder Akteur einen Anreiz zur Zusammenarbeit hat und dass die Kosten der Verletzung des Konsenses und Protokolls höher sind als die potenziellen Gewinne.

Beispiel

Folgendes Beispiel soll dies verdeutlichen: Unter Abschn. 3.2 ist die Wirkungsweise von Smart Contracts anhand des Beispiels eines Getränkeautomaten dargestellt worden. Lassen Sie uns das Beispiel weiter nutzen.

Sie haben Durst und wollen etwas trinken, während Sie auf den Zug warten. Der Getränkeautomat auf dem Bahnsteig offeriert sein Angebot gegen Bargeld in Form von Münzen. Sie haben kein Kleingeld dabei. Dennoch werden Sie nicht den Automaten knacken und somit den Konsens verletzen, da die Kosten (Schadenersatz/Strafverfolgung) dieser Verletzung im Vergleich zu dem, was Sie als „Gewinn" erhalten (nämlich ein gekühltes Getränk), viel zu hoch sind.

Somit hat der Programmcode mit dem ihn umgebenden Protokoll und Konsensusmechanismus die Möglichkeit, das Verhalten von Menschen zu beeinflussen – ähnlich wie ein Gesetz. Und der einzelne, der diesen Code in einer Anwendung verpackt nutzt, erwartet Rechtssicherheit.

Die Möglichkeit, durch Smart Contracts vertragliche Bedingungen revisionssicher zu dokumentieren, erlaubt eine Vielzahl an neuen Anwendungen, auch unter Berücksichtigung der oben angesprochenen Governance. Damit einher gehen

- *Verlässlichkeit:* Wenn ein Smart Contract korrekt programmiert wurde, sind Interpretationsschwierigkeiten der Vertragsbedingungen nahezu ausgeschlossen. Auch der Verlust von Dokumenten ist dadurch ausgeschlossen.
- *Sicherheit:* Wenn Smart Contracts auf Basis einer Blockchain programmiert werden, sind sie durch Verschlüsselungsverfahren vor Hackern sicher. Niemand kann die ausgehandelten Vertragsbedingungen im Nachhinein verändern.
- *Effizienz:* Einen Smart Contract gut zu programmieren beansprucht viel Arbeitszeit, aber weit weniger, als eine entsprechende bürokratische Verarbeitung. Dadurch sparen Vertragspartner Zeit und Geld.
- *Unabhängigkeit:* Smart Contracts ermöglichen es, sogenannte Mittelsmänner oder Intermediäre vom Prozess auszuklammern (z. B. Banken, Anwälte, Notare etc.). Zur Verifizierung dient allein die unveränderliche Speicherung auf einer Blockchain. Der Programmcode des Vertrages entscheidet, ob die Vertragsbedingungen, gern auch Zug um Zug, eingehalten worden sind. Man ist versucht zu sagen: „The code ist the law".

Wie schon erläutert, ist hier jedoch noch vieles im Werden und, wie andere komplexe Systeme auch, bestehen Blockchains aus vielen verschiedenen Teilen, die in mitunter schwer vorhersehbarer Weise miteinander interagieren – und daher auch schwer zu steuern oder zu regulieren sind. Es könnte möglich sein, die Aktionen jedes einzelnen Teils zu regeln. Aber da das Ganze größer wird als die Summe seiner Teile, kann die Governance nicht erreicht werden, ohne ein richtiges Verständnis der verschiedenen Komponenten, die dieses Ganze ausmachen, und der Machtdynamik, die unter ihnen existiert.

Vielleicht sollten wir daher vom „Imperativ" „The code ist the law" eher diese Denkweise verfolgen: „The code is decisive for determining the rules and regulations" (Der Code bestimmt maßgeblich das Regulierungswerk). Die Verlässlichkeit und Unveränderlichkeit eines digitalen Vertrages auf einer Blockchain hängen einerseits von den Fähigkeiten der Entwickler und Programmierer ab. (einprogrammierte „Hintertürchen" sind ein „No-Go"!) Andererseits sind jedoch auch die gefragt, die ihre Business-Modelle über eine Blockchain-Anwendung abbilden lassen. Dieser Personenkreis ist mindestens ebenso in der Pflicht, bei der Entwicklung dieser codebasierten Systeme dafür zu sorgen, dass die Einhaltung der Gesetze und sonstige Regulierungen sichergestellt sind.

Um den Code auf einer Blockchain zu implementieren, hilft der Blick in vorhandene Standards und Bibliotheken, denn es geht nicht darum, das Rad neu zu erfinden, sondern vielmehr – sinnbildlich gesprochen – aus dem Rad einen fahrbaren Untersatz durch neuartige Kombination zu machen.

5.1   Testnetzwerke und Bibliotheken

Es gibt eine Vielzahl an kryptografischen Algorithmen und Mathematik in der Blockchain-Technik. Bevor Transaktionen an die Blockchain aus einer Anwendung gesendet werden können, müssen sie vorbereitet werden. Die Transaktionsvorbereitung umfasst unter anderem die Definition von Konten und Adressen, das Hinzufügen von erforderlichen Parametern und Werten zu den Transaktionsobjekten sowie das Signieren mit privaten Schlüsseln. Über Testnetzwerke, die den „echten" Service imitieren, können Anwendungen geprüft werden. Fehler lassen sich in dieser geschützten Umgebung finden, ohne dass es zu Beeinträchtigungen im sogenannten Mainnet kommt.

Bei der Entwicklung von Anwendungen ist es besser, verifizierte und getestete Bibliotheken für die Transaktionsvorbereitung zu verwenden, als Codes von Grund auf neu zu schreiben.

Einige der stabilen Bibliotheken für Bitcoin und Ethereum, mit denen Transaktionen vorbereitet, signiert und an die Blockchain-Knoten/Netzwerk gesendet werden können, sind open Source verfügbar.

Für Java als wichtige Programmiersprache gibt es ebenfalls eine Fülle an wichtigen Tools, Frameworks und Bibliotheken. Die nachfolgende Liste erhebt keineswegs Anspruch auf Vollständigkeit, sondern zeigt lediglich einen kleinen Ausschnitt.

- JUnit: Die JUnit-Plattform dient als Grundlage für die Einführung von Test-Frameworks auf der Java Virtual Machine. Außerdem wird die TestEngine API für die Entwicklung eines Test-Frameworks definiert, das auf der Plattform läuft. Die aktuelle Version

JUnit 5 besteht aus verschiedenen Modulen. Nähere Informationen finden Sie unter junit.org/junit5/inklusive Usere Guide, Java Doc und GitHub Repository.

- Selenium: Selenium ist wahrscheinlich das beliebteste Tool für Java UI-Tests, mit dem Sie Ihre JSP-Seiten testen können, ohne sie in einem Browser starten zu müssen.

   Sie können Ihre Web Application UI mit JUnit und Selenium testen. Es erlaubt Ihnen sogar, Akzeptanztests für Webanwendungen zu schreiben. Unter seleniumhq.org finden Sie weiterführende Informationen.

- TestNG: TestNG ist ein von JUnit und NUnit inspiriertes Test-Framework, das jedoch viele neue Funktionalitäten bietet, die es leistungsfähiger und benutzerfreundlicher machen, wie z. B. Annotationen, die Ausführung Ihrer Tests in beliebig großen Thread-Pools mit verschiedenen verfügbaren Richtlinien (alle Methoden in einem eigenen Thread, ein Thread pro Testklasse etc.). Umfangreiche weitere Informationen finden Sie unter testng.org/doc/.

- Mockito: Es gibt viele Mocking-Frameworks für Java-Klassen, z. B. PowerMock und JMock. Hervorzuheben ist Mockito aber wegen seiner einfachen API, der großartigen Dokumentation und vieler Beispiele. Mocking ist eine der wesentlichen Techniken des modernen Unit-Tests, da es Ihnen ermöglicht, Ihren Code isoliert und ohne Abhängigkeiten zu testen. Zum Weiterlesen gehen Sie bitte auf side.mockito.org.

Die Liste an Testnetzwerken und Bibliotheken lässt sich geradezu unendlich verlängern. Auch die Front-End-Anwendungen verfügen über diese entsprechenden unterstützenden Dienstleistungen.

Da dieses Buch kein Buch für Software-Entwickler, sondern Anwender ist, erfolgt nur ein sehr grober Überblick darüber, wie beispielsweise die Ethereum-Blockchain-Architektur aufgebaut ist.

Wenn Sie selbst ein wenig testen wollen, wie man einen Smart Contract als Testversion über das Ethereum-Netzwerk laufen lassen kann, dann empfiehlt sich die Testumgebung Rinkeby (s. auch Hinweis Torsten Horn unter DApp).

Ergänzend dazu finden Sie nachfolgend noch einige Erläuterungen zur Ethereum-Blockchain.

5.1.1 Ethereum-Blockchain

Die Ethereum-Blockchain ist ähnlich wie die Bitcoin-Blockchain gestaltet. Der Hauptunterschied zwischen den beiden Blockchains besteht darin, dass auf den Ethereum-Blöcken neben der Transaktionsliste und der Blocknummer auch der neueste Status angegeben ist. Die Bitcoin-Blockchain kann jedoch „nur" Währungseinheiten von einem Sender zu einem Empfänger schicken. Die Ethereum-Blockchain ermöglicht über die Einbindung von Smart Contracts jegliche Art des Wertaustausches.

Im Ethereum-Netzwerk wird ein Block grundsätzlich folgendermaßen validiert (vgl. Abb. 5.2):

Abb. 5.2 Validierungsprozess auf der
Ethereum-Blockchain (eigene Darstellung
in Anlehnung an Abb. auf Ethereum Github)

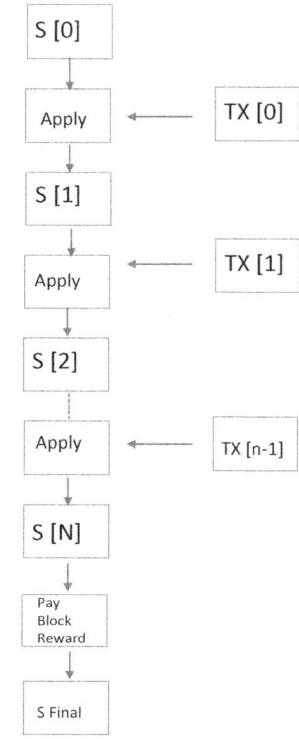

- Es wird überprüft, ob der in Beziehung zu anderen Blöcken gesetzte Block existiert und gültig ist.
- Der Zeitstempel der Blöcke wird überprüft.
- Die Blocknummer und alle „Roots" werden auf Gültigkeit überprüft.
- Der Proof of Work wird auf Gültigkeit geprüft.
- S[0] wird als Ende des vorherigen Blockes gesetzt.
- Tx[0], Tx[1] usw. ist die Transaktionsliste mit der Anzahl der Transaktionen.
- Sollte eine Transaktionsliste oder eine Anwendung (Apply) einen Error aufweisen oder ein Zeitlimit überschritten werden, gilt eine Eingabe als ungültig und wird abgelehnt.
- Der Blockvalidierungsalgorithmus endet theoretisch mit S[n], jedoch muss der Miner bezahlt werden, der seine Hardware zur Verfügung stellt, um diesen Algorithmus validieren zu können. Aus diesem Grund wird vor dem S_Final (Durchführung einer Transaktion) PAY BLOCK REWARD eingefügt.
- Es wird überprüft, ob alle Blöcke mit dem Ursprung übereinstimmen und so entschieden, ob die Blöcke valide sind oder nicht.[8]

---

[8] GitHub Inc. Whitepaper Etheureum, 2017, zugegriffen: 16. November 2019.

Smart Contracts, die essenzieller Bestandteil der Ethereum-Blockchain sind, transportieren Werte, die nur dann freigesetzt werden, wenn die Bedingungen des Vertrages erfüllt sind.

Die Smart Contracts werden in den meisten Fällen mit der Programmiersprache Solidity entwickelt und geschrieben, in die Ethereum Virtual Machine (EVM) implementiert und dort ausgeführt. Neben Solidity gibt es noch folgende Programmiersprachen, die zur Entwicklung der Smart Contracts verwendet werden können:

- Geth (GO),
- Go- ethereum (GO),
- Parity (Rust),
- Cpp-ethereum (C++),
- Pyethapp (Python),
- Ethereumjs-lib (Javascript),
- Solidity (syntax).

5.1.2   Geth

Geth ist die offizielle Client-Software der Ethereum Foundation. Es ist in der Programmiersprache GO geschrieben. Diese Software beinhaltet folgende wichtige Komponenten:

- Client Deamon,
- Geth Console,
- Mist Browser.

Ein Daemon ist ein Programm, das fortwährend im Hintergrund läuft und bestimmte Dienste zur Verfügung stellt.[9] Das Daemon-Programm kann die gestellten Anforderungen gegebenenfalls auch an andere Programme oder Prozesse weiterleiten. Jeder Server von Seiten im World Wide Web verfügt über einen HTTPD- oder Hypertext Transfer Protocol-Daemon, der kontinuierlich auf Anfragen von Webclients und deren Benutzern wartet. Wenn der Client (auch Node genannt), innerhalb der Blockchain sich mit dem Daemon verbindet, verbindet er sich auch mit anderen Clients im Netzwerk und lädt eine Kopie der Blockchain herunter. Dieser Client kommuniziert kontinuierlich mit den anderen Clients. Somit werden die Kopien der Blockchain immer aktuell gehalten. Der Client Deamon hat die Fähigkeit, Blöcke zu generieren, Transaktionen zur Blockchain zuzufügen, Transaktionen zu validieren und diese auszuführen. Ferner fungiert er auch als Server, indem er API (Application programming Interface [Schnittstelle zur Anwendungsprogrammierung]) offenlegt, mit denen über Remote Procedure Call (Kontrollprozeduraufruf; RPC) interagiert werden kann.

---

[9] Kersken (2019), S. 405.

Die Geth Console ist ein Befehlszeilen-Tool, mit dem die Verbindungen zwischen den beteiligten Nodes im Netzwerk hergestellt werden und anschließend miteinander interagiert werden kann. Folgende Aktionen sind z. B. denkbar:

- Konten erstellen,
- Konten verwalten,
- kommunizieren,
- Transaktionen bestätigen,
- Transaktionen an die Blockchain übermitteln,
- die Blockchain abfragen.

Der Mist Browser war lange Zeit integraler Bestandteil des Ethereum-Ökosystems. Dies war eine Desktop-Anwendung, die zur Kommunikation zwischen den Nodes genutzt wurde. Alle Aktionen, die mit einer Konsole möglich sind, konnten über die grafische Benutzeroberfläche vom Mist Browser vollzogen werden. Über den Mist Browser ließen sich Smart Contracts leicht programmieren und in etliche Anwendungen implementieren.

Ein Standard-Webbrowser wie Chrome, Firefox oder Internet Explorer ermöglicht den Zugriff auf Websites wie Amazon, Facebook, Google etc. Ein ähnlicher Vergleich kann mit verschiedenen mobilen Apps durchgeführt werden, die über Google Play verfügbar sind. Ebenso ermöglichte der Mist Browser den Zugriff auf dezentrale Apps, die im Ethereum-Netzwerk verfügbar sind.

Zunehmende Sicherheitsherausforderungen und die Verbreitung solider Alternativen wie z. B. Brave, Opera und Coinbase Wallet Mobile haben jedoch dazu geführt, dass dieser Browser eingestellt wurde.

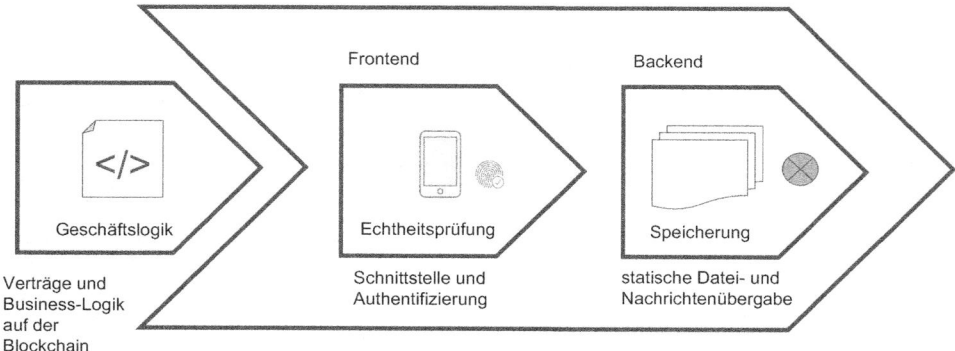

Abb. 5.3 Struktur einer DApp (Abbildung in Anlehnung an Dhillon et al.)

5.2   Decentralized Application (DApp)

Anwendungen, die komplett dezentralisiert sind, sind sogenannte „decentralized Applications". Das Besondere daran ist, dass klassischerweise eine mobile oder Web-App ein Back-End hat, das auf zentralisierten dedizierten Servern läuft; eine DApp hat jedoch ihren Back-End-Code in einem dezentralen Peer-to-Peer-Netzwerk.[10] Eine DApp ist eine Server-lose Anwendung, die beispielsweise auf dem Ethereum-Stack läuft und über ein HTML/JavaScript-Front-End mit dem Endbenutzer kommuniziert, das Aufrufe an den Back-End-Stapel machen kann (vgl. Abb. 5.3).

DApps haben ein eigenes Setting von zugehörigen Verträgen auf der zu nutzenden Blockchain, die zur Kodierung der Geschäftslogik verwendet werden und eine dauerhafte Speicherung ermöglichen.

Ihr Quellcode ist als Open Source verfügbar und kann somit frei verwendet werden. Jeder kann den Quellcode einsehen und für seine Zwecke umändern. Der Quelltext ist maßgeblich für eine Applikation: Wird am Quelltext eine Änderung vorgenommen, dann verändert sich die Funktionen des Computerprogramms.

DApps müssen die Daten, Berichte und den ursprünglichen Quellcode auf einer Blockchain speichern. Dies kann entweder eine eigene Blockchain sein, oder man kann eine der dafür entwickelten DApp-Plattformen nutzen.

Um die eigene Idee für einen Smart Contract „einfach" einmal auszuprobieren, kann man der Anleitung von Torsten Horn folgen.[11] Auf dieser Webseite wird jeder einzeln durchzuführende Schritt beschrieben, sodass man auch als Nicht-Programmierer eine Chance hat.

5.3   Fazit

IT und Codes sind immer ein Teil des Ganzen. Die Art und Weise, wie dieser immer mehr maßgeblich werdende Teil unser Handeln bestimmt und Auswirkungen auf unser tägliches Leben hat, wird eine der wichtigen Forschungsfragen der Zukunft sein.

Wir in unserer heutigen Unternehmens- und Arbeitswelt können aber wahrnehmen, dass wir gestalterisch aktiv werden können. Herkömmlich und zentral ausgerichtete Systeme, die wir gewöhnt sind, können neu durchdacht und umgestaltet werden. Die Art und Weise, wie Entscheidungen zu treffen sind, ändert sich dadurch. Das Netzwerk entscheidet, das Netzwerk bewertet. Damit muss sich jede Organisation, jedes Unternehmen mit den Fragen zur IT in Hinblick auf die Architektur und die anzuwendenden Prinzipien

---

[10] Dhillon/Metcalf/Hooper (2017), S. 42.

[11] Horn (2019): Smart Contracts für die Ethereum Plattform. https://www.torsten-horn.de/techdocs/Ethereum-Smart-Contracts.html#Installation-Geth-Solc-Test-Blockchain, zugegriffen am 15. Oktober 2019.

auseinandersetzen. Welche Prozesse, intern sowohl als auch extern, werden auf welcher Basis mit den Stakeholdern verknüpft?

Jedes Problem, das sich mathematisch beschreiben lässt, wird über Algorithmen und entsprechende Programmierung abgebildet (werden). Mit der Verwendung von Machine Learning bzw. Deep Learning kann ein Programmcode eigenständig weiterlernen. Dazu benötigt er enorm viele Daten, um ein verlässliches Muster zu erkennen. Damit es bei der Entwicklung von Mustern nicht zu unerwünschten Effekten kommt, müssen die zu nutzenden Daten verlässlich sein und dürfen keinen Bias erzeugen. Beispielsweise gibt es neuerdings Hinweise, dass Google einen frauenfeindlichen Algorithmus hat, der Webseiten von Frauen per se schlechter rankt.[12] Datenerfassung kann somit zum Minenfeld werden.

Es ist demnach wichtig, sowohl die technischen (Programmier-)Möglichkeiten als auch die Weiterentwicklung samt Sicherheitsanforderungen wahrzunehmen. Die eigenen Ideen zu entwickeln und zu testen sollte unter Berücksichtigung von Governance-Regeln erfolgen. Dann kann sich der Code und die in ihm vorhandene Macht im Sinne des „wünschenswerten Verhaltens" entfalten. Dies kann in der entsprechenden Testumgebung geprüft werden, ehe eine neue Anwendung in den Markt kommt.

Die Blockchain-Technologie ist angetreten, um zentralisierte Ansätze zu überwinden. Konsensmechanismen helfen zu definieren, wie in einem Netzwerk die Entscheidungsfindungen vonstatten gehen und wie die Ausführung der getroffenen Entscheidungen durchgeführt werden soll. Ein Code hat viel Macht, jedoch benötigt jeder noch so mächtige Code ein Umfeld, in dem er agieren kann. Wie dieses Umfeld ausgestaltet ist, zentral oder dezentral, föderal oder monarchisch, obliegt uns als Entscheider.

Literatur

Dhillon V, Metcalf D, Hooper M (2017) Blockchain enabled application, understand the blockchain ecosystem and how to make it work for you. Apress/Springer Science, New York

de Filippi P, Wright A (2018) Blockchain and the law: the rule of code. Harvard University Press, London

GitHub Inc (2017) Whitepaper Etheureum. https://github.com/ethereum/wiki/wiki/White-Paper. Zugegriffen am 16.11.2019

Horn, T (2019) Smart Contracts für die Ethereum Blockchain. https://www.torsten-horn.de/techdocs/Ethereum-Smart-Contracts.html#Installation-Geth-Solc-Test-Blockchain. Zugegriffen am 15.10.2019

Kersken S (2019) IT-Handbuch für Fachinformatiker, Der Ausbildungsbegleiter, 9., erw Aufl. Rheinwerk, Bonn

Lessig L (2006) The code version 2.0, 2. Aufl. Basic Books, New York

---

[12] Im Sommer 2019 wurde mehrfach über diese Benachteiligung berichtet, u. a. auf Golem.de, die IT-News für Profis anbieten.

Prewitt M, McKnie S (2018) Blockchain communities and their emergent governance. https://me-dium.com/blockchannel/blockchain-communities-and-their-emergent-governan-ce-fdf24329551f. Zugegriffen am 12.10.2019

Sauerwein F, Just N, Latzer M (2017) Algorithmische Selektion im Internet: Risiken und Gover-nance automatisierter Auswahlprozesse. kommunikation@gesellschaft 18:1–22. https://nbn-resolving.org/urn:nbn:de:0168-ssoar-51466-4

Weill PD (2004) Don't just lead, govern: how top-performing firms govern IT. MIS Quarterly Exe-cutive 3(1):1–17

Der nächste Hype?

6

Zusammenfassung

Disruptiv! Neu! Besser! Adjektive, die im Zusammenhang mit Blockchain-Technologie genannt werden, gibt es unendlich viele. Sie beschreiben häufig einen Hype, und Blockchain-Technologie hat im Laufe ihrer kurzen Existenz schon einige Hypes gesehen. Nachfolgend werden die unterschiedlichen Token-Modelle beschrieben, die zu unterschiedlichen Zwecken einsetzbar sind. Es werden die Initial-Offering-Modelle dargestellt, die neben der Ausgabe der jeweils entsprechenden Tokens zur Kapitalallokation genutzt werden.

Ein vorläufiger Höhepunkt war das Jahr 2017. Kein Tag verging, an dem nicht in den Medien über Bitcoin, Blockchain und das sogenannte Initial Coin Offering (ICO in Anlehnung an den IPO [Initial Public Offering] für Aktiengesellschaften) berichtet wurde. Der Preis eines Bitcoins war zum Jahresende auf über 20.000 USD gestiegen, nur um dann im Laufe des Januar 2018 extrem zu fallen (Ende Januar betrug der Gegenwert eines Bitcoins „nur" noch 9628 USD). Als Ursache für den Preisverfall wurden einerseits sogenannte Mitnahmeeffekte genannt. Andererseits haben die regulatorischen Ankündigungen dazu geführt, die vorhandene Goldgräberstimmung einzutrüben. So hat u. a. Südkorea neue Regeln für den Kryptowährungshandel erlassen, und die Security and Exchange Commission (SEC) beschloss im Sommer 2017, dass ICO dem Wertpapiergeschäft zuzuordnen sind. Diese einsetzende Regulierung dämpfte den Hype um das Initial Coin Offering.

Getrieben jedoch wurde dieser Hype (und andere) durch Investoren, die bereit sind, sich in einem sehr frühen Stadium an Business-Ideen zu beteiligen. Vorbilder dieser neuen Welle von innovativen Geschäftsideen in einem neuen innovativen Umfeld waren z. B. Mark Zuckerberg, Elon Musk, Jack Ma, die allesamt an ihre Vision glauben und

© Springer-Verlag GmbH Deutschland, ein Teil von Springer Nature 2020
K. Adam, *Blockchain-Technologie für Unternehmensprozesse*,
https://doi.org/10.1007/978-3-662-60719-0_6

diese zu großen Unternehmen ausgebaut haben. Jedes Unternehmen, das über eine Block-chain ein Token-Modell anbietet, verspricht die sehr frühe Teilhabe an dem vielleicht nächsten sogenannten Einhorn.[1]

Die grundsätzliche Idee hinter der Tokenisierung ist, auch Kleinanlegern die Möglich-keit zu geben, sich an innovativen und noch ganz am Anfang stehenden Geschäftsideen beteiligen zu können. Üblicherweise wird diese frühe Investmentphase durch professio-nelles Engagement – Venture Capital/Wagniskapital – begleitet. Hierbei handelt es sich um Risikokapitalgesellschaften, die von ihren Investoren Geld einsammeln, um es in junge, zumeist technologieorientierte Unternehmen einzubringen. Im Gegenzug für die Kapitalbereitstellung verlangen die Risikokapitalgesellschaften eine sehr hohe Rendite unter Berücksichtigung einer sogenannten Exit-Strategie. In der klassischen Finanzwelt bedeutet der Exit für diese Gesellschaften ihr Verkauf der Anteile, nachdem das geförderte Unternehmen an die Börse gebracht ist.[2]

Kleinanleger haben – ebenfalls üblicherweise – keinen Zugang zu derartigen Anlage-möglichkeiten, da die Tranchen größer sind als der Betrag, den ein Kleininvestor zahlen kann. Die Bündelung von Kleinstsummen, um sich an größeren Investitionsvorhaben zu beteiligen, wird auch gern als Crowdfunding bezeichnet. Dieses Crowdfunding wird aber eher für lokale Projekte eingesetzt. Coins und Tokens hingegen können weltweit und quasi grenzenlos eingesetzt werden.

Gern wird im Zusammenhang von ICO auch die Abkürzung TGE genutzt. Das Akro-nym steht für Token Generating Event und kann ebenso gleichbedeutend mit Initial Coin Offering verwendet werden wie der Begriff Token Sale. Allen gemeinsam ist die Ausgabe von Tokens, um eine Geschäftsidee zu finanzieren. Der Token repräsentiert einen zur Ge-schäftsidee passenden Wert. Das kann ein Wert der geschaffenen eigenen Währung sein oder ein bestimmtes Recht.

Zwei Begriffe werden im Zusammenhang mit diesem Hype genutzt: „Coin" und „Token". Zur besseren Unterscheidung kann man die Begriffe wie folgt definieren (vgl. Tab. 6.1):
Ein „Coin" repräsentiert eine explizite Blockchain mit ihren definierten technischen Eigenschaften. So gehört ein Bitcoin zur Bitcoin-Blockchain, ein Neo zur Neo-Blockchain usw.
Ein „Token" ist kein Repräsentant einer Blockchain, vielmehr nutzt ein Token die technischen Eigen-schaften einer Blockchain.[3]

Übertragen auf den ICO-Hype von 2017 bedeutet dies, dass anstatt Aktien nun Tokens geschaffen werden, die im Rahmen des ICO zu erwerben sind. Diese Tokens können Verschiedenes repräsentieren (vgl. Abschn. 6.4), stellen aber am Ende eine unternehmens-eigene Kryptowährung dar. Insgesamt stellt diese Terminologie eine beabsichtigte Nähe-

---

[1] In der Wirtschaft ist ein Einhorn (Unicorn) ein Start-up mit einer Marktbewertung von über einer Milliarde US-Dollar vor dem eigentlichen klassischen Börsengang. Im Jahr 2019 ist das chinesische Unternehmen Toutiao (Bytedance) mit einer Bewerung von 75 Mrd. US-Dollar auf Platz 1 gefolgt von dem amerikanischen Unternehmen Uber auf Platz 2 und 72 Mrd. US-Dollar.

[2] Berk/DeMarzo (2019), S. 692 ff.

[3] Bogensperger et al. (2018), S. 73.

Tab. 6.1 Gegenüberstellung Coin Token

Coin	Token
Eigene Kryptowährung	Abhängig von der Technologie einer Kryptowährung
Repräsentant größerer Projekte	Einsatz beim Initial Coin Offering als digitaler Gutschein
Aufwendiger zu programmieren, höherer Schwierigkeitsgrad	Einfachere Erstellung durch Nutzen vorhandener Technologien (z. B. Ethereum)
Ein Coin hat „nur" die Zahlungsmittelfunktion und stellt eine Währungseinheit dar	Kann unterschiedliche Funktionen repräsentieren
Braucht nur die eigene Plattform	

rung an die erstmalige Ausgabe von Aktien dar (sprich IPO), jedoch werden bei dem Token Sale keine Unternehmensanteile veräußert. Der Investor investiert vielmehr in eine Geschäftsidee und ermöglicht dem Start-up mit den von ihm gestellten finanziellen Mitteln, diese Geschäftsidee zum Produkt zu entwickeln. Im Gegenzug erhält der Investor den Token, der verschiedene Eigenschaften repräsentieren kann (vgl. Abschn. 6.4). Insgesamt sind Initial Coin Offerings im Jahr 2017 zu einem der beliebtesten Finanzierungsformen für Start-ups geworden.[4]

Die projektbasierte Unternehmensfinanzierung eines ICO findet mittlerweile neue Ausdruckformen.

6.1   Initial Exchange Offering (IEO)

2017 und 2018 sind eine Vielzahl von erfolgreichen ICO, aber auch unglaublich viele auf den Markt gekommen, die ihre gemachten Renditeversprechen nicht einhalten konnten. Daher sind ICO aufgrund von Underperformance, mangelndem Anlegerinteresse und regulatorischer Unsicherheit weitgehend in Ungnade gefallen. Prinzipiell ist es ein guter Ansatz, grenzüberschreitend Gelder von Investoren einzusammeln. Daher wird dieser Ansatz des ICO modifiziert, und im Jahr 2019 ist nun häufiger von IEO zu hören.

Während der IEO-Trend als asiatisches Phänomen begann, angeführt von großen asiatischen Börsen, wird das Modell nun von großen renommierten US-Börsen übernommen. Bitfinex hat kürzlich die Tokinex-IEO-Plattform auf den Markt gebracht, und Coinbase ist ebenfalls an der Einführung einer IEO-Plattform sowie eines STO-Emissionsprodukts (Security Token Offer) interessiert.

Während es sich bei den Initial Coin Offerings um Peer-to-Peer-Fundraising handelt, das typischerweise auf der eigenen Website eines Projekts durchgeführt oder von einer spezialisierten Plattform unterstützt wird, handelt es sich bei den Initial Exchange Offerings um Token Sales, die von einer Drittbörse gehostet werden.

---

[4] Hahn/Wons (2018), S. 3.

Für den Kleinanleger hat ein IEO mehrere risikomindernde Vorteile gegenüber einem ICO: Die Börse führt eine due Diligence (sorgfältige Prüfung) durch, um Qualität, Glaubwürdigkeit und Potenzial des Projekts sicherzustellen. Es gibt einen unmittelbaren Sekundärmarkt bei der Emission, um die Liquidität zu garantieren. Die Börse hat aufgrund des eigenen Reputationsrisikos hohes Interesse, nur nachhaltige Investitionsmöglichkeiten anzubieten.

Wie die ICO sind auch die IEO eine Form der Frühphaseninvestition, die Privatanlegern zur Verfügung steht. Anstatt Firmenanteile zu erwerben, investieren Kleinanleger mithilfe von IEO in den potenziellen Nutzen eines Unternehmens. Dafür erhalten sie einen Token, der das Nutzenversprechen abbildet. Firmen, die bereits über ein Produkt verfügen, sind daher im Vorteil.

Blockchain-Start-ups mit ersten Produkten können über diese neue Form der Finanzierung in der Seed-Phase eine sinnvolle Ergänzung zum klassischen Venture-Kapital erhalten.

Die Research Plattform BraveNewCoin prognostiziert für das Jahr 2020 eine steigende Anzahl an IEO. Das Niedrigzinsumfeld erschwert die Suche nach Rendite, und bei Investoren steigt das Interesse an Kryptowährungen als ergänzende Anlageform.

6.2   Initial Futures Offering (IFO)

Die allerneueste Methode (September 2019) ist das sogenannte Initial Futures Offering (IFO), das auf den Erkenntnissen aus der ICO- und IEO-Welle stammt.

Wie der Name Futures schon sagt, handelt es sich um Tokens, die zum Zeitpunkt des Kaufs noch nicht einmal existieren. Dies sind derivative Finanzkontrakte, die die Parteien verpflichten, einen Vermögenswert zu einem festen zukünftigen Zeitpunkt und Preis zu handeln.

Die Argumentation für einen IFO lautet, dass mehr Diversifikation möglich wird, da eine größere Anzahl an Instrumenten zur Verfügung steht.

Im Frühherbst 2019 sind die regulatorischen Auflagen weniger streng im Vergleich zu einem ICO oder auch IEO.

Der bei Termingeschäften vorhandene Leverage-Effekt bietet das Potenzial, den Gewinn um ein Vielfaches zu steigern. Der Grund dafür ist, dass die Garantieabdeckung oft viel niedriger ist als der Basiswert. Jedoch gilt der Leverage-Effekt auch für potenzielle Verluste, die dann um ein Vielfaches höher ausfallen könnten, als erwartet.[5]

Es wird erwartet, dass Futures eine realistischere Preisfindung für ein Token bieten. Die Auffassung über die Geschäftsidee, den Fortschritt und Erfolg wird in einem Future als Erwartungswert widergespiegelt.

Sind schon „normale" Futures höchst risikoreich und damit eher etwas für professionelle Anleger, so schätze ich diese digitale Anlagemöglichkeit als mindestens ebenso risikoreich ein. Es ist die Zukunftswette auf ein digitales (und somit nicht haptisches) und bisher nicht existierendes Produkt. Ebenso wie Wetten auf zukünftige Ernten ein hohes Risikopotenzial aufweisen, ist das Risiko, bei einem Blockchain-basierten Future-Token einen Totalverlust zu erleiden, hoch.

---

[5] Becker (2012), S. 11.

6.3   Token-Ökonomie und neue Geschäftsfelder

Quasi mit dem wachsenden Verständnis, was eine Blockchain neben dem Transfer von Währungseinheiten kann, entwickelt sich auch die Token-Ökonomie.[6] Der erste Schub ist untrennbar mit dem Erfolg von Ethereum verknüpft. Ethereum war die erste Plattform, die es ermöglichte, dass auf ihr Hunderte von intelligenten, vertragsbasierten dezentralized Apps (DApps) ausgeführt und der dazu zugehörige Token ausgegeben werden konnten. Zum Vergleich: Was Microsoft Windows für den Rechner war, sind die DApps für die Blockchain-Welt.[7]

In dieser Blockchain-Welt entstehen neuartige Organisationen, die ihre eigenen Bedingungen und Regeln festlegen und so neue, sich selbst tragende Mini-Wirtschaftssyteme schaffen. Ein Anbieter eines Tokens in diesem Umfeld kann frei entscheiden, welche Rechte und Pflichten hinter einem von ihm ausgegebenen Token stehen sollen. Tokens müssen weder Mitgliedschafts- noch Informations-, Kontroll- und oder Stimmrechte enthalten.

Es zeigt sich schon heute, dass die Token-Nutzungsbeziehungen weitaus wichtiger sind als das Design der zugrunde liegenden Kryptoökonomie. Es gibt keinen perfekten Token. Das Geschäftsmodell muss tragfähig sein – sonst nützt der beste Token nichts.

Diese sogenannte Token-Ökonomie beeinflusst aber schon heute die Verknüpfung der realen mit der digitalen Welt. Es gibt kaum einen realen Wert, der sich nicht digitalisieren und somit in ein Token-Modell überführen lässt. Und genauso unbegrenzt, wie aus reellen und realen Werten digitale geschaffen werden können, genauso unbegrenzt sind die Einsatzmöglichkeiten und die entsprechenden Geschäftsfelder.

Neben der Möglichkeit für junge Unternehmen, sich über die Ausgabe von Tokens erhebliche finanzielle Mittel, basierend auf der eigenen Geschäftsidee, zu allokieren, fordert diese neue Ökonomie neue Tätigkeiten ein. Netzwerke – Computernetzwerke, Entwicklerplattformen, Marktplätze, soziale Netzwerke usw. – sind schon immer ein starker Teil des Versprechens des Internets gewesen. Um als Netzwerk erfolgreich zu sein, bedarf es der kritischen Masse. Dies lässt sich leichter über Token-Modelle erzielen, da Tokens vielfältig ausgestaltet werden können (vgl. auch Abschn. 6.3)

Zusätzlich können Token-Modelle Anreize für die Netzteilnehmer schaffen, indem sie die Netzwerkteilnehmer darauf ausrichten, gemeinsam auf ein gemeinsames Ziel hinzuarbeiten – das kann z. B. das Wachstum des Netzwerks und oder die Wertschätzung des Tokens umfassen. Diese Ausrichtung ist übrigens einer der Gründe, warum Bitcoin den Skeptikern zum Trotz weiterhin wächst und gedeiht.

Die Token-Gestaltung hängt von dem dahinter liegenden Geschäftszweck ab. Die inhaltliche und konzeptionelle Gestaltung sowie die Zielsetzung, wie viel Geld mit der Ausgabe der Tokens eingesammelt werden soll, ist im Vorfeld zu durchdenken.

---

[6]Voshmgir (2019), S. 3.

[7]Casey/Vigna (2018), S. 99.

Eigene Tokens zu erstellen ist relativ einfach, da man sich des Standards von Ethereum bedienen kann. Beispielsweise sei hier auf den ERC20-Standard von Ethereum hingewiesen.[8]
Wichtig sind jedoch gute Planung und richtige Zielsetzung.

Kritisch zu bedenken ist die schier ungeheure Menge an Tokens. Die Website von Coin Market Cap listet Anfang Oktober 2019 fast 3000 verschiedene Währungen und damit entsprechend fast 3000 verschiedene Coins auf.[9]

Eine – auch international gültige – Identifizierung und Klassifizierung lässt derzeit noch auf sich warten. Die Folge ist, dass auf nationaler Ebene die Sachverhalte Bewertung und technische Einordnung höchst unterschiedlich ausfallen. Ein erster Schritt in diese Richtung geht das Fürstentum Liechtenstein, das im Oktober 2019 das erste Blockchain-Gesetz weltweit verabschiedete, das zum 1. Januar 2020 in Kraft getreten ist. Damit wird die Rechtssicherheit geschaffen, die Investoren und Verbraucher besser schützt und zugleich eine angemessene Überwachung der verschiedenen Dienstleister in diesem Umfeld sicherstellt. Inwieweit dies als Vorbild zur weltweiten Standardisierung beiträgt, wird sich zeigen.

Nachfolgend werden die gängigen Token-Arten beschrieben.

6.4   Token-Typologie

Es gibt verschiede Klassen von Tokens, und grob lassen sie sich in wertpapierähnliche Tokens (Security Tokens) sowie Tokens mit einem Funktionalitätsversprechen (Utility Tokens) aufteilen. Die Bestimmung der Rechte wirkt sich unmittelbar auf die juristische Einordnung des Tokens aus. Ein Token muss mittlerweile auch aufsichtsrechtlichen Bestimmungen gerecht werden.

Die Unterscheidung ist in Bezug auf die Funktionalität der beiden Varianten wichtig. Vor allem die Finanz- und Börsenaufsichtsbehörden legen Wert darauf, dass sie korrekt deklariert sind. Sie waren es, die diese Unterteilung notwendig machten.

Die Security and Exchange Commission (SEC), gegründet 1929 zu Zeiten des großen Börsen-Crashs, ist mit der steigenden Anzahl an ICO auf diese Entwicklung aufmerksam geworden. Das Hauptanliegen der SEC ist, Anleger zu schützen und sicherzustellen, dass der Handel mit Wertpapieren rechtlich sicher und kontrolliert ist. Die SEC hat sich in diesem Markt eingeschaltet, als deutlich wurde, dass eine Vielzahl an Angeboten kein tragfähiges Geschäftsmodell vorweisen und es sich teilweise um betrügerische Absicht handelte.

Wertpapiere sind handelbare finanzielle Vermögenswerte wie Anleihen, Optionen, Aktien und Optionsscheine. Wertpapier-Tokens erfüllen die gleichen Anforderungen und gelten daher als Wertpapiere. Beispielsweise verfügen die SEC und auch die BaFin über

---

[8] ERC steht für „Ethereum Request for Comment", und die Zahl 20 steht als Indentifikationsnummer, um diesen Standard von anderen zu unterscheiden.
[9] Coin Market Cap (2019). https://coinmarketcap.com, Zugegriffen: 16. Oktober 2019.

mehrere Tests, um festzustellen, in welche Kategorie ein Token gehört. Am bekanntesten ist wohl der Howey-Test, der die Anforderungen zusammenfasst.

Ein Token ist ein Sicherheits-Token, wenn die folgenden Punkte alle erfüllt sind:

- Der Token ist eine Geldanlage.
- Die Investition geht an ein Unternehmen oder eine Gruppe von Unternehmen.
- Der Investor hat die Erwartung, durch den Erwerb des Tokens einen Gewinn zu erzielen.
- Der erwartete Gewinn wird durch die Arbeit Dritter generiert.

Wenn ein Token diese 4 Punkte erfüllt, dann muss das Unternehmen alle Anforderungen erfüllen, die auch für die traditionellen Wertpapiere gelten. Dazu gehören die Prospektpflicht, Ad-hoc-Berichtspflicht und die Haftung für fehlerhafte Informationen. Kommt ein Unternehmen diesen Verpflichtungen nicht nach, können erhebliche Strafen entstehen.

Viele Unternehmen sehen in dieser Form des Token-Angebots eine sinnvolle Alternative zu anderweitigen Geldbeschaffungsmaßnahmen (vgl. Abb. 6.1; vgl. hierzu auch Abschn. 7.6).

Die in der Abbildung aufgeführten Token-Gattungen werden nachfolgend erläutert.

6.4.1   Payment Token oder digitale Währung

Der Begriff „digitale Währung" mag irreführend sein, denn es handelt sich (aktuell) nicht um von Zentralbanken anerkannte Währungen. Dennoch verfügen diese Währungen eben-

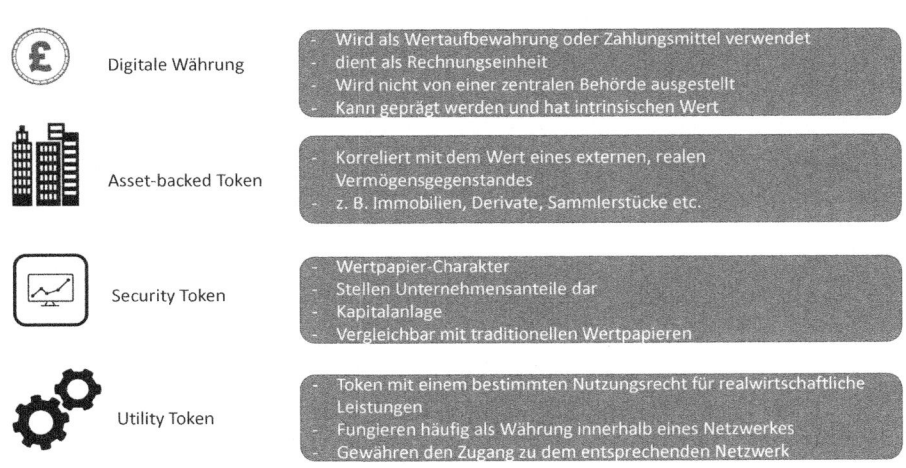

Token-Gattungen

Digitale Währung
- Wird als Wertaufbewahrung oder Zahlungsmittel verwendet
- dient als Rechnungseinheit
- Wird nicht von einer zentralen Behörde ausgestellt
- Kann geprägt werden und hat intrinsischen Wert

Asset-backed Token
- Korreliert mit dem Wert eines externen, realen Vermögensgegenstandes
- z. B. Immobilien, Derivate, Sammlerstücke etc.

Security Token
- Wertpapier-Charakter
- Stellen Unternehmensanteile dar
- Kapitalanlage
- Vergleichbar mit traditionellen Wertpapieren

Utility Token
- Token mit einem bestimmten Nutzungsrecht für realwirtschaftliche Leistungen
- Fungieren häufig als Währung innerhalb eines Netzwerkes
- Gewähren den Zugang zu dem entsprechenden Netzwerk

Abb. 6.1 Token-Gattungen

falls über die klassischen Merkmale von Währungen, wenn auch in zum Teil abgeschwächter Form:[10]

Tauschfunktion: Eine Tauschfunktion ist dann gegeben, wenn ein Eigentümer eines Gutes bereit ist, dieses Gut gegen die entsprechende Währung zu tauschen. In Bezug auf die traditionellen Währungen (sogenanntes Fiat-Geld)[11] erleben wir ständig diese Tauschfunktion. Wir kaufen beim Bäcker unsere Brötchen und legen dafür den entsprechenden Geldbetrag auf den Tresen. Ähnlich verhält es sich mit einer digitalen Währungseinheit. Diese erhält man üblicherweise, indem man seine Fiat-Währung in digitale Währungen eintauscht. Die Betrachtungen, aus dem Mining-Prozess Geld zu schaffen bzw. über sonstige Anreizprogramme einen digitalen Währungs-Token zu erhalten, stellt ebenfalls einen Tausch dar: Rechenpower gegen Bitcoin oder sonstige Dienstleistungen gegen einen Payment Token.

Rechnungseinheit: Das Vorhandensein dieser Funktion ermöglicht es, die zu tauschenden Güter und Dienstleistungen zu bewerten. Auf diese Weise können heterogene Güter vergleichbar gemacht werden. Beispielsweise kann man mit einem Bruchteil eines Bitcoins journalistische Inhalte z. B. als Zeitungsartikel über die Website von Satoshipay über sogenannte Mikrozahlungen erwerben. Die Länge des Absatzes bestimmt den zu zahlenden Preis.[12]

Wertaufbewahrungsfunktion: Eine Währung muss in der volkswirtschaftlichen Betrachtung ihren Wert über eine gewisse Zeit aufbewahren, also konservieren. Digitale Währungen sind hingegen sehr volatil, d. h. sie schwanken stark im Wert. Aus diesem Grunde wird die Wertaufbewahrungsfunktion den digitalen Währungen abgesprochen; sie repräsentieren zwar einen Wert, sind jedoch nicht in der Lage, diesen Wert stabil über eine längere Zeit zu halten.

Auch wenn von den westlichen Zentralbanken wie z. B. der Europäischen Zentralbank, der Bank of England oder auch der Federal Reserve digitale Währungen nicht als Währung anerkannt werden, so ist dennoch viel Bewegung in diesem Markt. Mit der Facebook-Währung „Libra" wird deutlich, dass digitale Währungen das Potenzial haben, „systemrelevant" zu werden und somit den bisher bekannten Geldmarkt vor völlig neue Herausfordergen stellen. Die Libra Foundation mit Sitz in der Schweiz erklärt in dem zur Währung gehörenden White Paper, dass Wechselkursschwankungen (und damit eine hohe Volatilität wie bei den anderen digitalen Währungen) stark unterbunden werden können, da Libra durch einen „Korb" an Bankanleihen und kurzfristigen Staatsanleihen in verschiedene, offizielle harte Währungen gedeckt wird.[13] Dies suggeriert die gleiche Sicherheit und das Vertrauen in eine von einem Privatunternehmen herausgegebene Währung, wie es sonst nur die Zentralbanken für sich beanspruchen. Würde Libra als tägliches Zahlungsmittel eingesetzt werden, dann könnte Libra weit mehr sein als lediglich ein weiterer

---

[10] Altmann (2003), S. 80 ff.

[11] Fiat (lat.) kann übersetzt werden mit „es werde"; es handelt sich hierbei um Zentralbankgeld.

[12] Interview mit Meinhard Benn auf Gründerszene.

[13] The Libra Blockchain, White Paper, S. 23 ff.

Zahlungsdienstleister, der Personen, die aktuell vom Finanzsystem ausgeschlossen sind, einbezieht. Libra könnte sich einen eigenen Wirtschaftskreislauf schaffen, der Zentralbanken weltweit überflüssig werden ließe. Zumindest das White Paper von Libra hält sich diese Möglichkeit offen.

Politiker und Aufsichtsbehörden weltweit haben unzählige Fragen und auch genauso viele Vorbehalte gegen diesen Vorschlag. Weil kein Staat sein Recht zur Herausgabe der Währung durch ein privates Unternehmen eingeschränkt sehen will, untersuchen viele Regierungen staatliche Digitalwährungen: z. B. forscht die schwedische Notenbank an „E-Krona",[14] der Finanzminister der Bundesregierung Olaf Scholz denkt laut über den e-Euro nach, und der chinesischen Zentralbank wird nachgesagt, 2020 den digitalen Yuan[15] einführen zu wollen.

6.4.2 Asset-Backed Token

Diesem Token unterliegt ein realer Vermögensgegenstand, und er kann als die digitale Version von Asset-Backed-Securities (ABS) verstanden werden.

Bei den ABS handelt es sich um Wertpapiere, die ihre Einnahmen aus einem (oder mehreren) zugrunde liegenden Vermögenswert(en) erzielen. Dabei kann es sich um Immobilien, Forderungen, sonstige Vermögensgegenstände wie z. B. Gemälde oder auch Finanzwertpapiere handeln.[16] Ähnlich wie bei einem Fonds erwirbt der Käufer ein Teil aus dem Gesamtvermögenswert. Der Begriff „Fonds" wird in § 1 Kapitalanlage Gesetzbuch (KAGB) beschrieben. Gemäß § 1 Abs. 1 Satz 1 KAGB ist „Investmentvermögen [...] jeder Organismus für gemeinsame Anlagen, der von einer Anzahl von Anlegern Kapital einsammelt, um es gemäß einer festgelegten Anlagestrategie zum Nutzen dieser Anleger zu investieren und der kein operativ tätiges Unternehmen außerhalb des Finanzsektors ist."

Asset-backed Tokens greifen diese Herangehensweise auf und ermöglichen Investoren, sich mit kleinen Beträgen an einem Vermögensgegenstand zu beteiligen. Die Besonderheit dieser digitalen Beteiligung ist, dass Kleinststückelungen möglich sind, die zuvor in der analogen Welt nicht möglich waren. Voshimgir erläutert in diesem Zusammenhang, dass fraktionale tokenisierte Vermögensgegenstände eine ganze Reihe von neuen Anlageklassen ermöglichen und dass diese Anlagen fungibler und liquider werden.[17]

Der Asset-backed Token repräsentiert einen Anspruch, der an den entsprechenden Vermögensgegenstand und dessen Einnahmen gebunden ist.

---

[14] Vgl. Riksbank (2019): https://www.riksbank.se/en-gb/payments%2D%2Dcash/e-krona/

[15] Vgl. Chinadaily (2019): http://www.chinadaily.com.cn/a/201909/04/WS5d6eefa1a310cf3e3556985a. html; zugegriffen am 11. September 2019.

[16] Vgl. Berk/DeMarzo (2019), S. 735.

[17] Vgl. Voshmgir (2019), S. 24.

6.4.3   Utility Token

Der Utility Token ist ein funktionaler Bestandteil eines Produktes oder einer Dienstleistung eines Start-ups. Anfänglich war der Utility Token die am häufigsten verwendete Token-Form bei einem ICO. Diese Token-Art gestattet dem Besitzer, auf eine bestimmte Serviceleistung, die zuvor im Smart Contract definiert und festgelegt wird, zuzugreifen und die abgerufene Serviceleistung mit dem Token zu bezahlen. Mitunter wird auf die Analogie zu den Jetons in einem Spielkasino oder beim Pokerspiel zurückgegriffen: Man muss sich in beiden Fällen spezielle Spiel-Chips kaufen, um am eigentlichen Spiel teilnehmen zu können.

Utility Tokens repräsentieren, im Gegensatz zu den Security Tokens, keinen wertpapierähnlichen Vermögensgegenstand. Auch stellen sie keine klassische Kryptowährung dar. Sie sind „lediglich" das Versprechen auf ein häufig noch zu erstellendes Produkt bzw. eine Dienstleistung.

Insgesamt unterliegen sie nicht ganz so strengen Auflagen wie ein Security Token.

Die Stärke der Utility Tokens liegt in der Bindung an die Nutzer als Teilnehmer eines Netzwerkes. Über die Funktionalität des Utility Token kann die Community dieses Start-ups aufgebaut werden. Sowie die oben angesprochene kritische Masse erreicht ist, gewinnt der Token an intrinsischem Wert und wird attraktiv für Teilnehmer, die bisher noch nicht in dem Netzwerk vertreten waren.

Befürworter der Utility Tokens sind überzeugt, dass mithilfe dieser Tokens zukünftig Netzwerke und Plattformen demokratischer abzubilden sind. Heutige bekannte Plattformanbieter wie z. B. Amazon oder Alibaba sind zu so großen Marktteilnehmern geworden, weil sie zentral verwaltet sind. Blockchain-Netzwerke mit Utility Tokens können dezentral Anreize zum gegenseitigen Vorteil definieren. Transparenz gilt dabei als eine der Erfolgskomponenten.

Start-ups, die Utility Tokens nutzen, imitieren in gewisser Weise die bisher existenten Abläufe von z. B. Unternehmen oder Institutionen. Jedoch legen die Start-ups ihre eigenen Spielregeln auf. Die Anwendung dieser Regeln ist dann über einen Smart Contract in das System integriert. Somit investiert ein Anleger mit einen Utility Token in die Vision des entsprechenden Unternehmens und in die Erwartungshaltung zukünftiger Marktentwicklungen.

6.4.4   Security Token

Ein Security Token verhält sich wie ein Wertpapier und wird auch von der Bundesanstalt für Finanzdienstleistungsaufsicht (BaFin) so eingeschätzt.[18] Das kann bedeuten, dass an den Token ein Gewinn- und Umsatzversprechen gekoppelt ist. Wenn sich Rückzahlungsverpflichtungen mit dem Token in einen Zusammenhang bringen lassen, spricht man

---

[18] BaFin, 2018, BaFin Perspektiven.

ebenso von einem Security Token, der ähnlich wie ein Wertpapier konstruiert ist. Gleiches gilt, wenn der Token-Besitzer Anteilsrechte am Vermögen des entsprechenden Start-ups hält oder der Token ein Geld-Investment abbildet. Ob der Token als Security Token identifiziert wird, hängt von dem weiter oben beschriebenen Howey-Test ab. Besteht ein Token diesen Test nicht, dann ist es ein starkes Indiz dafür, dass es sich nicht um einen Security Token handelt, der traditionellen Wertpapierregelungen mit all den Offenlegungs- und Registrierungsanforderungen entsprechen muss.

Handelt es sich jedoch um einen Security Token, dann impliziert dies mehr Rechte für die Token-Inhaber; es können sämtliche wertpapierähnliche Rechte über eine Blockchain gesichert werden.

Ein Wertpapierprospekt wird spätestens dann fällig, wenn der Security Token auch Privatinvestoren angeboten wird. Dieser Wertpapierprospekt muss durch die BaFin genehmigt werden. Die kleine, sogenannte abgespeckte Version in Form eines Wertpapier-Informationsblattes, die lediglich drei DIN A4-Seiten Umfang haben soll, ermöglicht eine Kapitalallokation von maximal 8 Millionen Euro. Diese Security Token können dann auch nur in Deutschland gehandelt werden – während die Security Token mit einem Wertpapierprospekt europaweit gehandelt werden können. Festzuhalten ist, dass Security Token mit den Eigenschaften von Wertpapieren ausgestattet sind und es sich somit, genau wie bei einem Wertpapier, um ein fungibles (tausch- und handelbares) Finanzinstrument handelt, das einen tatsächlichen Geldwert darstellt. Weil Security Tokens in der Regel durch reelle Vermögensgegenstände abgesichert sind, wächst die Reputation der Ausgeber solcher Tokens. Diese Absicherung mindert für den Anleger das Investitionsrisikos eines Totalausfalls.

Weitere Vorteile sind:

- Die Beschleunigung von Prozessen, da sich Investoren und Token-Anbieter direkt miteinander austauschen, ohne einen Intermediär.
- Das Umgehen von Intermediären senkt die Kosten, und es ist zu erwarten, dass der verbreitete Ansatz von Smart Contracts den zukünftigen Handel noch einmal vereinfachen und verschlanken wird.
- Sogenannte „fractional Ownership", denn ein hochwertiger Vermögensgegenstand lässt sich in kleinere Einheiten als derzeit üblich aufspalten. Dies ermöglich wiederum mehr Teilhabe – auch von Kleininvestoren.
- Breiteres Anlagespektrum: Unternehmen können eine breitere Investorenbasis erreichen, indem sie Produkte und Dienstleistungen im Internet anbieten.
- Breitere Beteiligung: Ein STO ist nicht auf eine Region oder ein Land beschränkt, sondern kann vielmehr den globalen Handel über das Internet betreiben.

Nachteile sind auch zu benennen:

- Beschränkung des Sekundärmarktes: Security Tokens dürfen in der Regel nicht beliebig weiterverkauft werden. Es existiert oft eine sogenannte „Whitelist", die angibt, wer potenziell autorisierter Token-Inhaber sein kann bzw. schon akkreditiert ist und somit den Token kaufen darf. Dies kann jedoch den Handel für den Anleger stark einschränken.

- Akkreditierung: Viele STO verlangen, dass Investoren akkreditiert werden, um teilnehmen zu können. Das beinhaltet, dass ein Investor den „Know-your-Customer-Prozess" ebenso durchlaufen muss wie den zum Geldwäschegesetz. Prinzipiell ist das zu begrüßen, damit diese Anlageform nicht mit Geldwäsche und Terrorismusfinanzierung in Verbindung gebracht wird. Aber auch wenn hier viel automatisiert werden kann, der vom Investor zu tätigende Aufwand könnte als hinderlich und somit abschreckend verstanden werden.

Der Security Token-Markt ist noch ein sehr junger. Präzedenzfälle, auf die man sich beziehen kann, sind vorhanden, aber diese Fälle sind – wie der Markt – sehr jung; wie sich diese Fälle unter schwierigen Bedingungen behaupten werden, ist heute noch nicht sicher. Die rechtliche Ausgestaltung eines Tokens sollte daher immer in Absprache mit der Bundesanstalt für Finanzdienstleistungsaufsicht (BaFin) erfolgen. Wichtig hierbei ist aber auch, zu erkennen, dass die BaFin keine inhaltliche Prüfung durchführt, ob ein Geschäftsmodell Sinn macht oder nicht. Die BaFin prüft lediglich, ob ein Herausgeber eines Tokens den umfangreichen, rechtlichen Anforderungen nachgekommen ist.

Security Token Offering (STO), also das Anbieten eines Security Token zum Erwerb durch Investoren folgt der gleichen Motivation, wie ein ICO. Es werden Gelder zur Unternehmensfinanzierung eingesammelt.

6.5 BaFin-Regulierung[19]

Die Bundesanstalt für Finanzdienstleistungsaufsicht (BaFin) attestiert der Blockchain-Technologie eine hohe Innovationskraft, die das Potenzial hat, die Finanzindustrie in vielerlei Hinsicht zu beeinflussen, z. B. beim Zahlungsverkehr, Wertpapierhandel, Vermögensverwaltung und Bankwesen ganz allgemein.

Die BaFin beschäftigt sich in diesem Zusammenhang mit der Token-Ökonomie, um zu erläutern, wie die BaFin als Aufsichtsbehörde Tokens bewertet. Dabei hebt die Behörde hervor, dass sie sich vom Grundsatz der Technologieneutralität leiten lässt, um die rechtsstaatlichen Prinzipien von Verhältnismäßigkeit und Gleichbehandlung zu wahren.

Kapitaleinsammlungen über ICO haben disruptiven Charakter!

Gemäß der BaFin hat die Einordnung eines Tokens entweder als Wertpapier oder Finanzinstrument unter der Berücksichtigung der entsprechenden Gesetze bzw. Verordnungen zu erfolgen. Europäisches Recht ist dabei zu berücksichtigen. Insbesondere bei der Ausgestaltung von Tokens und ihren Rechten ist das geltende Aufsichtsrecht nach dem

---

[19] BaFin, 2018, BaFin Perspektiven.

- Wertpapierhandelsgesetz (WpHG)
- Wertpapierprospektgesetz (WpPG)
- Vermögensanlagengesetz (VermAnlG)
- Kapitalanlagegesetzbuch (KAGB)
- Kreditwesengesetz (KWG)
- Versicherungsaufsichtsgesetz (VAG)
- Zahlungsdienstleistungsaufsichtsgesetz (ZAG)
- Marktmissbrauchsverordnung (MAR)
- Richtlinie über Märkte für Finanzdienstleistungen II (MiFID II)

zu prüfen.

MIFID II schränkt sogenannte Dark Pools ein. Dabei handelt es sich um private Märkte, auf denen Anleger ihre Aktien und Beteiligungen kaufen oder verkaufen können. Auf regulierten Märkten wie beispielsweise der Deutschen Börse wird der Kauf und Verkauf öffentlich und transparent abgewickelt, indem das Aktienpaket und der Kaufpreis benannt werden. Diese Transparenz fehlt auf privaten Märkten und führt somit zu unerwünschten Asymmetrien.

Token-Ausgeber müssen darauf achten, alle Richtlinien und Gesetze zu befolgen. Die Prüfung erfolgt im Einzelfall. Viele Tokens werden jedoch nur auf Krypto-Währungshandelsplattformen außerhalb Europas gehandelt. Soll ein Token als Investmentfonds klassifiziert werden, gilt das KAGB in Deutschland. Wird ein Token dagegen nicht als Wertpapier oder Investmentfonds, sondern als Anlage im Sinne des VermAnlG klassifiziert, so gelten für ihn dessen Vorschriften.

Daher ist es notwendig, sich um die rechtliche Einordnung des Tokens zu kümmern. Ein Token kann als Rechnungseinheit angesehen werden. Dann gelten MIFID II, WpHG sowie KWG. Die aufsichtsrechtliche Klassifizierung eines Tokens als Wertpapier erfordert keine physische Verbriefung in einem Zertifikat oder Globalzertifikat. Vielmehr genügt es, dass der Eigentümer des Tokens in jedem Fall dokumentiert werden kann, z. B. durch die Blockchain-Technologie.

Die von der BaFin erlassenen Hinweis-Schreiben richten sich an alle Marktteilnehmer, die in Deutschland

- Bankgeschäfte betreiben,
- Finanzdienstleistungen oder andere erlaubnispflichtige Dienstleistungen erbringen,
- Wertpapiere bzw. Vermögensanlagen öffentlich zum Erwerb anbieten

ohne Berücksichtigung, in welchem Land der Marktteilnehmer seinen Firmensitz hat. Wendet sich ein Marktteilnehmer mit seinem Angebot an den deutschen Markt, dann unterliegt er der deutschen Regulierung und den Gesetzen und Verordnungen.

Insgesamt ist jeder (potenzielle) Marktteilnehmer gut beraten, sich im Falle eines Token-Offering frühzeitig zu informieren, welche der Gesetze und Verordnungen zu beachten sind.

6.6   Fazit

Die Dynamik und Schnelligkeit der Blockchain-Entwicklung ist im Bereich der Token-Ökonomie besonders gut nachzuvollziehen. Mit der Möglichkeit, über die Ethereum-Blockchain-Decentralized Apps zu erschaffen, sind fast explosionsartig neue Geschäftsmodelle auf den Markt gekommen. Das bezieht sich vor allem auf die Startups, die traditionelle Geschäftsprozesse konsequent digitalisieren wollen. Hierzu benötigen die Startups entsprechendes Kapital. Dieses Kapital wird nun nicht mehr über das so lang übliche Wagniskapital von Venture Capitalists zur Verfügung gestellt, sondern kann nun mit einem Crowdfunding in kleinen, dafür aber vielen Tranchen und weltweit stattfinden. Dieses ermöglicht auch privaten Investoren den Zugang zu hoch innovativen Unternehmen, die demnächst vielleicht eine sehr hohe Marktkapitalisierung aufweisen.

Sowohl der ICO als auch jede andere Form von Token-Generating-Event finden vor einem Gang an die herkömmlichen Börsen statt. Und üblicherweise können erst mit dem Börsengang private Investoren in interessante Unternehmen investieren. Dann sind häufig eher moderate Renditen zu erwarten.

Die Blockchain-Technologie ermöglicht mehr. Frühere Teilhabe und die Umsetzung neuer Geschäftsideen, die evtl. sonst mangels Finanzierung unterblieben wären.

Welches Token-Modell für welche Geschäftsidee zuträglich ist, muss im Einzelfall geprüft werden. Ein Security Token hat große Ähnlichkeit mit einem Wertpapier während der Utility Token an das Netzwerk des Emittenten gebunden ist. Insbesondere die sich aus der Ausgabe von Tokens ergebenden Pflichten auf Seiten des Herausgebers dürfen nicht unterschätzt werden. Eine Anfrage an die BaFin ist zu empfehlen, wenn man plant, einen Token herauszugeben.

Literatur

Altmann J (2003) Volkswirtschaftslehre, Einführende Theorie mit praktischen Bezügen, 6., neubearb. Aufl. Lucius & Lucius, Stuttgart

Becker HP (2012) Investition und Finanzierung, Grundlagen der betrieblichen Finanzwirtschaft, 5. Aufl. Gabler, Wiesbaden

Berk J, DeMarzo P (2019) Grundlagen der Finanzwirtschaft, Analyse, Entscheidung und Umsetzung, 4., akt. Aufl. Person, Hallbergmoos

Bogensperger A, Zeiselmair A, Hinterstocker M (2018) Die Blockchain Technologie, Chance zur Transformation der Energieversorgung. Forschungsstelle für Energiewirtschaft (Hrsg), München

Bundesanstalt für Finanzdienstleistungen (2018) BaFin Perspektiven. https://www.bafin.de/SharedDocs/Veroeffentlichungen/DE/BaFinPerspektiven/2018/bp_18-1_Beitrag_Fusswinkel.html. Zugegriffen im 04.September

Casey MJ, Vigna P (2018) The Truth Machine, The Blochain And The Future Of Everything. Harper Collins Publishers, London

Chinadaily (2019) http://www.chinadaily.com.cn/a/201909/04/WS5d6eefa1a310cf3e3556985a.html. Zugegriffen am 11.09.2019

Coin Market Cap (2019) https://coinmarketcap.com. Zugegriffen am 16.10.2019

Günderszene (2019) https://www.gruenderszene.de/business/satoshipay-medien-startup-blockchain. Zugegriffen am 14.10.2019

Hahn C, Wons A (2018) Initial Coin Offering (ICO), Unternehmensfinanzierung auf Basis der Blockchain-Technologie. Reihe essentials, Springer-Gabler, Wiesbaden

Sveriges Riksbank (2019) https://www.riksbank.se/en-gb/payments%2D%2Dcash/e-krona/. Zugegriffen am 14.10.2019

The Libra Blockchain (2019) White paper. https://developers.libra.org/docs/assets/papers/the-libra-blockchain.pdf. Zugegriffen am 03.10.2019

Voshmgir S (2019) What is token economy? O'Reilly, Sebastol

Zukunftsthesen

Zusammenfassung

Im Jahr 2019 steht die Blockchain-Technologie nicht mehr so stark im Vordergrund, und es gibt Stimmen, die dieser Technologie keine größere Bedeutung mehr zumessen, da der eigentliche Durchbruch im Sinne von massentauglicher Anwendung noch aussteht. Die formulierten Thesen sollten jedoch zur Diskussion anregen. Diese Technologie abzuschreiben, nur weil der Massendurchbruch noch nicht erfolgt ist, greift zu kurz. Vielmehr soll die Vielschichtigkeit dargelegt werden, die auffordert, sich mit dieser Technologie auseinanderzusetzen.

Auch wenn die Blockchain-Technologie momentan aus den Schlagzeilen der Presse gerückt ist, diese Technologie wird unsere Art des Umganges miteinander beeinflussen, sei es auf gesellschaftlicher oder geschäftlicher Ebene. Die Art und Weise, wie Prozesse durchgeführt werden, verändert sich durch diese Technologie, die, um die Begriffsdefinition vom Anfang aufzugreifen, auch in die Metaebene unseres Handelns Einzug hält.

Die Digitalisierung ist eine einzigartige Zäsur mit einem exponentiellen Datenwachstum und einer Komplexität, die unsere Vorstellung überschreitet.

Aus diesem Grunde habe ich mir erlaubt, einige Zukunftsthesen zu formulieren. Es ist fast wie ein Blick in die Glaskugel, und die eine oder andere These wird sich evtl. anders entwickeln, aber diese Thesen sollen Ihnen noch einmal zeigen, wie wichtig die Auseinandersetzung mit der Blockchain-Technologie als Ganzes ist.

Um die Tragweite dieser Technologie objektivierter einordnen zu können, habe ich zwei Interviews durchgeführt. Meine Interviewpartner zeigen von ihrem Standpunkt aus die Bedeutsamkeit sowie das in dieser Technologie steckende Potenzial:

© Springer-Verlag GmbH Deutschland, ein Teil von Springer Nature 2020
K. Adam, *Blockchain-Technologie für Unternehmensprozesse*,
https://doi.org/10.1007/978-3-662-60719-0_7

Mathias Goldmann ist VP Finance des Blockchain-Start-ups Constellation, das an einer Blockchain-Version 3.0 arbeitet und somit die Schwächen der derzeit existierenden Lösungen überwinden will. Mathias lebt und arbeitet in San Francisco (Abschn. 7.5).

Axel von Goldbeck, Partner DWF Berlin,[1] zeigt auf, wie Klein- und Mittelstandsunternehmen diese Technologie im Kontext von Unternehmensfinanzierungen einsetzen können (Abschn. 7.6).

Wie bedeutsam diese Technologie ist, ist ablesbar in dem Strategiepapier, das die Bundesregierung im September 2019 veröffentlich hat. Auf dieses Strategiepapier wird ebenfalls Bezug genommen.

7.1   These 1: Gekommen, um zu bleiben

Auslöser dieser technischen Bewegung war das White Paper von Satoshi Nakamoto, den man als hochbegabten Kompilator beschreiben kann. Nakamoto ergreift die existierenden Komponenten aus Kryptografie und Software-Programmierung und führt sie in einer bisher noch nicht dagewesenen Weise zusammen. Diese geniale Leistung sorgt dafür, dass sich Visionen der Realität nähern. All dies geschieht unter großer Dynamik und dennoch nicht in linearer Weise. Diese Blockchain-Technologie stellt unser Verständnis über Prozesse, Organisationen und Denkmuster auf den Kopf. Bekannte Rollen werden verworfen, neue Muster (z. B. der Zusammenarbeit) entstehen, und alles ist in Bewegung. Diese Umbrüche erschüttern unsere Gesellschaft – und lösen damit Emotionen aus.

Wir leben in einer komplexen Welt, die ihre Zusammenhänge nicht immer offenbart. Die politische Weltbühne zeigt uns allen jeden Tag, wie unberechenbar unsere Welt ist. Auch wenn das Heil nicht ausschließlich in der Technik bzw. der Technologie zu suchen ist, so können uns neue Technologien in gewisser Weise ein Versprechen von Ordnung im bestehenden Chaos geben.

Blockchain-Technologie, 2015 vom Economist als „Trust Machine" bezeichnet, kann Transparenz und Verlässlichkeit bieten. Somit kann verlorenes Vertrauen in die Wirtschaft wieder hergestellt werden. Es wird, entgegen dem Eindruck, den der Economist verbreitet hat, nicht das menschliche Vertrauen durch Technik ersetzt. Dadurch, dass automatisierte Prozesse geschaffen werden und dabei transparent und nachvollziehbar sind, benötigt der Einzelne kein Vertrauen darauf, dass alles „gut" wird. Es ist nachvollziehbar. Daher sind die Geschäftsbeziehungen, so wie wir sie bis heute kennen, auch in Zeiten der Digitalisierung noch immer von menschlichen Beziehungen geprägt. Teilnehmer im Massengeschäft müssen jedoch glauben (im Sinne von Vertrauen), dass das Deklarierte zutrifft. In Bezug beispielsweise auf Haftungsfragen ergeben sich somit für Kunden, Verbraucher, Produzenten und Lieferanten völlig neue Realitäten. Jeder Lebensmittel- oder sonstige Verbraucherskandal kann schneller aufgearbeitet und die Frage der Verantwortung zügiger geklärt

---

[1] DWF ist eine international tätige Wirtschaftskanzlei.

werden. Allein diese Aussicht wird zu mehr Disziplin und Aufrichtigkeit im Wirtschafts-
alltag führen und benötigt kein Vertrauen im klassischen Sinne.

Diese Neugestaltung wird mit der Blockchain-Technologie im Hintergrund stattfinden.
Der Einzelne muss nicht programmieren können, um die Vorteile wahrnehmen zu können.

Aktuell dominiert die technisch orientierte Diskussion verbunden mit der weiter oben
angedeuteten Angst, diesen Fortschritt weder verstehen noch nutzen zu können. Fragt man
sich, warum sich diese Angst entwickeln konnte, dann wird auch klar, dass das Versprechen des Internets, in seinem Ursprung ebenfalls ein dezentrales Netzwerk, nicht eingehalten worden ist. Auch wenn der Zugang zum Internet an fast jeder Stelle auf dieser Erde
möglich ist, bedeutet dieser Zugang nicht Macht- und Entscheidungsteilhabe. Die Be-
fürchtung, „abgehängt" zu werden, steht im Raum. Daraus resultiert eine Verzerrung der
Wahrnehmung und Einschätzung. Die einen sehen diese und andere Technologien als „Ermöglicher" (Enabler) völlig neuer Ansätze, sowohl wirtschaftlich als auch gesellschaft-
lich. Andere hingegen wollen sich nicht als berechenbarer (menschlicher) Algorithmus
und damit der eigenen Individualität beraubt verstanden sehen. Durch den Einsatz von
Maschinen und Rechnern sehen sie sich und ihrer (Arbeits-)Welt bedroht.

Unabhängig davon, ob die Diskussion um die Blockchain-Technologie emotional oder
objektiviert geführt wird, wird diese Technologie ihre Position behaupten und ausbauen.
Der Paradigmenwechsel hat begonnen, wenn vielleicht auch nicht auf den ersten Blick
erkennbar.

Traditionelle datenzentrierte Geschäftsmodelle hängen oft von einer zentralen Instanz
ab, die mit Entscheidungsbefugnis und Kontrolle über alle in einer bestimmten Datenbank
gespeicherten Daten ausgestattet ist. Infolgedessen müssen andere Parteien ohne konkreten Nachweis einfach akzeptieren, dass die übermittelten Informationen vollständig,
glaubwürdig und korrekt sind und dass die zentrale Instanz ihre Daten nicht zu ihrem eigenen Nutzen verwendet.

Es gibt Variationen; die meisten Blockchain-Lösungen ermöglichen die Ausführung von
Transaktionen und die gemeinsame Nutzung des Eigentums in einer Peer-to-Peer-Beziehung,
mit mehreren identischen Kopien der Daten, die in separaten Knoten des Netzwerks gespeichert sind. Die Blockchain schreibt den Eigentümern von Daten und digitalen Assets streng
vor, wer wie auf was zugreifen darf. Der Konsensmechanismus der Technologie stellt sicher,
dass diese Kopien nicht rückwirkend verändert werden können, und authentifiziert die jeder
Transaktion zugrunde liegenden digitalen Assets. Auf diese Weise beseitigt die Blockchain
zentrale Instanzen und dient als sogenannte einzige „Quelle der Wahrheit".

Unsere analoge bzw. teildigitalisierte Welt besteht und bestand schon immer aus Netzwerken. Im Mittelalter konnte Jacob Fugger Netzwerke aufbauen: europaweit Niederlas-
sungen, eigener Kurierdienst sowie vorteilhafte Kontakte zur Macht. Sich Bundesgenos-
sen zu verschaffen, Versprechen geben und zumindest teilweise halten, Vertrauen gewähren
und gewinnen, all dies waren und sind die Zutaten, um in zentral orchestrierten Gesellschaften Entscheidungsmacht zu erlangen. Blockchain-Technologie ist in diesem
Zusammenhang als Rezept zu verstehen: Die Zutaten sind noch immer dieselben – nur das
Umfeld, in dem wir diese Zutaten neu mischen, hat sich verändert.

Es geht bei der Blockchain-Technologie nicht nur um eine verbesserte, weil digitalisierte Netzwerkstruktur. Es geht um Teilhabe und um den Abbau von Asymmetrien. Dieser Abbau führt konsequent gedacht zur (vielleicht) einmaligen Chance der Umverteilung. Zentralisierte Netzwerke, die große (Daten-)Macht und finanzielle Mittel anhäufen, um der Gesellschaft ihr Verständnis von Wirtschaft und Ordnung überzustülpen, tragen zur Spaltung der Gesellschaft in Arm und Reich bei. Nicht die Gemeinschaft zählt, sondern der zentralisierte Machtinhaber.

Zu Recht kann man einwenden, dass auch Blockchain-Unternehmen dieser „The-Winner-takes-it-all-Mentalität" folgen. Doch besinnt man sich auf das White Paper von Satoshi Nakamoto, dann überwinden wir mit diesem Ansatz die zentralistische Ausrichtung zum Wohl der Peer-to-Peer-Gemeinschaft. In disruptiven Umbruchzeiten taugt diese Technologie, den Menschen wieder zu echten Netzwerken und Gemeinschaften zusammenzuschweißen, auch und ganz besonders, um marktwirtschaftlich orientierte Geschäftsmodelle zuzulassen und zu fördern.

Blockchain-Technologie ermöglicht, selbstbestimmte und aufgeklärte Gesellschaften zu schaffen. Durch diese Technik wird die Gesellschaft so unterstützt, dass transparente und widerstandsfähige Anwendungen entstehen.

Im Hintergrund wirkend ist diese Technologie gekommen, um zu bleiben!

7.2   These 2: Liberalisierung des Internets

Im Rahmen der europaweiten Gesetzgebungsverfahren setzte die Liberalisierung des Telekommunikationssektors Mitte der 80er-Jahre des letzten Jahrhunderts ein. In der Folge fiel das deutsche Postmonopol, und neue Anbieter von Telekommunikationsdienstleistungen, sowohl in Bezug auf Endgeräte als auch auf Dienstleistungen, drängten in den Markt.

1989 hatte die Bundesrepublik die Trennung von hoheitlichen und unternehmerischen Funktionen im Postwesen durchgeführt. Es entstanden die drei heute noch existierenden Unternehmen Telekom, Postbank sowie die Deutsche Post. Bestehen bleibt aber die Trennung zwischen „Rundfunk und Telefon". Der europäische Rechtsrahmen für elektrische Kommunikation umfasst die Infrastruktur der elektronischen Kommunikationsnetze – audiovisuelle Mediendienste erhalten eine eigene Richtlinie.

Das Internet, so wie wir es heute kennen, startete in den 50er-Jahren des letzten Jahrhunderts zu Zeiten des Kalten Krieges. Die amerikanische Behörde Advanced Research Projects Agency (kurz ARPA) wurde ins Leben gerufen, um den Wettlauf um die technische Vorherrschaft gegen die Sowjetunion zu gewinnen. Das dazu implementierte ARPA-Net sollte ein völlig neues Netzwerk sein, das im Gegensatz zu den bisher üblichen Netzwerken nicht mehr zentral, sondern dezentral gesteuert wird. Das Netzwerk sollte auch dann noch funktionieren, wenn einige Standorte des Netzwerkes ausfallen. Vier Universitäten, die auch für das Projekt forschten, bildeten das anfängliche ARPANet. Das ARPANet ermöglichte die einheitliche Kommunikation über weite Strecken, die mittels über Telefonleitungen versandte Datenpakete realisiert wurde. Und auch heute funktioniert unser

Internet in groben Zügen so, wenngleich die Datenübertragungsgeschwindigkeit um ein Vielfaches höher ist als zu Beginn des ARPANet.

Mit Beginn des 21. Jahrhunderts ist die Voraussetzung für die heutige disruptive digitale Wirtschaft geschaffen worden, in der die Produktion und Ausstellung digitaler Inhalte bequem und einfach geworden ist. Digitale Inhalte in Form von Bildern, Videos oder Blogs werden heute in großem Umfang erstellt und veröffentlicht.

Das uns vertraute Internet gibt zunächst jedem Einzelnen viele Möglichkeiten, die eigene Informationsversorgung so zu gestalten, wie es dem Individualbedarf entspricht. Dies wird „gefühlt" als direkter P2P-Vorgang und damit ohne Einschaltung eines Intermediärs verstanden. Alles scheint möglich im Internet und die Freiheit unendlich. Die Schattenseiten dieser vermeintlichen Freiheit kennen wir als Quelle von z. B. Fake News.

Die – zumindest aus Sicht der Blockchain-Technologie – berechtigte Frage ist, ob wir diese Freiheit nicht teilweise missbrauchen, weil es keine bzw. kaum Konsequenzen aus dem Handeln gibt. Wir bedenken nicht den Preis, der für diese vermeintliche Freiheit gezahlt wird: die Hergabe unserer eigenen Daten. Die großen Internetkonzerne bauen ihre Macht auf unseren Daten auf. Precht weist in diesem Zusammenhang darauf hin, dass wir [...] „Autonomie gegen Bequemlichkeit getauscht, Freiheit gegen Komfort und Abwägung gegen Glück".[2] Oder, anders ausgedrückt, Brot und Spiele fürs Volk.

Da niemand heute die Zeit hat, die Authentizität von Nachrichten oder Videos zu überprüfen, die auf z. B. Social-Media-Plattformen geteilt werden, wird es immer wichtiger, die Authentizität der Informationen zu prüfen, d. h. woher sie stammen und wer sie geschaffen hat.

Mit dem nachvollziehbaren und transparenten Charakter der Blockchain ist es möglich, die Authentizität der Informationen oder ihrer Quellen zu überprüfen und Vertrauen in die im Internet angezeigten Nachrichten aufzubauen. Die Blockchain in z. B. der Nachrichtenindustrie ermöglicht es, die Inhalte unveränderlich und sicher über das Internet zu produzieren und zu verteilen.

Blockchain-Technologie ermöglicht die Stärkung der Eigenverantwortung sowie die Sicherung der eigenen Daten im Internet 3.0 und daher auch eine Liberalisierung der Wirtschaft!

7.3   These 3: Ausweitung des Überwachungskapitalismus

Dieser Begriff, geprägt durch die ehemalige Harvard-Professorin Shoshana Zuboff,[3] beschreibt, dass die wertvollste Ressource in dem Zeitalter, auf das wir uns zubewegen, die Vorhersage des menschlichen Verhaltens ist.

Die Tech-Giganten wie Google/Alphabet, Facebook, Amazon, aber auch Alibaba, Baidu und Tencent haben Quasi-Monopole geschaffen, indem sie die Gesellschaft viel-

---

[2] Precht (2018), S. 69.

[3] Zuboff (2019).

fach überrumpelt und Tatsachen geschaffen haben. Die Internetfirmen haben es geschafft, uns davon zu überzeugen, dass ihre Praktiken das unvermeidliche Ergebnis des Wachstums der digitalen Technologien sind.

Diese Unternehmen beanspruchen einseitig unsere private menschliche Erfahrung als ihre freie Rohstoffquelle. Mit Künstlicher Intelligenz wird prognostiziert, was der Kunde will. Gelernt haben wir alle, beginnend mit Porters Wertkettenmodel aus dem Jahr 1985, dass zur Führung eines erfolgreichen Unternehmens die Kundenbedürfnisse im Fokus zu stehen haben.

Wir befinden uns mittlerweile auf dem Weg zu einem Punkt, an dem das Pendel zu Ungunsten dieses Service-Gedankens gegen uns als Konsumenten und Kunden ausschlägt. Es orientiert sich hin zu einer Monopolstellung von einigen wenigen Unternehmen. Diese sehen im Menschen ein durch Algorithmen getriebenes Wesen, das in seinen Handlungsweisen vorhersehbar und damit manipulierbar ist. Die nächste Stufe in diesem „Vorhersagespiel" wird nicht mehr nur die Vorhersage und Präferenz für gewisse Produkte sein, sondern das Erkennen unserer Gefühle. Welche Anzeichen sind schon vor dem eigentlichen Gefühl erkenn- und somit ausnutzbar? Welche der ca. 90 Kopf-/Gesichtsmuskeln reagieren, bevor das Gefühl ins Bewusstsein dringt? Wissen dieser Art ermöglich ein ganz anderes Niveau von Vorhersagen – aus monopolistischer Unternehmenssicht ist das geradezu großartig, da Produkte über den Kunden geschaffen werden können – nicht mehr für den Kunden.

Diese Form von Marktwirtschaft zeigt antidemokratische und elitäre Züge, die Erinnerungen an das Feudalsystem des Mittelalters wecken. Bildeten im Mittelalter der Monarch und der Adel die Autorität, der man folgte, so folgt man heute Google, Amazon & Co. Es besteht zu Recht die Gefahr, „eingelullt" zu werden. Der Vorhersagealgorithmus von Amazon macht so schöne Vorschläge über das nächste zu lesende Buch, Spotify schlägt mir Musiktitel vor, die zu meinem Musikgeschmack und meiner Stimmung passen. Wie bequem, wenn ein Algorithmus mir erklärt, was ich als nächstes will. Allein, mit diesem Modell bewegen wir uns in die Unmündigkeit.

Es liegt an uns, das Pendel im Mittelpunkt zum Stillstand zu bekommen. Keiner von uns möchte derart vorhersehbar sein. Autokratische Wirtschaftssysteme verhindern Teilhabe und sind bestrebt, ein Netzwerk zu dominieren.

Mit dezentral organisierten und verteilten Netzwerken lässt sich dem entgegenwirken. Blockchain-Technologie ermöglicht eine neue Form von Verteilung. Mit der Blockchain-Technologie lässt sich beispielsweise die Hoheit über die eigenen Daten wiedererlangen. Damit würde das Geschäftsmodell der jetzigen Internetgiganten auseinanderbrechen. Dieses dann entstehende Vakuum kann kleinteilig aufgeteilt werden und die Dominanz im Netzwerk an die eigentlichen „Rohstofflieferanten", nämlich die Nutzer, zurückgeben werden.

Vielleicht deutet derzeit nicht so viel auf einen Systemwandel zugunsten einer Blockchain-Lösung hin, doch haben Revolution und Disruption auch immer etwas Unerwartetes und beginnen meist ganz klein in einer Nische.

7.4 These 4: Sicherung vor Hackerangriffen

Im Zeitalter der Digitalisierung vernetzen wir immer mehr technische Geräte miteinander und gestatten ihnen, miteinander zu kommunizieren. Das Forschungsunternehmen Gartner sprach 2017 davon, dass im Jahr 2020 ca. 20 Mrd. Geräte miteinander interagieren können. Das Computerunternehmen Cisco hingegen glaubte schon 2014 daran, dass 2020 ca. 50 Mrd. Geräte miteinander vernetzt sind und somit auch miteinander kommunizieren können.

Wenn unser aller Leben sich mehr auf unseren Geräten abspielt, diese all die von uns erzeugten Aktivitäten wahrnehmen und aufzeichnen, dann stellt sich die Frage, wie man seine persönlichen Daten für sich schützen kann.

2018 ist ein Jahr, in dem erstmalig auch der breiten Masse die eigene Anfälligkeit bewusst wird. Regierungen, Universitäten, Energieversorger und eine Vielzahl von Unternehmen wurden Opfer von aufwendigen Hacks. Fehlende Cyber Security bedroht persönliche und unternehmensrelevante Daten.

Daten sind ein wertvoller Rohstoff – für ein Unternehmen ebenso wie für Hacker. Solange Unternehmen zur Speicherung ihrer eigenen Daten zentralisierte Datenspeicher verwenden, sind sie höchst attraktiv für Angreifer, denn diese können mit einem gelungenen Angriff sämtliche Daten auf einmal kopieren bzw. stehlen. Daher gehören Blockchainbasierte Speicherlösungen zu den immer häufiger betrachteten Optionen. Dank dem dezentralen Netzwerk der Blockchain-Technologie haben Hacker keinen einzigen Einstiegspunkt mehr. Der Angriff eines Knotens innerhalb eines Blockchain-Netzwerkes ermöglicht nicht, auf ganze Datenbestände zugreifen zu können.

Der Zugang zu herkömmlich gesicherten Datenbeständen und Datenbanksystemen erfolgt häufig an den Geräten der Peripherie. Router und Switches gehören beispielsweise dazu. Aber auch andere Geräte wie intelligente Thermostate, Türklingeln und sogar Sicherheitskameras sind anfällig für Netzangriffe. Die Blockchain-Technologie kann eingesetzt werden, um Systeme und Geräte vor Angriffen zu schützen. Die Blockchain-Technik kann diesen Internet-of-Things (IoT)-Geräten genügend „Intelligenz" verleihen, um Sicherheitsentscheidungen zu treffen, ohne sich auf eine zentrale Instanz verlassen zu müssen. So können Geräte beispielsweise einen Gruppenkonsens über die normalen Ereignisse in einem bestimmten Netzwerk bilden und alle Knoten sperren, die sich verdächtig verhalten.

Die Blockchain-Technologie kann auch den gesamten Datenaustausch zwischen IoT-Geräten schützen. Sie kann verwendet werden, um sichere Datenübertragungen in Echtzeit zu ermöglichen und eine zeitnahe Kommunikation zwischen Geräten im Abstand von Tausenden von Kilometern zu gewährleisten. Darüber hinaus bedeutet Blockchain-Sicherheit, dass es keine zentrale Instanz mehr gibt, die das Netzwerk kontrolliert und die durch das Netzwerk gehenden Daten überprüft. Einen Angriff zu starten, ist unendlich viel schwieriger.

Das Domain Name System (DNS), dessen Aufgabe die Beantwortung von Anfragen zur Auflösung von Namensanfragen ist und eines der wichtigsten Dienste in IP-basierten Netzwerken[4] darstellt, ist weitgehend zentralisiert. Dadurch können Hacker in die Verbindung zwischen Website-Name und IP-Adresse eindringen und Chaos anrichten. Sie können Websites einziehen, Leute zu Betrugs-Websites leiten oder einfach eine Website nicht verfügbar machen. Sie können auch DNS-Angriffe mit DDoS-Angriffen[5] kombinieren, um Websites über einen längeren Zeitraum völlig unbrauchbar zu machen. Die derzeit effektivste Lösung für solche Probleme besteht darin, Protokolldateien zu verfolgen und Echtzeitwarnungen für verdächtige Aktivitäten zu ermöglichen. Ein Blockchain-basiertes System als dezentrales Netzwerk macht es für einen Hacker viel schwieriger, einzelne Schwachstellen zu finden und auszunutzen. Die Domain-Informationen können unveränderlich in einem verteilten Ledger gespeichert werden, und die Verbindung kann durch unveränderliche Smart Contracts hergestellt werden.

Daher entwickelt sich Blockchain eindeutig zu einer sehr praktikablen Technologie, wenn es darum geht, Unternehmen und andere Netzteilnehmer vor Cyberangriffen zu schützen.

7.5   These 5: Zukunft auf einer höheren logischen Abstraktionsebene (Interview mit Mathias Goldmann)

Was bedeutet Blockchain-Technologie für Dich?
Blockchain-Technologie ist für mich eine soziotechnologische Bewegung, die eine andere Denk- und Organisationsweise von uns erfordert. Sie erfordert einen Paradigmenwechsel und eine Öffnung des Denkens, die noch viele Jahre andauern werden. Wir stehen am Anfang einer äußerst interessanten Entwicklung, die große Potenziale und große Risiken birgt, sollten wir es versäumen, unsere Zukunft aktiv und wertorientiert zu gestalten.

In welchem gesellschaftlichen Kontext siehst Du diese Technologie?
Als Bob Dylan „The Times They are a-Changin" im Jahr 1964 schrieb, ging eine weitreichende geopolitische Bewegung durch die Welt. Heute könnten diese Worte nicht aktueller sein. Die Zeiten des Wandels sind überall deutlich sichtbar. Jeder Lebensbereich wird von neuen Technologien und den Paradigmen, die mit ihnen kommen, berührt. Im Gegensatz zu iterativen Neuerungen sind wirklich bahnbrechende Erfindungen dadurch gekennzeichnet,

---

[4] IP steht für Internet Protocol; es ist ein weit verbreitetes Netzwerkprotokoll und die Grundlage des Internets.

[5] DDoS steht für Distributed Denial of Service; in der Informationstechnik Denial of Service (DoS) die Nichtverfügbarkeit eines Internetdienstes, der eigentlich verfügbar sein sollte. Dies kann durch Überlastung des Datennetzes passieren oder durch einen gezielten Angriff auf einen Server. Gehen diese Anfragen, die einen Server überlasten, von einer Vielzahl von Geräten aus, sprich man von einem DDoS. Da beim DDoS-Angriff die Anfragen von einer Vielzahl von Quellen ausgehen, ist es nicht möglich, den Angreifer zu blockieren, ohne das gesamte Netzwerk stillzulegen.

dass sie unsere Lebenswelt auf allen Ebenen durchdringen. Sie berühren das soziale, wirtschaftliche, technologische, umweltbezogene und psychologische Gefüge unserer Gesellschaften.Unzweifelhaft ist die Blockchain eine solche Technologie. Nach den ersten zehn Jahren ihrer Existenz ist es an der Zeit, innezuhalten und zu sehen, wohin die Reise geht.

Wie würdest Du die bisherige Entwicklung dieser Technologie beschreiben?
Die ersten zehn Jahre und drei rote Pillen
Wir befinden uns erst zehn kurze und intensive Jahre in der Entwicklung von Blockchain-Technologie. Gleichzeitig hat die Technologie in ihrer kurzen Existenz bereits drei Iterationen durchlaufen. Jede Phase brachte einen eigenen Fokus, Mindset, Anwendungsbereiche und Geschäftsanwendungen mit sich. Jede Entwicklungsphase entspricht einem „Red Pill Moment" wie er aus dem Film „The Matrix" bekannt ist. Neo gespielt von Keanu Reeves erschließt sich eine komplett neue Realität, indem er die von Morpheus (Lawrence Fishburne) angebotene rote Pille schluckt. Ab diesem Moment gibt es kein Zurück mehr. Lassen Sie uns den Spuren dieser Evolution folgen, um die Zukunft zu beschreiben.
Die erste Rote Pille: Bitcoin & die globale API für Wert
Satoshis Whitepaper wurde im Jahr 2008 publiziert. Es war der Beginn einer Bewegung und eines völlig neuen Denkmusters. Es war so neuartig, dass viele Menschen selbst nach 10 Jahren noch versuchen, dieses Paradigma in seiner ganzen Bandbreite zu verstehen. Geboren in der Finanzkrise von 2008/2009 wird Bitcoin weithin als ideologisch-technische Antwort auf das Versagen des auf Schuld, Zinseszins und Teilreserve basierten Banken- und Geldsystems gesehen.

Während Geld als eine API für Wert angesehen werden kann (eine universelle Schnittstelle, die den Austausch verschiedenartiger Dinge miteinander erlaubt), kann Bitcoin als eine globale API verstanden werden, um den Wert sicher und selbstbestimmt zu transferieren.
Die zweite Rote Pille: Ethereum & Smart Contracts
Während die monetären Implikationen von Bitcoin global weitreichende Beachtung fanden, blieb die Technologie, auf der Bitcoin funktionierte, weitgehend unbeachtet.

Im zweiten „Red Pill Moment" in der Geschichte von Blockchain ging das Ethereum-Netzwerk im Jahr 2013 live. Basierend auf dem Konzept von „Smart Contracts" erlaubte es nicht nur den Transfer von Wert, sondern auch von Informationen. Smart Contracts sind selbstausführende programmierbare Logiken, in denen die Konditionen für einen Wert oder Informationsaustausch unumgänglich festgelegt werden.

Ethereum brachte die Blockchain als Technologie ins Rampenlicht der Aufmerksamkeit. Gleichzeitig startete es die ICO-Welle von 2017 mit dem ERC20 Token Standard.

Ein völlig neues Ökosystem mit gegenwärtig 50 Mrd. USD Marktkapitalisierung war das Resultat. Während im Jahr 2017 alles reif für eine Tokenisierung schien, kollabierte die hauptsächlich auf Spekulation beruhende Blase aufgrund einer Kombination von technischen, regulatorischen und Timing-Aspekten. Während es deutlich ruhiger in der Blockchain-Industrie geworden ist, bewegen wir uns auf den nächsten „Red Pill Moment" zu.

Die dritte Rote Pille: DAG & Data Economies

Aus technischer Sicht wurde über die Jahre deutlich, das klassische Blockchains wie Ethereum einen fundamentalen konzeptionellen Engpass haben: Anwendungen, die auf einem solchen Netzwerk laufen, teilen sich den kompletten Datendurchsatz des gesamten Netzwerks miteinander. Das bedeutet, eine Anwendung, die hohe Anforderungen an den Datendurchsatz hat, blockiert das Netzwerk, und die Transaktionskosten steigen sehr hoch. Dieser und andere Gründe wie Governance sind die Ursache, warum das Ethereum-Netzwerk nie wirklich als globale Infrastruktur für Unternehmen in Frage kam.[6]

Die Lösung liegt in der dritten Generation von Blockchain-Lösungen und beschreibt damit den dritten „Red Pill Moment": Blockchains der neuesten Generation sind horizontal skalierbar und basieren auf einer Netzwerkstruktur, die sich DAG (directed acyclical Graph) nennt. Aktuelle und ernst zu nehmende Beispiele sind die Firmen COTI, Constellation, Scroll Network und eine Handvoll weitere Firmen. Ein DAG-Graphen-basiertes Netzwerk erlaubt die asynchrone Prozessierung von Transaktionen im Netzwerk. Gleichzeitig sorgt die Skalierbarkeit dafür, dass die Datendurchsatzrate sich mit der Anzahl der Netzwerkteilnehmer erhöht!Bedingt durch die technischen Neuerungen wechselt der Fokus für Blockchain-Anwendungen von Smart-Contract-Logiken zu hohen Datendurchsatzraten und damit „Enterprise Readiness". Damit werden völlig neue Anwendungsgebiete und Zukunftsszenarien erschlossen, die datenbasiert sind.

Welche Potenziale siehst Du in der zukünftigen Anwendung dieser Technologie?

Mit der Infrastruktur der dritten Generation werden Big Data und Datenstromprozessierung auf einer Blockchain möglich. Eine hohe Datendurchsatzrate ermöglicht die Notarisierung von datenreichen Videos, Sensor oder Machine Learning Pipelines. Big Data plus Blockchain wird damit zur Realität.

Das alleine bringt Dutzende, wenn nicht gar Hunderte industrielle Anwendungsmöglichkeiten in den Kopf. Anwendungen, bei denen eine Blockchain Vorteile durch Interoperabilität, Notarisierung, Audit Trails und Verschlüsselung bringt.

Datensouveränität

Das Problem mit Daten heutzutage ist, dass diejenigen, die die Daten erzeugen keine Kontrolle über die Daten haben. Drittparteien haben eine Milliarden-Dollar-Industrie auf Informationen aufgebaut, die sie von anderen gesammelt haben.Viele Menschen sehen dies als eine Art von Diebstahl und Verletzung ihrer Privatsphäre an. Sie fühlen, dass sie die volle Kontrolle über ihre eigenen Daten haben sollten. Die dritte Generation von Blockchain-Technologie erlaubt es, das Datenmonopol zurück in die Hände des „Erzeugers" zu legen. Mehr noch, durch Datensouveränität kann der Erzeuger seine Daten selbst monetarisieren. Das Prinzip ist gleichermaßen auf individueller Ebene wie auf Unternehmensebene anwendbar.

---

[6] State-Channel-Lösungen wie Plasma und Raiden sind zur Schriftlegung (noch?) nicht funktionsfähig.

Datensets können im Netzwerk zur Verfügung gestellt werden, ohne Regulierungen zu verletzen. Dies ist durch den Vergleich und die Bewertung von gehashten Metadaten möglich. Im Weiteren lassen sich validierte Datenpakete im Netzwerk tokenisieren. Dies erlaubt es, dass einzelnen Datenpaketen ein Wert zugeteilt wird. Damit wird die Netzwerkinfrastruktur zu einer API, die verschiedenartige Datensets verbinden kann, während gleichzeitig ein Datenmarktplatz im Netzwerk selbst entsteht.

In einem solchen Marktplatz entsteht eine Data Economy, in der diejenigen, die die Daten erzeugen, volle Kontrolle und direkte Monetarisierungsmöglichkeiten ohne Mittelsmänner haben.

Data Economies & datenbasiertes Unternehmertum

Wenn souveräne Akteure Data Economies um Daten herum entwickeln, entsteht damit eine neue Geschäftstätigkeit: datenbasiertes Unternehmertum.

Diese Unternehmer oder Unternehmen verkaufen validierte Datensets für Geld oder teilen und tauschen sie mit anderen Datensets, die z. B zum Betrieb neuer Technologien grenzübergreifend zur Verfügung stehen müssen (z. B. autonome Fahrzeuge). Der Unternehmer kann ganze Datensilos anzapfen, die in seinem Unternehmen, einer Industrie oder sogar einem Land ungenutzt zur Verfügung stehen, und monetarisieren. Dies wird einen zweiten datenbasierten Goldrausch auslösen, in der Blockchain-Technologie die Infrastruktur stellt, um Daten sicher zu validieren, zu teilen und zu verkaufen. Das alles geschieht, während die Privatsphäre und Regulierungen geachtet werden.

In diesem Zukunftszenario wandelt sich das Verständnis von Geschäftsmodellen immer mehr vom Physischen ins Digitale. Das physische Produkt wird weniger wichtig, während die digitalen Metadaten und Eigenschaften um das Produkt immer wichtiger werden. Automobilfirmen verstehen diesen Wandel. Sie haben erkannt, dass das Image ihrer Marke weniger vom physischen Produkt als vielmehr von den Services um die Dienstleistung Mobilität herum abhängen wird. Datenprodukte und deren Monetarisierung werden daher eine große Rolle in einer Zukunft spielen, in der das physische Produkt fast unwichtig werden wird.

Digitale Zwillinge & die Lösung der wichtigsten globalen Probleme

Ressourcenerschöpfung, Abfall, Umweltverschmutzung, Habitatzerstörung stehen in direkter Verbindung mit einem Zuviel an wirtschaftlicher Tätigkeit und Konsum. Matterum arbeitet an einer bahnbrechenden Lösung, um die systemischen Probleme in Verbindung mit unserem wirtschaftlichen Produktionssystem anzugehen. Durch die Kombination von digitalen Zwillingen mit Blockchain-Technologie wird es möglich sein, die nächste industrielle Revolution einzuläuten und neue Wege aus der globalen systemischen Sackgasse zu finden.

Ein digitaler Zwilling ist ein Datensatz, der Informationen über die Eigenschaften und den Lebenszyklus eines physischen Objekts beinhaltet. Digitale Zwillinge ermöglichen eine völlig neue Art, physische Objekte zu produzieren, zu handeln und zu besitzen. Warum? Ein digitaler Zwilling ist eine Identitätskarte, die den gesamten Lebenszyklus eines Objekts begleitet. Das bedeutet, dass der Zustand, die Ressourcen und der Status des Objekts als Informationen vorhanden sind. Das ermöglicht genauere und intelligentere Planung der Ressourcen und Produktion. Es eröffnet sekundäre Märkte für benutzte und ältere Objekte, die anderenfalls keine Liquidität besitzen würden. Ein universelles Namenssystem für physische Objekte erlaubt darüber hinaus den effizienten Austausch (Stichwort: Data Economy) der objektbezogenen Metainformationen (Qualität, Zustand, Ort, Alter etc.).

In diesem Sinne wird der gesamte Lebenszyklus eines Objekts planbar. Höhere Qualität und Lebensspanne wird incentiviert, und ineffiziente billige Produktion für die Müllhalde wird reduziert.

Globale Souveränität, Mindset & Governance

Wie Albert Einstein bereits feststellte: „Probleme kann man niemals mit derselben Denkweise lösen, durch die sie entstanden sind".

Heute ist es mehr denn je offensichtlich, dass die Menschheit einen strukturellen Wandel in ihrer Denkweise und sozialen Organisation benötigt, um den immensen Problemen globaler Größenordnung zu begegnen. In diesem Sinne haben egoistisches und isolationistisches Denken und Verhalten genauso wie klassische Kontroll- und Organisationsstrukturen ausgedient.[7] Glücklicherweise fördert Blockchain-Technologie als schnelle, globale und systemische Technologie das Mindset, die Logik und Organisationsstruktur, um diese Herausforderungen anzugehen.

Eines der einzigartigen Phänomene ist, dass die Technologie die „Geburt" von globalen Communities zur Folge hatte. Die Unterstützung von Blockchain-Firmen durch diese Communities ist essenziell für den Erfolg. Die Vernetzung, Geschwindigkeit, der Einfallsreichtum und die finanzielle Schlagkraft sind in einem nie zuvor dagewesenen Maße vorhanden.[8]

In der Zukunft wird die globale Vernetzung von Communities mit einem gemeinsamen Ziel zunehmen. Die Baby-Boomer-Generation wird die in den nächsten 10 Jahren von den Schalthebeln der Macht abgetreten sein. Damit wird der Raum frei für systemisches Denken, das unterstützt durch Blockchain-Technologie (unter anderen) in alle Gesellschaftsbereiche vordringt.

---

[7] Frederic Laloux' Buch „Reinventing Organizations" liegt an der Schnittstelle von denzentralisierten Netzwerken, Wirtschaft und sozialer Organisation. Laloux ist ein kanadischer Forscher, der weltweit Firmen untersucht hat, die nicht durch klassische Top-down-Hierarchien, sondern durch Selbstorganisation funktionierten. Vor diesem Hintergrund passen dezentralisierte Netzwerke sehr gut in das Paradigma neuartiger sozialer Selbstorganisation. Interessanterweise wurde das Buch publiziert, kurz nachdem Ethereum live gegangen ist.

[8] Aus historischer Sicht haben die meisten sozialen Bewegungen stets um Finanzierung gerungen. Globale Blockchain Communities unterscheiden sich davon maßgeblich. Sie besitzen zusätzlich zum Human- und Gehirnkapital exzellente finanzielle Mittel, um Ideen zu unterstützen. Während frühe Blockchain-Visionäre hochgradig idealistisch und futuristisch sind, ging gleichzeitig viel Potenzial in der Spekulationsblase von 2017 unter. Nichtsdestotrotz besteht der globale Community-Aspekt nach wie vor und wird mit Blockchains der dritten Generation wieder mehr ins Rampenlicht rücken.

Yet, the community, power and social organization aspect still hold true and will see a re-emergence with high throughput blockchains of the third generation.

Systemisches Denken wird das den Alltag und die Interaktionen von Menschen tiefer durchdringen. Es wird Menschen dazu zwingen, sich als Node im gesamten sozialen Gefüge zu verstehen (= Netzwerk). Nodes, die entgegen dem gemeinsamen Wohl der Gesamtheit handeln, werden ähnlich einem Blockchain-Netzwerk von dem Netzwerk und dessen Ressourcen ausgeschlossen. Eine positive globale Zukunft wird sich die alten Verhaltensmuster und Ideen schlichtweg nicht mehr leisten können.[9]

Das bedeutet, wir haben eine Antwort auf Carl Sagans Frage: „Wer spricht für die Erde?"

Wir antworten: Systemisches Denken, das die Erde als souveräne Entität ansieht, die die höchste logische Ebene globaler Governance darstellt.

Das bedeutet von einer Governance-Perspektive, dass dezentralisierte Netzwerke eine neue globale Entität bilden, die Hand in Hand mit unseren Denkmodellen einhergeht.

In der Zukunft werden diese Netzwerke einen neuen gesetzlichen Status besitzen. Durch neue Governance-Mechanismen werden sie es ermöglichen, die Teilnehmer und Betroffenen besser zu repräsentieren als heutige Systeme.

In diesem Sinne kann man dezentralisierte Netzwerke am ehesten mit Organisationen wie den United Nations vergleichen. Sie zwingen uns, global zu denken und die Silos von Nationalstaat, Territorium und Staatsbürgerschaft zugunsten von globaler Souveränität und Governance aufzugeben.

Welche Empfehlung hast Du in Bezug auf die Blockchain-Technologie?
Jeder, der sich mit Blockchain-Technologie beschäftigt, muss den größeren gesellschaftlichen Kontext mit beachten. Technologie entsteht nicht in einem Vakuum, und gleichzeitig treibt technologische Innovation gesellschaftlichen Wandel. Das ist unumgänglich. Als Individuen und Gesellschaft müssen wir herauszoomen und gesellschaftlichen Wandel in seinen historischen Kontext verorten, um eine positive und realistische Zukunft zu entwickeln. Grob skizziert haben Internet-Technologien für eine weltweite Vernetzung und größeren Informationsaustausch und mehr Chancen gesorgt. Der Trend geht von Individualismus und isolierten Betrachtungsweisen zu einem global vernetzen systemischen Ansatz, in dem wir alle Teil des großen ganzen Systems Erde sind.

Blockchain ist als Erweiterung der netzwerkbasierten Technologie keine Ausnahme. Mit dieser globalen Vernetzung geht ein Strukturwandel von Top-down-Hierarchien zu selbstorganisierten Clustern und Netzwerken hervor. Ich empfehle dazu jedem Interessierten, das Buch von Frederic Laloux „Reinventing Organizations" zu lesen. Es beschreibt, wie ökonomischer Erfolg unter einem völlig anderen Paradigma der Selbstorganisation gelingt und welche Herausforderungen dies an den Einzelnen und an Unternehmen stellt.

Nun, es kommt kein Wandel ohne Risiken und ohne Preis.

Der Paradigmenwechsel um Blockchain-Technologien herum erfordert von uns, wacher und lautstärker unsere Werte einzufordern.

---

[9] Macht, Religion, Rasse, Umwelt, soziale Organisation etc.

Es erfordert von uns, aktiv die Zukunft zu gestalten, anstatt auf Regulatoren und Gesetzgeber zu warten. Es erfordert ein aktives Demokratieverständnis im Rahmen einer globalen Gesellschaft.

Es erfordert eine aktive Teilnahme, unsere Zukunft so zu gestalten, wie wir sie für lebenswert erachten.

Das bedeutet, viele der lokalen Ideen über Identität, Nationalstaat und ökonomische Best Practices müssen gründlich hinterfragt und emotional durchlebt werden, um zu einem neuen Seinsverständnis zu führen.

Gelingt uns das nicht, kann die an sich neutrale Technologie zu einem „Dictators wet Dream" werden.

Daher ist meine Empfehlung eine tiefe Auseinandersetzung mit dem Thema in Bezug auf die größten Fragestellungen und Herausforderungen unserer Zeit.

7.6   These 6: Blockchain und Mittelstandsfinanzierung (Interiew mit Axel von Goldbeck)

Was bedeutet Blockchain-Technologie für Dich?
Bisher muss die Blockchain-Technologie die großen Versprechen, die mit ihr verbunden werden, noch erfüllen. Aus meiner Sicht ist aber bereits absehbar, dass sie beträchtliche Wertschöpfungspotenziale hat. Anders sind die erheblichen Investitionen auch von Unternehmen der „Old Economy" nicht zu erklären. Auf der anderen Seite wird das Geschäft teilweise ideologisch betrieben. Blockchain-Technologie ist clever, aber nicht „besser" oder „schlechter" als andere Technologien. Sich eine neue, basisdemokratischere Welt von ihr zu versprechen halte ich für naiv. Derzeit geht es gerade darum, den Praxistest zu bestehen. Und der wird von den konventionellen Playern nach klassischen Kosten-Nutzen-Erwägungen unternommen. Heimlich hoffe ich natürlich, dass der ein oder andere Missstand in unserer Wirtschaftsform mit der Blockchain abgestellt werden kann.

In welchem gesellschaftlichen Kontext siehst Du diese Technologie?
In der Mittelstandsfinanzierung ist es seit Jahren ein finanzpolitisches Thema: In vielen Ländern, nicht nur in Deutschland, trägt der Mittelstand in erheblichem Umfang zur volkswirtschaftlichen Wertschöpfung bei. Und schafft mehr Arbeitsplätze als die Industrie. Und doch mehren sich die Untersuchungen, nach denen die Finanzierungssituation mittelständischer Unternehmen sich zunehmend verschärft. „Mittelständler machen bisher kaum oder nur wenig Gebrauch von Finanzierungsalternativen zum klassischen Bankenkredit – die Hausbank bleibt wichtigster Finanzpartner."[10] Gleichzeitig „führen die sich stetig verschärfenden Eigenkapitalanforderungen für Banken und die überproportionale Kreditver-

---

[10] Deloitte, Studie Finanzierung im Mittelstand – Optimierungspotenziale bei mittelständischem Finanzmanagement, 2019.

gabe aus der Vergangenheit zu einer eingeschränkten oder verzögerten Kreditvergabe-
bereitschaft bei Mittelständlern.“

Während sich Großunternehmen regelmäßig und zunehmend über den Kapitalmarkt
finanzieren, greift der Mittelstand selten auf Kapitalmarktfinanzierungen zurück. Die
Gründe dafür sind vielschichtig. Zu den wesentlichen zählen die Kosten einer Kapital-
marktfinanzierung, die in der Regel rd. 4 % des Emissionsvolumens auffressen. Andere
Gründe spielen ebenfalls eine Rolle: Mittelständler scheuen häufig insbesondere den mit
der Information von Investoren verbundenen Aufwand oder überhaupt die Publizitätsver-
pflichtungen, die mit Kapitalmarktaktivitäten einhergehen.

Die zunehmende Digitalisierung trägt dazu bei, die Hemmschwellen gegenüber Kapitalmarktfinanzierungen abzubauen. Zahlen werden digital vorgehalten und ausgewertet.
Professionelle ERP-Systeme sorgen, wo eingesetzt, dafür, das Controlling zu erleichtern.

Die Blockchain-Technologie (Blockchain- und Distributed-Ledger-Technologie werden hier synonym verwendet) hat das Potenzial, Kapitalmarktfinanzierungen weiter zu
vereinfachen. Die Tokenisierung von Anleihen wird in Kürze industrielle Formen annehmen. Immer mehr Projekte werden von institutionellen Emittenten und Unternehmen
durchgeführt. Beispiele hierfür sind die großvolumigen Emissionen von Daimler und
LBBW von Schuldscheinen auf Grundlage der Blockchain-Technologie. Sogenannte Security Token Offerings breiten sich in immer mehr Gebiete aus: von Venture-Capital-
Finanzierungen über Finanzierungen von Immobilien und anderen tangiblen Assets, sog.
Asset-Token-Emissionen und Fondsfinanzierungen.

Blockchain-basierte Finanzierungen sind, um Missverständnissen vorzubeugen, keine
andersartigen Finanzierungen. Es gibt zwar eine Blockchain-basierte Finanzierungform
neben den klassischen Finanzinstrumenten in Form von sog. Utility Tokens, die eine Art
digitalen Voucher darstellen. Auch hier werden letztlich aber nur vorhandene rechtliche
Instrumente (Voucher) „tokenisiert“, d. h. in digitale Repräsentanten umgesetzt. Gleiches
gilt im klassischen Unternehmensfinanzierungsbereich. Hier werden ebenfalls lediglich
digitale Repräsentanten von konventionellen Finanzinstrumenten geschaffen, die in einem
verteilten Register registriert und gehandelt werden können. Diese Konzentration auf das
„digitale Kontenbuch“ in Verbindung mit Smart Contracts vereinfacht den Emissions- und
Handelsprozess erheblich – nicht zuletzt dadurch, dass der bisher in zahlreiche Dienstleistungen aufgespaltene Emissions- und Handelsprozess in einem Register zusammen-
geführt wird. Darin liegen die eigentlichen Effizienzgewinne.

Wie würdest Du die bisherige Entwicklung dieser Technologie beschreiben?
Die Technologie macht die klassische Boom-and-Burst-Entwicklung durch, von einer
Zahlungsanwendung über den ICO-Hype hin zu klassischen Finanzierungen und vielen
anderen, nützlicheren Anwendungen. Aus meiner Sicht hat die Entwicklung etwas Logi-
sches. Mich freut, dass die Post-ICO-Krise gar nicht so lange gedauert hat, sondern
Blockchain-Anwendungen zunehmend von rationalen Playern adaptiert und für nützlich
befunden werden.

Welche Potenziale siehst Du in zukünftigen Anwendungen dieser Technologie?
Das Spannende an der Blockchain ist, dass sich im Moment noch gar nicht absehen lässt, in welche Bereiche sie sich entwickelt. Das wird noch ein Abenteuer, mit allen Chancen und Risiken.

In meinem Bereich, den Finanzierungen, liegt ein nicht zu unterschätzender Vorteil nicht zuletzt darin, dass die „Tokenisierung" bisher illiquide Werte liquide macht. Dies lässt sich am besten anhand der bekannten Security-Token-Emissionen in Deutschland illustrieren: Obwohl häufig als Schuldverschreibung oder – gleichbedeutend – als Anleihe bezeichnet, handelt es sich tatsächlich um vertragliche Vereinbarungen. Dies lässt sich einfach dadurch erklären, dass in Deutschland Schuldverschreibungen bisher dem Schriftformerfordernis unterliegen. Eine Schuldverschreibung ohne Papier ist in Deutschland daher derzeit (Stand November 2019) nicht möglich. Sieht man sich die Geschäftsbedingungen dieser Instrumente an, stellt man fest, dass die Übertragung „vertragsmäßig" geregelt ist, d. h. durch Abtretung oder Vertragsübernahme. Das Papier, sofern vorhanden, folgt dem Recht. Eine Schuldverschreibung hingegen wird nach sachrechtlichen Grundsätzen übertragen: Das Recht folgt dem Papier. Das vereinfachte die Übertragung im Papierzeitalter erheblich. Aufsichtsrechtlich werden Tokens, die einen finanziellen Anspruch gegen den Emittenten oder Stimmrechte vermitteln, als Wertpapier betrachtet. In diesen Fällen fallen zivilrechtliche und aufsichtsrechtliche Betrachtungsweise also auseinander.

Für Schuldverschreibungen plant die Bundesregierung die Abschaffung des Urkundenerfordernisses. Dieses sollte als Referentenentwurf 2019 vorliegen. Nun wird erwartet, dass dieser Entwurf im 2. Quartal 2020 fertiggestellt sein wird.

Die Bedeutung dieser Fragen, so technisch bzw. juristisch sie klingen mögen, wird häufig unterschätzt. Drastisch reduzierte Emissionskosten erleichtern mittelständischen Unternehmen den Zugang zum Kapitalmarkt. Die Handelbarkeit von zuvor illiquiden Instrumenten macht es auf der anderen Seite auch Investoren, kleinen wie großen, leichter, sich auf das Risiko Mittelstandsfinanzierung einzulassen.

Hinzu kommt, dass der europäische Gesetzgeber in Anbetracht der europaweiten Finanzierungsproblematik einige Anstrengungen unternommen hat, die Informationspflichten für Wertpapieremittenten auf ein angemessenes Maß zu beschränken. Die Erfüllung von Informationspflichten ist einer der größten Kostenblöcke. Im Hinblick auf fünf-, oftmals sechsstellige Beträge, die in diesem Zusammenhang an Beraterkosten entstehen, schrecken kleinere Unternehmen mit geringen Emissionsvolumina vor Kapitalmarktemissionen zurück.

Dem hat die EU nunmehr mit einer Novellierung des Prospektrechts im Jahre 2017, deren letzte Stufe im Juli 2019 in Kraft getreten ist, Rechnung getragen. Öffentliche Angebote mit einem Gesamtvolumen von bis zu 8 Mio. Euro p. a. unterliegen nicht mehr der Prospektpflicht. Die Mitgliedstaaten können im Bereich ab 100.000 Euro den Investorenschutz auf andere Weise gewährleisten. Hiervor hat die Bundesrepublik Gebrauch gemacht, indem sie für öffentliche Angebote von Wertpapieren ein Wertpapierinformationsblatt (WIB) eingeführt hat, das von der BaFin zu billigen ist. Der maximale Umfang des WIB ist auf drei Seiten beschränkt. Zum Ausgleich für den vermeintlich geringeren Anlegerschutz des WIB dürfen Wertpapiere mit einem Gesamtvolumen von 1 Mio. Euro bis unter 8 Mio. Euro p. a. nur über Anlageberater, Anlagevermittler oder ein Wertpapierdienstleistungsunternehmen vermittelt werden, das rechtlich verpflichtet ist, zu prüfen, ob der Gesamtbetrag der Wertpapiere, die von einem nicht qualifizierten Anleger erworben werden können, bestimmte für diese Anlegergruppe vorgesehene Höchstanlagebeträge nicht übersteigt. Hinzu kommen weitere Erleichterungen für sog. Wachstumsunternehmen durch die novellierte EU-Prospektverordnung.

Das mag alles recht kompliziert klingen. In der Summe jedoch bedeuten öffentliche Angebote auf der Blockchain eine wesentliche Erleichterung für Kapitalmarktfinanzierungen mittelständischer Unternehmen. Die Beträge, die – jährlich – prospektfrei eingesammelt werden können, stellen für viele Unternehmen ordentliche Beträge dar. Noch sind Wertpapier-Tokens kein gängiges Finanzinstrument. Klassische Anlageberater, Anlagevermittler oder Wertpapierhandelsunternehmen sind bisher auf diesem Markt allenfalls vereinzelt zu finden. Doch wenn mehr Investoren die Liquidität digitaler Wertpapier-Tokens schätzen lernen, werden sich auch diese Professionen der neuen Technologie nicht verschließen. Erste Emissionsplattformen, die für diese Emissionen die Rolle der Banken übernehmen wollen, bewerben sich um Anlagevermittlungserlaubnisse.

Über die konventionellen Finanzinstrumente hinaus bieten Tokens weitere Möglichkeiten, bisher illiquide Werte rasch finanzieren zu lassen. Das Potenzial von Utility Tokens ist noch lange nicht ausgeschöpft. Die große Flexibilität bei der Ausgestaltung von Tokens lässt weitere innovative Finanzierungsmethoden entstehen. Die Finanzierungswelt wird dadurch vielfältiger, wohl auch undurchsichtiger. Doch wer den Kapitalmarkt und die Investorenbedürfnisse zu „spielen" lernt, der wird durch hohe Kosten und aufwendige Verfahren nicht mehr lange daran gehindert.

7.7 These 7: *Regulatory is in* oder Blockchain-Strategie der Bundesregierung

Am 18. September 2019 hat die Bundesregierung ihre Strategie zum Thema Blockchain-Technologie vorgestellt und im Bundeskabinett verabschiedet.[11] Auch die Bundesregierung sieht in dieser Technologie *„den Baustein für die Zukunft des Internets"*. Inhaltlich werden 44 Maßnahmen vorgeschlagen, um die Technologie mit ihren Chancen, aber auch Risiken besser einschätzen zu können. Explizit heißt es, dass sich die Bundesregierung gefordert sieht, um *„zur Klärung und Erschließung des Potenzials der Blockchain-Technologie als auch zur Verhinderung von Missbrauchsmöglichkeiten"* beizutragen.

Die Vision der Bundesregierung ist dabei, Deutschlands führende Position in Hinblick auf diese Technologie mit den vielen Anwendungsfacetten nicht nur zu halten, sondern auszubauen. Deutschland hat auch international einen guten Ruf, was die Blockchain-Kompetenz und Community anbelangt. So arbeiten viele Entwickler in Deutschland daran, die Infrastruktur weiterzuentwickeln und sinnvolle Anwendungen umzusetzen. Dies kann gelingen, wenn der nötige Spielraum zur Erprobung gewährt wird.

---

[11] Blockchain-Strategie der Bundesregierung (2019), https://www.bmwi.de/Redaktion/DE/Publikationen/Digitale-Welt/blockchain-strategie.html; zugegriffen: 18. September 2019.

Daher hat die Bundesregierung fünf Handlungsfelder adressiert:

- Stabilität sichern und Innovationen stimulieren: Blockchain im Finanzsektor.
- Innovationen ausreifen: Förderung von Projekten und Reallaboren.
- Investitionen ermöglichen: Klare, verlässliche Rahmenbedingungen.
- Technologie anwenden: Digitale Verwaltungsdienstleistungen.
- Informationen verbreiten: Wissen, Vernetzung und Zusammenarbeit.

Der Fokus liegt zunächst auf der Finanzbranche, da der erste Anwendungsfall in Form der digitalen Währung Bitcoin von Beginn an die Fantasie von Entwicklern und Blockchain-Enthusiasten beflügelt hat. Im Jahr 2019 begann die Bundesregierung, an einem Gesetzentwurf zu arbeiten, der es gestatten soll, Schuldverschreibungen auch über eine Blockchain-Lösung darzustellen. Bis heute, Spätfrühling 2020 ist dieser Entwurf noch nicht veröffentlicht bzw. dem Bundesrat zur Stellungnahme zugeleitet worden. Im nächsten Schritt wird geprüft, wie Investmentfondsanteile und digitale Aktien über Blockchain-Lösungen abzubilden sind. ICO, der Token-Handel und elektronische Wertpapiere werden damit gesetzlich geregelt. Durch neue gesetzliche Regelungen werden Standards entwickelt, die es ermöglichen, vormals notwendige physische Vorlagen in Papierform durch digitale Dateien zu ersetzen.

Weiteres Ausloten von mehrwertstiftenden Anwendungsmöglichkeiten soll u. a. über sogenannte Reallabore stattfinden. Die Erkenntnisse aus diesen Laboren sollen als Vorbereitung für massentaugliche Anwendungen dienen.

Interessant ist, dass die Bundesregierung Stellung zu dieser Technologie bezieht. Aber: Deutschland als Wirtschaftsstandort steht auch unter Druck. Wie schon in Abschn. 6.2 berichtet, hat das Fürstentum Liechtenstein ein Blockchain-Gesetz verabschiedet. Deutschland zeigt sich interessiert.

So sehr die Aktivitäten, Deutschland zu einer der führenden Blockchain-Nationen zu machen, zu unterstützen sind, so sehr muss darauf geachtet werden, dass nicht überreguliert wird. Zwar wird – auch auf Seiten der Blockchain-Community – bemängelt, dass ein mangelnder Rechtsrahmen Innovation ins Ausland treibt. Jedoch verfügt Deutschland seit langem über sehr gute Gesetze, die immer wieder Vorlage in anderen Ländern waren. Die existierende Gesetzgebung gilt es, in das Digitalisierungszeitalter zu überführen und insgesamt zu einem Bürokratieabbau zu sorgen!

Literatur

Bundesregierung (2019) Blockchainstrategie der Bundesregierung. https://www.bmwi.de/Redaktion/DE/Publikationen/Digitale-Welt/blockchain-strategie.html. Zugegriffen am 18.09.2019
Precht RD (2018) Jäger, Hirten, Kritiker. Eine Utopie für die digitale Gesellschaft. Goldmann, München
Zuboff S (2019) Das Zeitalter des Überwachungskapitalismus. Campus, Frankfurt am Main

Ausblick

8

Zusammenfassung

In diesem Buch sind die unterschiedlichen Bereiche zum Einsatz dieser Technologie besprochen worden. Dieses Kapitel fasst die gewonnen Erkenntnisse noch einmal zusammen und erklärt, welche Vor- und Nachteile die Auseinandersetzung mit dieser Technologie bietet und lädt ein zur Teilhabe.

Die Blockchain-Technologie, ebenso wie die Technik, faszinieren. Die Möglichkeiten scheinen unendlich. Spätestens jedoch, wenn man sich überlegt, in seiner Organisation (sei es ein Unternehmen oder eine Behörde) diese Technologie zu verwenden, bemerkt man die Komplexität dieser Technologie, basierend auf den vielfältigen Möglichkeiten.

Um das Potenzial zu erfassen, benötigt man mehr Kenntnisse als lediglich das Wissen, das Bitcoin eine digitale Währung ist, der auch gern einmal ein zweifelhafter Ruf von Spekulantentum anhängt.

Daher ist die Auseinandersetzung über die Bausteine einer Blockchain und ihre Ausgestaltungsmöglichkeiten wichtig, und sei es auch nur, um diesen Ansatz am Ende für sich verwerfen zu können, sofern man feststellt, dass diese Lösung nicht den erwünschten Mehrwert liefert. Eine ablehnende Haltung aus mangelndem Wissen ist jedoch unverantwortlich. Es ist wichtig, bei all den verfügbaren Informationen über diese Technologie die Signale zu erkennen – und von der allgemeinen Geräuschkulisse zu trennen. Nur so lässt sich das Potenzial für eigene Lösungen erkennen.

Auch wenn es sich noch um eine relativ junge Technologie handelt und noch viele Fragen (gestellte als auch ungestellte) im Raum stehen, muss man das Rad nicht neu erfinden. Es gibt Blockchains! Auf diesen Blockchains kann man seine eigenen Ideen testen. Erlauben Sie sich eine eigene „Spielwiese" und nutzen Sie die vielen Möglichkeiten. Mit

© Springer-Verlag GmbH Deutschland, ein Teil von Springer Nature 2020

K. Adam, *Blockchain-Technologie für Unternehmensprozesse*,

https://doi.org/10.1007/978-3-662-60719-0_8

jedem Durchlauf wächst Ihre Erkenntnis und Sicherheit, welchen Prozess Sie Blockchain-
basiert optimieren wollen und können. Für eine professionelle Umsetzung kann es empfehlenswert sein, Profis hinzuzuziehen.

Lassen Sie Ihre Neugier von dieser Technologie wecken – und bleiben Sie neugierig.
Dass hinter dieser Technologie mehr steckt, als manch ein Skeptiker einem Glauben machen will, ist spätestens durch das Strategiepapier der Bundesregierung zu erkennen. Ein
eher langsames und politisch-demokratisches Organ bekräftigt die Bedeutung dieser
Technologie und bekennt sich zu einer weitreichenden Förderung. Das sollte jedes Unternehmen als Aufforderung nehmen, selbst zu prüfen, ob und in welchem Umfang sie diese
Technologie in die eigenen Prozesse einbinden kann.

Für mich bedeutet die Auseinandersetzung mit dieser Technologie tägliches (freudvol-
les) Lernen. Die Dynamik, mit der sich die Technik und damit auch die Technologie weiterentwickelt, ist hoch. Die Technologie fordert einen interdisziplinären Ansatz. Es reicht
nicht, lediglich das technisch Machbare zu prüfen. Diese Technologie beeinflusst Unternehmen ebenso wie die Gesellschaft.

Wichtig ist aus meiner Sicht auch, dass es sich bei dieser Technologie um eine handelt,
die im Hintergrund wirkt. Zwar wird auch eine Blockchain-Lösung mit einem sogenannten Front-End verbunden sein müssen (wie sonst will man den Zugriff auf diese Datenbank erhalten), aber eine Blockchain entfaltet ihre Wirkungsweise im Hintergrund. Sie
schützt die Daten vor Veränderungen und Manipulationsversuchen. Die verteilte Datenbankstruktur ermöglicht ein sehr hohes Maß an Sicherheit. Das alles wird im Zweifelsfall
den Nutzer einer schicken Applikation nicht interessieren. Diese Anwendung kann für den
Nutzer zunächst einen ganz anderen Wert offerieren, z. B. bequemere Prozessstruktur. Die
Optimierung der Prozessstruktur hängt auch an der Gewährleistung der Datensicherheit.
Mittelsmänner, die diese zuvor qua Amt garantiert haben, entfallen und tragen somit zur
Effizienzsteigerung innerhalb des Prozesses bei. All dies geschieht im Hintergrund. Für
den Kunden und Nutzer sind neben schlanken auch bequeme und einfache Prozesse von
Bedeutung.

Zusammenfassend lässt sich sagen, dass die Blockchain-Technologie (im weiten Sinne)
Folgendes ermöglicht:

- Sie kann Daten auf einer Blockchain sicher und gut verfügbar speichern.
- Sie kann vielfältigste Anwendungen auf einer Blockchain ausführen.
- Die von Ihnen ausgewählten Anwendungen lassen sich durch die Blockchain-Konzep-
  tion transparent und in der Logik nachvollziehbar gestalten.
- Sie kann durch Ihre Anwendung ermöglichen, dass unterschiedliche Parteien mit unterschiedlichen Interessen einfach, sicher und effizient Daten austauschen und sehr schnell
  miteinander interagieren können, ohne dass Netzwerknachrichten notwendig sind.
- Sie kann innerhalb Ihrer Anwendungen einen Algorithmus einbauen, der Governance-
  Regeln, z. B. über die Vorgehensweise bei Änderungen im Protokoll, beschreibt, um
  flexibel auf zukünftige Herausforderungen reagieren zu können, ohne diese heute
  schon im Detail zu kennen.

- Die von Ihnen entwickelten Anwendungen können auch dann noch im Netzwerk weiter funktionieren, selbst wenn Sie als Initiator das Interesse an der Anwendung verloren haben sollten. Damit ist eine langfristige Verfügbarkeit gewährleistet, die Nutzer überzeugen kann, Ihrer Anwendung zu vertrauen.

Zu den Dingen, die eine Blockchain ermöglichen kann, gesellt sich die Frage, welche Herausforderungen vor dieser Technologie liegen:

- Das Verständnis und die Kenntnisse über diese Technologie werden häufig als Expertenwissen hervorgehoben, das für die breite Masse kaum zugänglich ist.
- Blockchain-Technologie wird auch zehn Jahre nach der Einführung der Kryptowährung Bitcoin gleichgesetzt mit dem Bitcoin. Dabei kann diese Technologie sehr viel mehr ermöglichen, als „nur" als Zahlungsmittel zu dienen.
- Auch sind im Jahr 2019 die Transaktionen pro Sekunde auf einer Blockchain noch nicht so hoch, als dass sie herkömmlichen Datenbanken echte Konkurrenz machen können.
- Das Problem der Interoperabilität, d. h. dass unterschiedliche Blockchain-Arten miteinander kommunizieren können, ist bisher noch nicht zufriedenstellend gelöst.
- Blockchain-Arten, die eine Zugangsberechtigung voraussetzen, sind tendenziell effizient und schlank, jedoch sind sie zentral strukturiert und organisiert. Damit können Daten zwar verlässlich und nicht manipulierbar gespeichert werden, aber die Ursprungsidee eines dezentral und verteilten Peer-to-Peer-Netzwerkes wird dadurch aufgeweicht.

Dieses Buch zeigt einen kleinen, aber sehr praxisorientierten Ausschnitt aus der großen Welt der Blockchains, die ihrerseits jedoch auch nur eine Facette der Digitalisierung darstellt. Diese Facette halte ich jedoch für maßgeblich, denn obwohl Blockchain-Technologie eine Technik beinhaltet, die im Hintergrund agiert, ermöglicht es diese im überlappenden Kontext mit anderen Techniken und Technologien, erheblichen Mehrwert zu schaffen.

Um diesen Mehrwert für das eigene Unternehmen oder das eigene Pilotprojekt zu ergründen, liegt der Fokus dieses Buch auf der Überprüfung der Prozess- und Geschäftslogik eines potenziellen Anwendungsfalles. Die in Kap. 4 aufgeführten Workshop-Schritte sind an mehreren Studentenkursen erprobt worden. Die Erkenntnisse und Ergebnisse, zu denen meine Studenten bisher immer gekommen sind, haben mich überzeugt, diese Herangehensweise auch anderen Personengruppen zugänglich zu machen. Es geht nicht nur um eine Neuausrichtung eines Prozesses. Vielmehr sollen die Abhängigkeiten erkannt werden. Sind diese sichtbar und bewusst, dann lassen sich herkömmliche Denkmuster durchbrechen.

Viel Spaß!

Glossar

51 %-Attacke Ein Angriff auf die Blockchain, was dazu führt, dass eine Gruppe von Minern mehr als 50 % der Hashrate des Netzwerks kontrolliert; dieser Begriff wird hauptsächlich in Bezug auf Bitcoin verwendet.

Arbitrage Ist die Ausnutzung von Kurs- bzw. Preisunterschieden an verschiedenen Börsen und Märkten zum selben Zeitpunkt, um Gewinne mitnehmen zu können.

Adresse Damit Teilnehmer eines Netzwerkes Transaktionen jedweder Art durchführen können, bedarf es einer alphanumerischen Adresse. Eine Bitcoin-Adresse z. B. sieht so aus: 1DSrfJdB2AnWaFNgSbv3MZC2m74996JafV. Sie besteht aus einer Reihe von Buchstaben und Zahlen, die mit einer „1" (Nummer eins) beginnen. So wie Sie andere bitten, eine E-Mail an Ihre E-Mail-Adresse zu senden, bitten Sie andere, Ihnen Bitcoin an Ihre Bitcoin-Adresse zu senden.

Airdrop Verschenken von Tokens an bestimmte Blockchain-Adressen, verbunden mit der Absicht, das Interesse an einem Token und einer Community zu erhöhen und damit auch den Token-Wert zu steigern.

Altcoin Altcoin ist einfach jede digitale Währungsalternative zu Bitcoin. Viele Altmünzen sind Verzweigungen von Bitcoin mit kleinen Änderungen (z. B. Litecoin).

API Steht für *Application Programming Interface*, ein Softwarevermittler, der zwei getrennten Anwendungen hilft, miteinander zu kommunizieren. Sie definieren Kommunikationsmethoden zwischen verschiedenen Komponenten.

Bestätigung/Confirmation Sobald eine Transaktion in einen Block aufgenommen wird, erhält sie eine Bestätigung. Sobald ein weiterer Block auf derselben Blockchain abgebaut wird, hat die Transaktion zwei Bestätigungen usw. Sechs oder mehr Bestätigungen gelten als ausreichender Beweis dafür, dass eine Transaktion nicht rückgängig gemacht werden kann.

Bitcoin Der Name der Währungseinheit (die Münze), des Netzwerks und der Software.

Block Ein Block enthält Felder, die vielfach selbsterklärend sind: Einerseits gibt es reine „Info-Daten", anderseits die Hashes. Zu den Blockinformationen gehören Daten wie Erstellungsdatum, Größe oder Anzahl der Transaktionen.

© Springer-Verlag GmbH Deutschland, ein Teil von Springer Nature 2020
K. Adam, *Blockchain-Technologie für Unternehmensprozesse*,
https://doi.org/10.1007/978-3-662-60719-0

Block Explorer Das ist eine Website oder ein Programm, das es Nutzern erlaubt, die Blöcke einer Blockchain zu durchsuchen. Es ist vergleichbar mit den Dateien oder Ordnern, die im Explorer eines Rechners aufgelistet werden.

Block Reward Das Erzeugen von Blöcken wird belohnt.

Blockchain Eine Gruppierung von Transaktionen, die mit einem Zeitstempel und einem „Fingerabdruck" des vorherigen Blocks gekennzeichnet sind. Der Blockkopf (Header) wird mit einem Hash versehen, um einen Arbeitsnachweis zu erstellen und damit die Transaktionen zu validieren. Gültige Blöcke werden der Hauptblockkette durch Netzwerkkonsens hinzugefügt.

Bounty-Programm Krypto-Bounty-Programme sind Listen von Aufgaben, an denen im Allgemeinen jeder teilnehmen und Tokens aus dem Projekt erhalten kann. Zu den Aufgaben gehören in der Regel Aktionen, die das Wachstum der Community fördern sollen, wie der Beitritt zum Telegrammkanal, das Retweeten von Inhalten, das Liken auf Facebook und Signaturkampagnen auf BitcoinTalk.

Byzantine Generals Problem Ein zuverlässiges Computersystem muss in der Lage sein, den Ausfall einer oder mehrerer seiner Komponenten zu bewältigen. Eine ausgefallene Komponente kann eine Art von Verhalten aufweisen, das oft übersehen wird – nämlich das Senden widersprüchlicher Informationen an verschiedene Teile des Systems. Das Problem der Bewältigung dieser Art von Misserfolg wird abstrakt als das Problem der byzantinischen Generäle ausgedrückt.

Cold Storage Bezieht sich darauf, eine Reserve von Bitcoin offline zu halten. Cold Storage wird erreicht, wenn private Bitcoin-Schlüssel erstellt und in einer sicheren Offline-Umgebung gespeichert werden. Im Gegensatz dazu ist bei „Hot Storage" die Verbindung zum Internet gemeint. Ein Wallet ist heiß, wenn sie direkt über das Internet zugänglich ist oder sich auf einem Computer mit einer Internetverbindung befindet.

Colored Coins Ein Open-Source-Bitcoin-2.0-Protokoll, das es Entwicklern ermöglicht, digitale Assets auf der Bitcoin-Blockchain zu erstellen, indem sie ihre Funktionalitäten außerhalb der Währung nutzen.

DAO Digitale *Dezentrale Autonome Organisation* (DAO). Die DAO diente als eine Form des investorenorientierten Risikokapitalfonds, der darauf abzielte, den Unternehmen neue dezentrale Geschäftsmodelle zu bieten. Der Code von The DAO, der auf der Ethereum-Blockkette aufbaut, war open-Source. Die Organisation stellte 2016 den Rekord für das meiste Crowdfunded-Projekt auf, aber diese Gelder wurden teilweise von Hackern gestohlen, was Ethereum veranlasste, eine neue Blockchain-Verzweigung namens Ethereum Classic zu kreieren, in der alle Investoren so gestellt wurden, wie vor dem Angriff.

Dapp Eine dezentrale Anwendung (Dapp) ist eine Anwendung, die open-Source ist, autonom arbeitet, ihre Daten auf einer Blockchain speichert, Anreize in Form von kryptografischen Tokens bietet und nach einem Protokoll arbeitet, das den Nachweis des Wertes liefert.

Dezentralisierung Streuung von Entscheidungsbefugnissen.

Digitale Signatur Eine digitale Signatur, die durch Verschlüsselung mit öffentlichem Schlüssel erzeugt wird, ist ein Code, der an ein elektronisch übermitteltes Dokument angehängt wird, um dessen Inhalt zu überprüfen.

Distributed-Ledger-Technologie (DLT) DLT steht als ein Begriff für die Blockchain-Technologie, da es sich ebenfalls um eine dezentrale Datenbank handelt.

Double Spending Doppelte Ausgaben sind das Ergebnis erfolgreicher Ausgaben von Geld mehr als einmal. Bitcoin verhindert doppelte Ausgaben, indem es jede Transaktion, die in der Blockchain hinzugefügt wird, überprüft, um sicherzustellen, dass die Inputs für die Transaktion nicht bereits vorher ausgegeben wurden.

ECDSA (Elliptic Curve Digital Signature Algorithm) Elliptic Curve Digital Signature Algorithm ist ein kryptografischer Algorithmus, der von Bitcoin verwendet wird, um sicherzustellen, dass Gelder nur von ihren rechtmäßigen Eigentümern ausgegeben werden können.

Einweg-Eigenschaft Zwei Eingänge, die auf den gleichen Output-Hash abgebildet werden. Während Hash-Kollisionen möglich sind, ist es nahezu unmöglich, zwei aussagekräftige Datensätze bereitzustellen, deren Hashes kollidieren. Hashes sind Einbahnstraßen; sie können aus Daten konstruiert werden, aber Daten können nicht aus Hashes rekonstruiert werden.

Ethereum Ethereum ist ein quelloffenes verteiltes System, welches das Anlegen, Verwalten und Ausführen von dezentralen Programmen bzw. Kontrakten (Smart Contracts) in einer eigenen Blockchain anbietet.

Ethereum Virtuelle Machine (EVM) Eine simulierte Zustandsmaschine, die eWASM-Bytecode verwendet, um Transaktionen zu verarbeiten und Zustandsübergänge für die Ethereum-Blockkette durchzuführen. Der Betrieb ist gewährleistet, d. h. für jeden Block ist der Zustand des EVM auf jedem Knoten im Netzwerk exakt gleich, und es ist unmöglich, mit den gleichen Eingängen einen anderen Zustand zu erzeugen.

EWASM Eine Web-Assembly (WASM)-Version, die von der Ethereum Virtual Machine implementiert wurde und zusätzliche Funktionen für Blockketten bietet.

Exchange Ein Service für den Handel mit Kryptowährungs-Tokens für andere Tokens oder Fiat. Börsen sind eine der wenigen Möglichkeiten, Kryptowährungen in Fiat zu ändern und diesen Wert auf ein Bankkonto zu überweisen.

Fork Eine Gabel, auch bekannt als versehentliche Gabel, tritt auf, wenn zwei oder mehr Bergleute fast zur gleichen Zeit Blöcke finden. Kann auch als Teil eines Angriffs passieren.

Gebühr Das Absenden einer Transaktion beinhaltet oft eine Gebühr an das Netzwerk für die Bearbeitung der angeforderten Transaktion. Die meisten Transaktionen erfordern eine Mindestgebühr von 0,5 mBTC.

Genesis Block Das ist der erste Block einer Blockchain. Nur wenn dieser vorhanden ist, kann die Blockchain starten. Üblicherweise wird der erste Block manuell erstellt und in die Software gefügt.

GUI *Graphical User Interface* ist eine Möglichkeit, dem Benutzer Informationen über stilisierte On-Screen-Elemente wie Fenster und Taskleisten anzuzeigen.

Hash Ein digitaler Fingerabdruck eines binären Inputs.

Hash-Funktion Eine Hashfunktion ist ein Algorithmus, der eine digitale Eingabe beliebiger Länge auf eine immer gleiche Ausgabelänge eindeutig wiedergibt.

Immutability Siehe Unveränderlichkeit.

Konsens Wenn mehrere Knoten, in der Regel die meisten Knoten im Netzwerk, alle die gleichen Blöcke in ihrer lokal validierten Blockchain haben.

Kryptowährung Digitale Währungen, die auf kryptografischen Werkzeugen wie Blockchains und digitaler Signatur geschaffen worden sind. Sie sind nicht als Währung anerkannt, weil sie nicht die typischen Geldfunktionen erfüllen.

KYC *Know your Customer* bzw. Kennen Sie Ihren Kunden (KYC) ist der Prozess eines Unternehmens, der die Identität seiner Kunden identifiziert und verifiziert. Der Begriff wird auch für die Bankenverordnung verwendet, die diese Tätigkeiten regelt.

Marktkapitalisierung Marktkapitalisierung spiegelt den aktuellen Börsenwert eines Unternehmens wider und berechnet sich wie folgt: Aktien des Unternehmens multipliziert mit dem börsennotierten Preis pro Aktie.

Mempool Der Bitcoin Mempool (Speicherpool) ist eine Sammlung aller Transaktionsdaten in einem Block, die von Bitcoin-Knoten verifiziert, aber noch nicht bestätigt wurden.

Mining Mining ist die Durchführung mathematischer Berechnung durch Computer-Hardware, um Bitcoin-Transaktionen zu bestätigen. Es ist ein hoch spezialisierter und wettbewerbsgetriebener Markt, bei dem nur derjenige die Belohnung erhält, der es schafft, das Rätsel zuerst zu lösen.

Mining Pool Dies ist ein Mining-Ansatz, bei dem mehrere erzeugende Kunden zur Erzeugung eines Blocks beitragen und dann die Blockprämie entsprechend der eingebrachten Rechenleistung aufteilen.

Network Ein Peer-to-Peer-Netzwerk (P2P), das Transaktionen und Blöcke an jeden Bitcoin-Knoten im Netzwerk weiterleitet.

Nonce Die „Nonce" in einem Bitcoin-Block ist ein 32-Bit (4-Bit)-Feld, dessen Wert so eingestellt ist, dass der Hash des Blocks einen Durchlauf von führenden Nullen enthält. Der Rest der Felder darf nicht geändert werden, da sie eine definierte Bedeutung haben.

Node Ein Knoten ist eine Entität im Blockchain-Netzwerk, die entweder beweist (öffentliche Transaktionen) oder validiert (hybride oder private Transaktionen) und sie anschließend zu einem Block mit einem eindeutigen Hash hinzufügt. Der Hash wird von der nächsten Transaktion als Eingabe verwendet. Knoten erhalten Belohnungen, wenn sie ihre Aufgaben innerhalb des Netzwerkes erfüllen und sie somit dazu beitragen, dass Blöcke mit Transaktionen an den Vorgängerblock gebunden wird.

Off-Chain-Transaktionen Eine Off-Chain-Transaktion ist die Bewegung des Wertes außerhalb der Blockchain. Während eine On-Chain-Transaktion – in der Regel einfach als Transaktion bezeichnet – die Blockchain modifiziert und von der Blockchain abhängt, um ihre Gültigkeit zu bestimmen, verlässt sich eine Off-Chain-Transaktion auf andere Methoden zur Aufzeichnung und Validierung der Transaktion.

Satoshi Die kleinste Einheit eines Bitcoins: 0,00000001 BCT.

Satoshi Nakamoto Verfasser des White Papers „Bitcoin: A Peer-to-Peer Electronic Cash System". Dieser Verfasser hat die Bitcoin entwickelt und die ursprüngliche Referenzimplementierung, Bitcoin Core, erstellt. Im Rahmen der Implementierung entwickelte er auch die erste Blockchain-Datenbank. Dabei war er der Erste, der das Problem der doppelten Ausgaben für die digitale Währung gelöst hat. Die wahre Identität des Verfassers bleibt jedoch unbekannt.

Schwierigkeitsgrad Der Schwierigkeitsgrad wird bei dem Mining von Bitcoins eingesetzt; er wird so angepasst, dass die Zeit für die Blockerkennung konstant gehalten werden kann. Das Netzwerk ändert automatisch den Schwierigkeitsgrad für das Bitcoin-Mining, um sicherzustellen, dass alle 10 Minuten ein neuer Block gefunden werden kann.

Secure-Hash-Algorithmus (SHA) Der Secure-Hash-Algorithmus oder SHA ist eine Familie von kryptografischen Hash-Funktionen, die vom National Institute of Standards and Technology (NIST) veröffentlicht wurden.

Sharding Ursprünglich ist damit die verteilte Speicherung von großen Datenmengen auf verschiedene Datenbanken gemeint gewesen. In Bezug auf die Blockchain bedeutet Sharding, eine Transaktion nicht mehr von allen Knoten verarbeiten zu lassen, sondern nur einer kleinen Anzahl von Knoten diese Aufgabe zu übertragen.

Smart Contract Smart Contracts sind Verträge, deren Bedingungen in einer Computersprache anstelle der Rechtssprache erfasst werden. Smart Contracts können automatisch von einem Computersystem, wie beispielsweise einem geeigneten verteilten Ledger-System, ausgeführt werden.

Teilnehmer Ein Akteur, der auf das Hauptbuch zugreifen kann: Datensätze lesen oder Datensätze hinzufügen.

Timelock Ein Timelock ist eine Art von Belastung, die die Ausgabe einer Bitcoin bis zu einer bestimmten zukünftigen Zeit oder Blockhöhe einschränkt. Timelocks sind in vielen Bitcoin-Verträgen ein fester Bestandteil, einschließlich Zahlungskanälen und Hash-Timelock-Verträgen.

Timestamp Zeitstempel.

Transaktionen Übertragung von digitalen Geldeinheiten als auch Informationen.

Transaktionskosten Siehe Gebühr.Unveränderlichkeit (oder auch Immutability)Die Eigenschaft von Daten, gegen Veränderungen resistent zu sein. Unveränderliche Daten gelten als „in Stein gemeißelt" und bleiben für den Rest der Zeit unverändert. Daten können funktional unveränderlich sein, was bedeutet, dass es möglich ist, sie zu ändern, aber sie würden dafür übermäßig viele Ressourcen erfordern.

Wallet Software, die alle Ihre Bitcoin-Adressen und Geheimschlüssel enthält. Benutzen Sie es, um Ihre Bitcoin zu senden, zu empfangen und zu speichern.

Printed by Amazon Italia Logistica S.r.l.
Torrazza Piemonte (TO), Italy

23836497R00121